DEEPSEEK
◀◀◀◀◀◀◀

赋能科研写作

DeepSeek & 智能体

乔 剑 苏小文 著

中国人民大学出版社
·北京·

Preface 前言

不管我们是否已准备好，AI（人工智能）都正在以不可逆转的趋势深刻改变科研的范式。

我们正站在一场前所未有的科技浪潮之中——AI，正悄然重塑科学研究的每一个环节。从选题构思、文献检索、数据分析到论文写作与发表，AI技术已迅速渗透到科研工作的全流程。AI不再只是一个"辅助工具"，它正在成为新的科研共同体的一部分，重新定义研究的方式、内容与伦理边界。

2024年4月，世界顶尖学术期刊 *Nature*（《自然》）在其网站明确发布政策：如在研究中使用了大语言模型，在"方法"部分表明即可；若仅用于论文润色，则无需说明。而曾一度强烈禁止AI写作的 *Science*（《科学》），如今也已悄然改变立场，允许使用，并需要在"方法""致谢"等部分说明AI使用情况。这一政策层面的松动，正是整个学术界态度转变的缩影：AI辅助科研，已不再是例外，而是正在成为一种常规操作。

当然，也有不少专家学者对此保持警惕，甚至排斥。他们担忧学术诚信的底线被冲击，担心"人"的角色被机器取代。然而，这样的忧虑并非首次上演。

回望科学史，我们会发现：每一次认知范式的革新，几乎都伴随着激烈的争议与抵抗。哥白尼提出的日心说，挑战了根深蒂固的地心学，数百年后才真正被主流接受；伽利略为此付出了被审判的代价。爱因斯坦的相对论颠覆了牛顿力学的绝对时空观，在初期也曾遭遇物理界主流观点的质疑。而今，这些曾被视作"异端"的思想，却成为现代科学的基石。我们必须意识到：技术的突破、观念的转型，从来不是一帆风顺的，而需要一场场与旧世界的持续博弈。

AI科研的出现，也必将重构科研的规范体系。我们需要的，不是简单地禁止或放任，而是建立起一套适应新时代的科研伦理与评价体系。AI参与的程度该如何披露？哪些环节应由人类亲自把关？在可控的前提下，如何最大限度地释放AI的潜能？这些问题，不容回避，也不能回避。未来的科研规范，注定不再是"人类单打独斗"的孤岛，而是"人与智能体协同进化"的新大陆。

正如历史一次次告诉我们的那样：技术从不等待共识，只有在参与中才能获得主动。

本书的写作，正是基于这样的历史背景与现实呼唤。

我们不认为 AI 是学术的终结者。相反，我们坚信：它将成为科研能力的倍增器。它不会取代真正有思想的研究者，但它会淘汰那些墨守成规、拒绝学习的人。

我们写这本书，不是为了宣扬某款 AI 工具的神奇魔力，而是希望提供一套可落地的方法论，帮助每一位科研工作者——无论你是初入学术圈的学生，还是资深教授——在 AI 科技浪潮之中站稳脚跟，乘风而起。

更重要的是，我们期待通过本书的内容，引导读者逐步建立"科技赋能"的科研思维。这种思维不是技术崇拜，也不是盲目依赖，而是在充分理解技术边界与价值的基础上，主动思考如何用技术改造流程、提升效率、拓展问题空间。在这一点上，本书中所呈现的某些案例、流程或许并不深奥，甚至可以说是"基础入门"，但正如建筑需要坚实地基，科研能力的跃升也离不开一套成熟而科学的底层思维架构。这本书所希望提供的，正是一套搭建这座认知之桥的"脚手架"与"工具包"。

我们相信，只要迈出第一步，技术与思想的联动将自然发生。哪怕只是一段自动摘要、一次文献重写，读者也可能从中体会到"科技为我所用"的强大力量。

未来已来，问题不在于你要不要用 AI，而在于你是否愿意学会与 AI"共事"。

请记住：科学的本质，从不是守旧，而是探索未知。而 AI，正是我们走向未来值得信赖的伙伴。

Contents 目 录

第 1 章　引言：AI 赋能科研的新纪元

1.1　科研现状与传统挑战　/ 2
1.2　AI 技术在学术创新中的崛起　/ 3
1.3　DeepSeek 的定位与应用价值　/ 4
1.4　从跨界合作到全局视野　/ 6

第 2 章　DeepSeek 概览

2.1　产品背景与发展历程　/ 9
2.2　主要功能模块解读　/ 10
2.3　针对学术需求的独特优势　/ 13

第 3 章　智能体概览

3.1　智能体概述　/ 16
3.2　知识库：科研智能体的大脑　/ 17
3.3　工作流：科研任务自动化　/ 20

第 4 章　选题与开题

4.1　研究选题的战略探索　/ 24
4.2　利用 DeepSeek 挖掘创意切入点　/ 31
4.3　开题报告的构思与撰写技巧　/ 36

第 5 章　文献检索与综述撰写

5.1　高效的文献检索方法　/ 44

5.2　快速阅读文献　/ 53

5.3　结构化文献综述的构建流程　/ 59

第 6 章　知识库打造可靠的信息平台

6.1　AI 知识库工具简介　/ 69

6.2　知识库构建与应用　/ 75

6.3　纳米 AI 知识库的高阶使用方法　/ 85

第 7 章　论文结构优化与语言表达

7.1　论文总体架构规划　/ 93

7.2　论点构建与逻辑连贯性提升　/ 100

7.3　语言润色与修改实践　/ 106

7.4　写作中常见问题与解决方案　/ 110

第 8 章　数据分析与可视化呈现

8.1　定性数据的整理与分析　/ 122

8.2　DeepSeek 辅助文本挖掘　/ 128

8.3　数据可视化　/ 134

8.4　图表设计与成果展示技巧　/ 141

第 9 章　降重与查重

9.1　降重的重要性与理论基础　/ 149

9.2　利用 DeepSeek 进行重复内容检测　/ 152

9.3　实用改写策略与技巧　/ 157

9.4　风险防控与案例解析　/ 163

第 10 章　参考文献管理与生成

10.1　参考文献在学术写作中的作用　/ 169

10.2　自动生成格式规范的参考文献　/ 174

10.3　校核参考文献引用是否规范　/ 178

目录

第 11 章 格式规范与投稿准备
11.1 学术格式 / 186
11.2 期刊的格式要求 / 187
11.3 学术写作的规范性要求 / 195
11.4 投稿材料的完善与细节打磨 / 205
11.5 提交流程与常见误区 / 215

第 12 章 答辩与展示
12.1 快速生成答辩 PPT 初稿 / 223
12.2 答辩演讲稿撰写与表达技巧 / 230
12.3 答辩现场互动与问题应对策略 / 235

第 13 章 搭建科研智能体
13.1 搭建自己的科研智能体 / 243
13.2 使用"扣子"搭建科研智能体 / 244

第 14 章 智能体高阶技巧
14.1 工作流 / 257
14.2 提示词 / 269
14.3 数据库 / 273

第 15 章 学术伦理与知识产权保护
15.1 研究诚信与学术道德标准 / 278
15.2 数据共享、版权及法律风险 / 281
15.3 开放获取与信息透明原则 / 284
15.4 AI 辅助写论文是投机取巧吗？ / 289

第 16 章 AI 展望
16.1 AI 技术与科研生态的深度融合 / 294
16.2 DeepSeek 与科研 Agent 的发展趋势 / 296
16.3 AI 引领学术跨界整合与理论创新 / 298
16.4 未来展望：科研模式的全面革新 / 300

第 1 章
引言：AI 赋能科研的新纪元

1.1 科研现状与传统挑战

当下的科研活动，表面上看似资料丰富、工具众多，但对论文写作者来说，无论是初入学术殿堂的学生、深耕科研一线的研究人员，还是因职称评审需要而撰写论文的从业者，都时常面临困惑与压力。明明花了很多时间，却常常抓不住重点；查了很多文献，却写不出像样的综述；动手做了实验，数据一堆，却分析不出有说服力的结果。这不是个体能力的问题，而是传统科研模式中普遍存在一些结构性挑战。

一、信息筛选的负担过重

如今文献数量呈爆炸式增长，论文写作者在开始一个课题前，往往要花费数周甚至数月来筛选和阅读资料。但由于缺乏系统训练或高效工具的支持，很多人容易陷入"看得多、记不住、理不清"的困境。他们常常无法判断哪些文献真正关键、哪些方法最常用，最终读完一堆文章，研究脉络依旧模糊。

二、数据处理与分析效率之间的矛盾

许多论文写作者依旧沿用传统方式处理数据，如手动统计、Excel 绘图等。这些方式在面对复杂数据时显得力不从心，不仅效率低，还容易出错，导致研究成果的逻辑性与严谨性受到影响。

三、写作焦虑普遍存在

无论是科研论文、毕业论文，还是职称论文，写作者普遍反映写作过程压力极大。有些人在脑中大致知道要写什么，但一落到纸面就不知道如何展开；特别在面对英文写作、格式规范或核心表达时，更容易陷入自我否定与拖延的死循环。

四、科研流程中的重复性劳动也严重消耗时间和热情

从格式调整、参考文献整理，到图表绘制、内容校对，大量机械性操作侵占了论文

写作者原本可用于思考和创新的时间。

不同类型的论文写作者还常常面临一个共性难题：研究动机或选题方向常常脱离现实应用或个人兴趣。例如，一些学生只是为了完成任务，一些人写职称论文则只是为了达标晋升，缺乏真正的问题意识或创新动力，结果容易陷入"为了写而写"的空转状态。

总结来说，科研写作的难题并不仅仅是"能力不够"，更多时候是"方式不优""效率不足"。在 AI 尚未深度介入之前，论文写作者往往要亲力亲为，完成从文献查找、数据分析到写作表达的全流程，而这种高度依赖人力的模式，很难在知识爆炸的时代中取得突破性成果。

这，正是 AI 可以发挥价值的关键所在。它的目标不是取代写作者的思维，而是帮助他们从烦琐事务中解放出来，把更多时间用于真正有价值的研究工作与表达创造。理解这一点，是我们迎接"AI 赋能科研新纪元"的第一步。

1.2　AI 技术在学术创新中的崛起

面对这些传统挑战，AI 技术的迅速发展，正在为论文写作者带来前所未有的支持。从文献检索到论文撰写，从数据分析到观点生成，AI 正以多样化、个性化的方式介入科研流程，它不再只是一个工具，更像是一位具有洞察力的"学术合作者"。

一、AI 正在重构知识搜索与整合方式

过去，论文写作者在进行相关研究时，需要面对海量数据库与繁杂的关键词筛选工作。现在，AI 文献引擎如 DeepSeek、Elicit 或 Semantic Scholar 已能通过语义理解自动推荐核心文献，甚至生成文献总结、引用格式、关键词等，让研究者更快抓住研究脉络。对于缺乏文献筛选经验的写作者而言，这大大降低了门槛。

二、AI 有效提升了学术表达的质量

无论是第一次写论文的本科生，还是职称晋升过程中的写作者，语言表达能力始终是一大难关。AI 写作助手可以润色语言、重构句子、优化逻辑结构，甚至根据草稿内

容自动生成摘要与关键词建议。这不仅提升了表达效率，也为写作者提供了"表达训练"的平台。

三、AI推动了跨学科融合的实现

论文写作者越来越多地面对"非本专业"的内容——一个经济学研究可能涉及统计建模，一篇教育论文可能引入社会心理学。AI具备跨领域知识迁移能力，能够在自然语言中解释复杂理论、翻译术语含义，甚至协助完成简单的数据建模，从而让写作者敢于"打破边界"，尝试创新。

四、AI赋予写作者更强的问题洞察能力

一些高级AI模型可帮助识别研究空白、推演研究假设、分析变量之间的潜在关系。这对于缺乏科研经验的写作者，或者希望构建逻辑严密框架的资深研究者而言，无疑是一种智力放大器。

五、AI降低了学术研究的门槛，提升了可及性

如今，许多高效工具已不再需要专业训练：论文写作者只需用自然语言提出问题，AI便能协助回答、生成代码、设计结构、检测逻辑错误。这让不同背景的写作者，无论是否来自名校、是否具备传统科研经验，都能平等地参与学术生产。

AI的崛起正让学术研究变得更轻、更快、更广。它不仅仅在"帮你做"，更在"帮你想"；它为学生提供方向，为研究人员扩展视野，为职称写作者节省时间——更重要的是，它正在激发一场关于"人类如何与技术协同创新"的深层次变革。

1.3 DeepSeek的定位与应用价值

随着AI技术的不断进步，学术写作也进入了一个新的时代。DeepSeek作为一款专为科研与写作设计的智能平台，正展现出其独特的应用价值。它不仅帮助论文写作者提高确定选题、查找文献、撰写内容的效率，还能在研究逻辑的构建和语言表达的优化上

提供切实的支持。对于学生、研究者，甚至是进行职称评审的专业人士，DeepSeek 都是一个值得信赖的智能助手。

DeepSeek 与传统搜索引擎或通用的语言模型不同，它的核心优势在于能够"理解"论文写作的整体流程与需求，而不仅仅是提供相关信息。它不仅作为一个"认知助理"，根据论文写作者的需求给予其清晰的思路指导，还作为一个"结构建构器"，协助论文写作者构建论文的框架，理清各个章节的安排，使论文内容更具条理性。这种系统性的帮助，不仅大大节省了写作时间，也减少了思维上的混乱和写作中的重复劳动。

在论文写作的不同阶段，DeepSeek 提供了全方位的应用支持。在选题和文献综述阶段，很多写作者常常因为确定不了研究方向或文献查找困难而感到困惑。此时，DeepSeek 通过输入相关研究的关键词或兴趣问题，能够自动分析相关的研究领域与发展趋势，并推荐重要的文献。系统还能帮助生成文献的摘要，显著提高文献筛选的效率，并帮助论文写作者迅速聚焦于核心问题，从而避免在文献综述中走弯路。

在研究设计和理论构建阶段，DeepSeek 的优势更加明显。它能够帮助写作者梳理核心概念之间的关系，提出合理的研究问题，并协助构建定量研究中的变量模型或假设。此外，DeepSeek 还能根据所选的主题和研究方法，提供详细的论文大纲建议，提示每个章节需要包含的要点。这些建议能够有效减轻论文写作者在构建研究框架时的困扰，帮助他们保持研究的严谨性和逻辑性。

在实际的写作阶段，DeepSeek 的文本生成与语言优化功能非常实用。论文写作者可以将初步草稿输入系统，DeepSeek 会根据内容帮助润色语言，调整表达方式，使其符合学术写作的规范要求。对于一些写作瓶颈，DeepSeek 还能够根据上下文自动补充内容或段落，提供思路上的支持。这种功能对于写作者而言，尤其在面对紧迫的写作任务时，能够有效减轻压力，提高写作效率。

在完成论文初稿后，DeepSeek 还可以帮助论文写作者进行最后的检查与优化。通过查重预估和表达替换建议，DeepSeek 能够在不影响原意的前提下，降低重复率，从而减少论文在投稿时遇到的麻烦。此外，DeepSeek 还能够根据论文的内容推荐合适的期刊或会议平台，并提供投稿准备的指导建议。这种全流程的支持让论文写作的每个环节都能更加高效与顺利。

DeepSeek 的另一个突出优势是支持本地部署功能。对于一些对数据安全有较高要求的科研机构或写作者来说，DeepSeek 的本地化部署能够有效避免敏感数据的外泄。同时，它支持建立个人或机构级的知识库，帮助论文写作者根据过往的研究积累内容，形成个性化的 AI 支持系统。这些对于高校、科研机构，乃至个人研究者来说，都是极具价值的功能。

总体来看，DeepSeek 并不会取代论文写作者的工作，而是为他们提供更加智能、便捷的写作辅助。它帮助写作者提升效率、拓展思路、优化写作质量，使论文写作过程变得更加流畅和高效。对于学术界的论文写作者来说，无论是学生、研究者，还是需要进行职称评审的专业人士，DeepSeek 都是一个值得依赖的写作助手。它不仅是一个提高写作效率的工具，更是论文写作者在科研路上不可或缺的"第二大脑"。

1.4 从跨界合作到全局视野

随着学术研究的不断发展，跨学科和跨领域的合作变得日益重要。在这个信息爆炸、知识不断更新的时代，单一领域的研究者很难在没有外部支持的情况下独立完成高水平的学术论文。DeepSeek 作为一款 AI 辅助写作工具，在推动跨界合作和拓展全局视野方面展现了独特的作用。

DeepSeek 为科研工作者提供了广泛的跨学科协作支持。在传统的科研写作中，研究者常常会受到自身学科背景和专业领域的限制，导致在面对复杂的跨学科研究时，缺乏有效的思路和框架。DeepSeek 通过其强大的智能算法，能够将来自不同学科的研究成果有效地整合到一个论文写作的框架中。例如，在撰写一篇涉及经济学与社会学交叉领域的论文时，DeepSeek 可以自动提取两个领域的核心理论与研究成果，帮助论文写作者形成更全面的视角。这种跨学科的协作支持，不仅增强了论文写作者的综合性研究能力，也使他们能够在更宽广的学术背景下思考问题。

DeepSeek 通过优化信息获取的方式，拓展了论文写作者的全局视野。在传统的学术写作中，写作者常常依赖于图书馆、数据库等传统渠道进行文献查找。然而，受限于时间和资源，很多学者难以全面搜集到全球范围内的最新研究成果。DeepSeek 通过接入全球学术数据库和文献资源，可以为论文写作者提供更加全面和广泛的信息。它不仅能够帮助写作者获取最新的研究论文，还能推荐相关领域的跨学科研究成果，为写作提供多维度的支持。这种广视角的信息获取方式，帮助论文写作者打破了传统的学科界限，使得他们能够在更加开放的学术环境中进行思考和创新。

在推动全局视野的形成上，DeepSeek 的作用也不可忽视。AI 技术赋予了 DeepSeek 快速分析和处理海量数据的能力，它能够帮助写作者迅速获取并筛选出对论文有帮助的核心内容。这不仅提高了写作的效率，也使得写作者能够在短时间内对自己研究的领域有一个更加全面的理解。通过 DeepSeek 的帮助，写作者能够从多角度、多学科的视野中汲取灵感，拓宽自己的研究边界，从而在论文写作过程中提出具有创新性和前瞻性的观点。

  DeepSeek 的全球化支持也有助于论文写作者提升自身的国际视野。随着全球化进程的加速，许多学术研究已不再局限于一个国家或地区，而是跨越国界、跨越文化进行互动与合作。DeepSeek 可以为写作者提供跨文化的学术资料和国际上最新的研究动态，使其能够紧跟全球学术前沿。这不仅使论文写作者在学术研究上具备更强的竞争力，也让研究成果能够得到更广泛的认可和传播。

第 2 章
DeepSeek 概览

2.1 产品背景与发展历程

一、产品背景

DeepSeek 最初由中国量化对冲巨头幻方量化（HighFlyer Capital）在 2023 年 7 月发起，注册名为"杭州深度求索人工智能基础技术研究有限公司"，由梁文峰领衔创办，获得约 500 万美元启动资金，提出"开源＋激进定价"战略。创始团队基于"算力＋算法＋数据"三位一体的技术框架，迅速组建起一支兼具研究与工程实力的核心团队，为后续大模型与多模态产品的快速迭代奠定了基础。

DeepSeek 的使命在于将最前沿的 AI 能力以开源形式分享，帮助更多研究者与开发者参与创新。自成立之初，DeepSeek 就明确聚焦大规模语言模型（LLM）与多模态模型的研发，并通过极具竞争力的定价，使企业与个人用户都能在可承受范围内调用最新 AI 能力。背后的支持方幻方量化，自 2018 年起就将 AI 技术全面融入量化投资策略，2019 年成立 AI 实验室，积累了深厚的算力与算法经验，为 DeepSeek 的快速崛起提供了坚实后盾。

二、发展历程

1. 2024 年初：技术突破与多款产品发布

2024 年，DeepSeek 开始了其大规模 AI 模型的快速迭代与发布。1 月 5 日，DeepSeek 发布了首款大规模语言模型——DeepSeek LLM，这款模型拥有 670 亿个参数，能够处理中英文两种语言的数据，且性能超越当时同类的 LLaMA 70B 模型。这个突破标志着 DeepSeek 的技术进入了一个全新的阶段。

紧接着，DeepSeek 在 1 月 25 日推出了面向开发者的 DeepSeek-Coder，专注于代码生成与补全，帮助程序员提升开发效率。在随后的几个月中，DeepSeek 不断扩展其产品线，2 月 5 日推出了 DeepSeek-Math，它基于 DeepSeek-Coder 的架构进行优化，专门针对数学题解和符号推理任务进行训练，使其在教育领域中展现出强大的应用潜力。

此外，3 月 11 日，DeepSeek 发布了其首个视觉-语言融合模型——DeepSeek-VL，这款模型能够高效地处理图像与文本的多模态数据，并具备图像理解与生成能力，标志着 DeepSeek 向多模态 AI 领域迈出了重要步伐。

2. 2024 年中期：MoE 架构与性能提升

进入 2024 年中期，DeepSeek 开始探索更为先进的模型架构，5 月 7 日推出了第二代 DeepSeek-V2 模型。这款模型采用了 Mixture-of-Experts（MoE）架构，成功地在保持与顶级模型（如 GPT-4 Turbo）相近性能的同时，将推理成本降低至竞品的 1％。这一突破被誉为"AI 界的拼多多"，为高效能低成本的 AI 应用提供了新标杆。

6 月 17 日，DeepSeek 发布了 DeepSeek-Coder V2，进一步提升了多语言编程的支持与数学推理的能力，使得模型能够在更广泛的开发语言中发挥作用。

3. 2024 年下半年：对话能力与多模态提升

进入 2024 年下半年，DeepSeek 继续优化其多模态产品和对话系统。9 月 5 日，DeepSeek 发布了 DeepSeek-V2.5，它将 DeepSeek-Coder 与 DeepSeek-V2 进行了整合，提升了对话与代码的协同工作能力。用户可以通过一个接口调用多种功能，提升了整体的工作效率。

随后，在 12 月，DeepSeek 发布了改进版的视觉-语言模型 DeepSeek-VL2，并进一步优化了模型在复杂场景下的表现。12 月 26 日，DeepSeek V3 正式上线，它在知识问答、创作生成等领域实现了全面升级，首次支持复杂对话场景，使其在教育、科研等领域的应用变得更加广泛和高效。

4. 2025 年：强化学习与技术突破

进入 2025 年，DeepSeek 的技术再次突破，1 月 20 日推出了 DeepSeek-R1。这款模型引入了强化学习技术，进一步提升了推理效率与对话质量。强化学习的加入使得 DeepSeek 在处理长文本对话和零样本推理方面表现得更加出色，成为 AI 技术的一大进步。

随着 DeepSeek 产品线的不断发展，其技术逐渐走向更加完善的阶段，进一步扩展了在教育、科研等行业中的应用。DeepSeek 的创新与突破，不仅推动了 AI 领域的发展，也为用户提供了更加灵活与高效的工具，帮助他们在各种应用场景中实现更高效的工作。

2.2 主要功能模块解读

DeepSeek 的功能模块在多次产品迭代中逐步完善，涵盖了从自然语言处理到多模态推理，再到强化学习等多个技术领域。每个模块的设计都具有很强的实用性，并针对不同的应用场景提供了灵活且高效的解决方案。

一、大规模语言模型（LLM）模块

DeepSeek 的核心技术之一是其大规模语言模型（LLM），如 DeepSeek LLM。该模块是 DeepSeek 平台的基础，支持从文本生成到自然语言理解的各类任务。DeepSeek LLM 不仅具备强大的语言生成能力，可以根据给定的输入生成连贯的文章、对话和创作，还能够处理各种语言任务，如翻译、问答、文本总结等。

该模块的特点是超大规模的训练数据集和深度的语义理解能力。它的应用场景广泛，包括学术写作、内容创作、翻译服务、客服机器人等。在写作领域，DeepSeek LLM 能够辅助用户生成论文草稿、优化语言表达，甚至提供有针对性的研究建议。

二、代码生成（DeepSeek-Coder）模块

DeepSeek-Coder 模块是 DeepSeek 针对开发者推出的代码生成与补全工具。通过训练特定的编程语言数据集，DeepSeek-Coder 能够根据开发者的需求生成高质量的代码，自动补全代码片段，解决开发过程中的常见问题。这个模块支持多种编程语言，包括 Python、JavaScript、Java 等，适用于从初学者到资深开发者的各种需求。

该模块的亮点在于，它不仅可以提升编程效率，还能根据开发者输入的功能需求自动生成整段代码，帮助用户减少调试和查找文档的时间。对于教育领域来说，DeepSeek-Coder 可以作为编程学习工具，帮助学生理解代码结构，快速上手编程。

三、数学推理（DeepSeek-Math）模块

DeepSeek-Math 是 DeepSeek 在数学和符号推理领域的应用，专门针对数学题解与公式推理进行优化。这个模块能够处理各种数学题型，包括代数、几何、微积分等，通过深度学习模型解析数学问题，并给出精确解答。

数学推理模块的一个重要特点是，它能够通过对大量数学公式和问题的训练，形成精准的解题策略。对于学术研究者和学生来说，DeepSeek-Math 能够帮助他们在数学推导、公式证明等方面提供强有力的支持，极大地提高学习与研究效率。

四、视觉-语言融合模型（DeepSeek-VL）模块

随着 AI 技术的不断进步，DeepSeek 推出了视觉-语言融合模型（DeepSeek-VL），该模块能够处理图像与语言的跨模态任务。DeepSeek-VL 不仅能理解图片的内容，还能够将图像与文本进行关联，生成相关的描述或回答。

例如，在医学影像分析中，DeepSeek-VL 能够读取 X 射线图像或 MRI 扫描结果，结合临床文本数据，生成诊断报告或提供医生决策支持。对于电商、社交媒体等行业，DeepSeek-VL 能够自动生成图文结合的广告文案、评论分析等内容。

五、对话系统（DeepSeek-Chat）模块

DeepSeek-Chat 模块是 DeepSeek 面向自然语言处理的对话生成系统。它能够与用户进行流畅、智能的对话，不仅能进行日常对话，还可以回答问题、提供建议、进行情感分析等。DeepSeek-Chat 具备深度语义理解能力，能够根据上下文产生相关且连贯的回复，适用于客服、虚拟助手、教育辅导等多个领域。

特别是在教育领域，DeepSeek-Chat 能够模拟师生互动，为学生提供个性化的学习支持。它不仅能回答学生的问题，还能够根据学生的学习进度与知识掌握情况进行针对性指导，帮助学生更高效地学习。

六、强化学习（DeepSeek-RL）模块

DeepSeek-RL 模块引入了强化学习技术，使得模型在无监督情况下能够通过与环境的互动，不断优化自己的行为策略。这个模块在任务决策、策略优化等方面具有广泛的应用。例如，在游戏 AI、自动驾驶、智能机器人等领域，DeepSeek-RL 能够通过与环境的交互学习最佳的行为策略，从而完成复杂任务。

强化学习的一个核心优势是能够在动态变化的环境中实现自我优化，通过多轮训练和模拟，DeepSeek-RL 能够不断提高决策的准确性和效率。这一模块对于需要长时间自主学习的任务尤其重要，能够帮助企业和开发者解决实际业务中的复杂问题。

七、多模态模型与插件支持

DeepSeek 的多模态模型结合了视觉、语言、声音等多种感知方式，能够在不同类

型的数据间进行互联互通。例如，DeepSeek-VL模块不仅能够处理图像与文字，还能将音频数据与文字结合，为复杂的应用场景提供多角度、多维度的解决方案。此外，DeepSeek还支持插件扩展，用户可以根据自己的需求定制模型的功能，增强平台的适应性和灵活性。

这种多模态支持使得DeepSeek能够应对更复杂的应用场景，如智能家居、医疗影像分析、跨语言翻译等。通过多模态技术，DeepSeek不仅提升了人工智能的准确性，还极大扩展了其应用范围。

2.3 针对学术需求的独特优势

一、智能整合文献资源，重塑科研写作的信息基础

文献综述是科研写作的起点，也是研究选题与立论的根基。传统的文献查阅常常耗时耗力，科研人员不仅需要手动检索、筛选、阅读，还要在浩如烟海的成果中准确提取有价值的信息。DeepSeek通过语义搜索、上下文关联分析和多源数据融合，能够在极短时间内呈现出与研究主题高度契合的文献集合，极大提高信息获取的效率。

值得一提的是，DeepSeek并非仅局限于关键词匹配，而是能够基于研究问题的语义特征，推理出潜在的交叉学科关联。这对于跨领域科研尤为重要。例如，在撰写关于人工智能与医学结合的研究论文时，DeepSeek能够自动整合来自计算机科学、医学、生物统计等多个领域的核心成果，协助研究人员构建系统全面的知识图谱。

此外，DeepSeek还能根据不同研究阶段提供差异化的资源建议。在选题阶段，它会推荐当前研究热点及未被充分探讨的领域；在撰写阶段，则可辅助提取关键观点、支持观点陈述，增强论文的理论深度和数据支撑能力。由此，科研人员不再被动堆砌引用，而是能够真正基于文献构建起严密的逻辑链条。

二、灵活适配多种文体，赋能科研表达的多样性

科研写作不再局限于期刊论文，还包括基金申请书、技术报告、学术综述、会议摘要、科普文章等多种形式。不同文体对语言风格、篇幅结构、逻辑表达的要求差异显

著，这也对写作者提出了更高的适配能力要求。DeepSeek 的一个突出优势在于，它能够根据写作目的自动调整文本风格，实现"内容一致、风格多样"的写作支持。

在撰写学术论文时，DeepSeek 能够确保语言严谨、结构清晰，突出研究方法与创新点；在生成项目申请书时，它则倾向于突出项目背景、技术路径与预期成果，语言更具说服力与政策契合度；而在科普写作场景中，系统会自动降低专业术语密度、增强语句流畅性，使内容更具可读性与传播力。这种风格迁移能力，大幅降低了科研人员在不同写作任务间的切换成本。

更进一步，DeepSeek 还能模仿目标期刊或知名研究者的写作风格，对段落组织、句式结构乃至图表使用方式提出优化建议。这种模仿式写作辅导，有助于科研人员快速适应目标发表平台的风格偏好，提升稿件中稿率。对于非母语使用者而言，这种语言层面的精准支持，也极大降低了英文写作的门槛，提高了国际发表的可能性。

三、优化写作逻辑结构，推动科研成果深度提升

优秀的学术论文不仅需要内容扎实，更需要结构严密、逻辑清晰。DeepSeek 在结构建模和逻辑诊断方面的能力，使其不仅是一个写作工具，更是一个结构优化顾问。在输入草稿后，系统可以从整体框架到局部段落，逐层分析逻辑衔接是否自然、论点展开是否充分、论证是否有力，提出具体的修改建议，协助作者重构逻辑链条，提升论文的说服力和专业性。

在实际应用中，DeepSeek 常被用于多轮次写作迭代。在初稿阶段，它可根据摘要内容自动生成推荐的章节结构与段落提纲，帮助研究人员快速搭建整体框架；在修改阶段，它可识别论证跳跃、内容冗余、段落重复等常见问题，生成细致的修改提示，推动写作质量稳步提升。这种"结构-内容-语言"三位一体的优化模式，使得写作过程更具系统性，也更接近科研逻辑本身的严谨性。

与此同时，DeepSeek 支持与用户个人知识库联动，能够调用此前积累的研究成果、数据分析与思维导图，形成高度个性化的写作建议。这种融合外部智能与内部知识的写作方式，为科研人员提供了前所未有的定制化写作体验。它不仅帮助用户完成一篇论文，更在潜移默化中提高其整体科研表达能力。

第 3 章
智能体概览

3.1 智能体概述

一、什么是智能体

智能体（Intelligent Agent）是指一种能够在一定环境下自主感知、思考、学习并做出决策的系统。它通过收集和处理来自外部世界的信息，进行推理和判断，从而采取行动以达到预定目标。智能体在 AI 领域中扮演着核心角色，特别是在自动化任务、决策支持和人机交互等方面。

智能体的设计灵感来自人类及动物的智能行为。与人类的思考模式相似，智能体通过感知环境、执行任务和调整行为来适应外部变化。智能体的行动通常具有自主性、适应性、目标导向性和交互性，这使得它们在多种复杂场景中表现得尤为出色。

二、智能体的主要特征

（1）自主性（autonomy）：智能体能够自主进行感知、决策和行动，不依赖外部指令。它能根据当前环境和任务的需求，自动选择合适的行为。

（2）适应性（adaptability）：智能体能够在面对环境变化或任务变化时，调整自身的行为模式，以适应新的情境。例如，在变化的市场条件下，智能体可以调整其预测策略或工作流程。

（3）目标导向性（goal-oriented）：每个智能体都有明确的目标，目标的设定引导其行为和决策。智能体会根据目标的不同，选择执行不同的任务。

（4）交互性（interactivity）：智能体与环境中的其他智能体、用户或系统进行交互。交互可能包括信息共享、协作完成任务、获取反馈等，这使得智能体能够更好地完成复杂任务。

（5）感知与决策（perception and decision-making）：智能体通过传感器收集环境数据，然后通过处理和分析这些数据做出决策。它的决策过程通常包括推理、学习和优化，以提高决策的准确性和效率。

三、智能体的分类

智能体的类型和应用场景多种多样。根据功能、工作原理和应用领域的不同，智能体可分为以下几类。

（1）反应型智能体（reactive agent）：这类智能体基于环境变化做出即时反应。它们的行为通常是由简单的规则驱动的，依赖于对外界输入的即时响应。这类智能体没有长期的记忆或复杂的推理能力，主要应用于较为简单的任务，如自动化设备或机器人。

（2）目标型智能体（goal-based agent）：这类智能体不仅对环境做出反应，还会根据预定目标选择最合适的行动路径。它们通常会考虑当前状态与目标之间的差距，并采取一系列行动以缩小差距。目标型智能体广泛应用于游戏 AI、自动驾驶和智能家居等领域。

（3）学习型智能体（learning agent）：与传统的反应型智能体不同，学习型智能体能够通过与环境的交互不断学习和改进自己的行为策略。它们通常具有反馈机制，可以根据过去的经验调整未来的决策。强化学习算法就是一种典型的学习型智能体的应用。学习型智能体广泛应用于动态和复杂的环境中，如金融市场分析、语音识别和自适应机器人控制等。

（4）协作型智能体（cooperative agent）：这些智能体能够与其他智能体共同合作，解决复杂问题。它们通常应用于分布式任务系统，如自动化生产线、群体机器人系统等。

四、智能体在科研中的应用

智能体不仅在商业、工业等领域得到了广泛应用，在科研领域也展现了巨大的潜力。通过 AI 技术，科研人员能够借助智能体来提升研究效率、解决复杂问题并创新方法论。

科研工作涉及大量的数据分析、实验设计、文献综述、模型建立等任务，许多这些任务都可以通过智能体来实现自动化和优化。科研智能体能够帮助研究人员从繁重的文献阅读中解放出来，提供智能化的文献筛选、数据分析和实验设计支持。

3.2 知识库：科研智能体的大脑

知识库的作用正如同人类大脑中的长时记忆，是科研智能体得以"理解"和"回应"科研任务的基础。在日常写作、实验、文献分析等过程中，它不仅承担着信息的储存任务，更是智能体完成推理与生成的关键支撑。

一、科研写作中的知识管理挑战

科研写作不是"凭感觉输出",而是一种高度信息密集的思维构建过程。每一篇论文的背后,都隐藏着大量概念的积累、实验数据的梳理、方法论的比较与应用,以及前人研究成果的综合分析。以生命科学为例,一篇关于癌症治疗的文章,可能需要整合肿瘤分子机制、临床治疗进展、动物实验数据与统计模型等不同类型的信息。这类多维度、多来源、跨语境的知识构成,使得科研写作不再只是"表达",更像是信息拼图。

然而,人的认知资源是有限的。即便是经验丰富的学者,也难以在写作时实时调用数十篇文献中的全部细节。你可能记得某个概念在哪本书里读过,但一时找不到出处;你可能清楚某项实验支持你的论点,但查找原始数据却耗时数小时。这些"信息寻找"过程,大大消耗了科研人员的注意力,也让写作变得断断续续、低效重复。

更具挑战性的是,科研往往不是一蹴而就的任务,而是一个长期迭代、不断补充的过程。你今天记下的知识点,可能在几个月后需要被重新回顾;某个实验失败的记录,也可能在未来提供重要的思路线索。零散的笔记、PDF 文件夹、引用管理器,在面对海量信息时,已难以支撑科研人员的长期知识调度。

二、传统方法的局限性

面对复杂的科研知识系统,传统的文献与笔记管理方式逐渐暴露出其难以扩展的短板:

(1) 工具孤岛:如 EndNote、Zotero 等文献管理器虽然可用于归类和引用,但它们缺乏语义理解与自动归纳能力,无法真正"理解"文献内容。你仍需手动去找出"研究背景""核心发现"这些结构化的知识点。

(2) 文件夹迷宫:通过主题分组的本地文件夹或网盘,最初可能看起来清晰,但随着资料量的增长,层级结构很快变得混乱。资料之间的"上下文关系"无法显性建立,知识成为孤立的文件碎片。

(3) 检索困难:在面对跨学科研究任务时,不同学科使用的术语、表述方式不同,仅凭关键词搜索往往无法找到真正相关的内容。

(4) 低效复用:传统工具难以将过往知识转化为"可调取的知识模块",比如你曾经读过一篇文献中的统计方法,无法在后续写作中快速调用其逻辑或引用其公式。

这就像是你拥有一座图书馆,却无法快速找到自己需要的那本书,甚至不确定书是否就在那里。久而久之,研究者的时间和注意力被过度消耗在"信息查找",而非"知识创造"上。

三、AI 知识库

AI 为科研知识管理开辟了一条全新的路径。相比于传统文献管理器只能储存和检索文献，AI 驱动的智能知识库不仅能帮助科研人员保存信息，更能"理解"这些信息的内在结构与语义逻辑。一个理想的 AI 知识库，既要能处理不同来源的文献、笔记、实验数据等异构内容，也要能提炼其背后的知识框架，使研究者在需要时能像调用积木一样快速获取并重用已有信息。

在这样的系统中，文献不仅仅是文档，而是一种可以被解析的"知识单元"：研究背景、实验方法、关键结果与结论都能被自动识别和标注。AI 知识库能够将它们拆解并结构化储存，帮助研究人员跳过冗长的阅读过程，直接获取最关键的信息。在实际操作中，科研人员不再需要记住论文中具体某一页的某一段话，只需提出一个问题或给出一个概念，系统便能从知识库中调取相关信息，生成精练的内容摘要，甚至自动组合出特定主题下的文献综述或研究对比。

AI 知识库的语义理解能力还打破了关键词匹配的限制。研究者可以像与助手对话一样用自然语言提出需求，比如"找出近年来关于多模态 Transformer 模型在医学影像分析中的应用"，系统将基于内在语义，跨越不同表述方式，提取相关研究，并对比它们的实验设置与结论。这种能力对于跨学科研究尤为重要，能够极大降低学习和整合不同领域知识的门槛。

四、科研中的 AI 知识库

我们常说，AI 在对话中"胡说八道"，其实并不是它"故意撒谎"，而是因为它缺乏对事实的稳定记忆和来源约束。大多数通用语言模型在生成答案时，都是基于其在训练阶段学到的统计关联，而非实时查证某个具体事实或引用真实文献。这种机制使得 AI 在处理开放性问题时，容易编造听起来合理却不真实的内容，尤其在科研写作、学术讨论或数据分析中，这种"自信的错误"显得格外危险。它可能会编造不存在的文献、混淆实验数据，甚至在逻辑上自相矛盾，但表达依然流畅、语言高度专业，很容易误导读者。

给 AI 装上"知识的边界"，正是知识库存在的意义。我们可以将 AI 接入一个由人类整理或系统采集的可信知识库，让它只能在这个"可信语料池"中寻找信息、回答问题，生成内容也必须基于其中的事实、数据和逻辑。AI 在这种框架下就像是一位聪明的助理，在限定的资料柜中查阅资料、组织语言，而不再"信口开河"。

对于科研人员来说，这意味着我们不必完全依赖 AI 的"聪明"，而是将其转化为一个有事实依据、有文献支撑、有逻辑清晰度的写作助手。它不再是一个不可控的语言生成器，而是一个可以被管理、可控、可信的智能工具。此外，AI 知识库能够帮助研究人员避免重复劳动。在长期的科研过程中，许多工作是重复性的：你可能多次查找某个概念的定义、比对多个实验的评价指标。知识库通过持续记录与结构化存储，让你可以在不同研究任务间灵活复用过往资源，大幅度提升写作效率。这一切改变了科研人员与知识之间的关系。从被动查找信息到主动调用知识，从依赖短时记忆到构建外部"长时记忆"，AI 知识库不只是信息的容器，更是科研智能体的核心"大脑"。它所实现的，不仅是效率的提升，更是科研认知方式的一次跃迁。

3.3 工作流：科研任务自动化

一、什么是 AI 工作流

AI 工作流是指一系列可执行指令的集合，用于实现特定的业务逻辑或完成某项任务。它为应用或智能体的数据流动和任务处理提供了一个结构化的框架。我们以果汁厂商生产果汁为例，首先需要采摘水果，这个水果可以是橙子、苹果、桃子等等；然后经过清洗、榨汁、过滤、灭菌等流程形成原始果汁；再将原始果汁和食品添加剂混合，形成果汁；将果汁灌装入空瓶，给空瓶贴上标签，最后进行装箱，即可生产出可用于销售的果汁，如图 3-1 所示。

图 3-1 果汁生产线

如果我们使用这个生产线流程，一开始采摘的是橙子，即可生成橙汁；一开始采摘的是苹果，即可生成苹果汁；一开始采摘的是桃子，即可生成桃汁。AI 工作流也是类似的道理，我们只需要输入一个非常简单的变量，无需每次都定义过程，我们即可持续输出我们想要的东西了。我们不需要反复告诉他怎么做果汁，只需要告诉他我们需要什么果汁就行了。

二、AI 工作流的结构与核心构件

AI 工作流的构建核心在于节点。每个节点代表一个具体的功能模块，承担着特定的任务或计算。通常，工作流会包含多个节点，如文献检索节点、数据处理节点、代码执行节点、模型生成节点等。每个节点都可以接收输入，执行操作后输出结果，且通过输入输出的方式彼此连接，形成一个完整的任务链。工作流的开始节点负责接收输入并启动整个流程，结束节点则返回工作流的最终结果。

具体来说，AI 工作流不仅通过顺序执行多个节点来完成任务，还通过复杂的流程控制（如条件判断、循环处理等）支持更加灵活和高效的操作。举例来说，在文献综述的写作过程中，科研人员可以使用 AI 工作流自动完成文献检索、文献摘要生成、内容整合等多个步骤。首先，工作流通过一个文献检索节点调用外部数据库或 API，获取相关领域的文献资料；其次，调用 AI 模型节点对文献进行自动摘要；再次，利用数据处理节点对生成的摘要进行整理、归类；最后，输出一个符合格式的文献综述初稿。这一过程中，研究人员只需要关注文献的选择与问题定义，其他的工作都可以通过工作流自动完成。除了文献综述，AI 工作流还可以应用于数据分析、图表生成、学术翻译、研究报告撰写等多个领域。例如，科研人员可以通过工作流自动清洗实验数据，生成统计图表，或者将一篇论文翻译成多种语言。

三、工作流与对话流的区别

在 AI 辅助科研的应用中，除了标准的工作流之外，还存在另一种叫作"对话流"的特殊工作流类型。对话流与标准工作流的主要区别在于它不仅处理任务，还支持与用户的互动。标准工作流适用于自动化处理场景，任务流程较为单一且线性，如生成调研报告或数据分析报告等。而对话流则更适合那些需要和用户进行交互的场景，如智能科研助手、实验模拟器等应用。对话流通过模拟人类对话的方式与用户互动，完成更复杂的逻辑任务。例如，科研助手可以通过对话流引导用户输入特定问题，并基于已有的文献或数据自动生成答案或建议。

四、可视化工作流平台

在"扣子"等平台中,用户可以通过可视化的工作流画布,快速构建复杂的任务流程。该平台支持节点的拖拽和连接,用户无需编写大量代码,只需要通过拖拽不同的功能节点,并设置节点的输入输出,就可以轻松搭建一个完整的工作流。这种无代码的操作方式极大地降低了科研人员使用 AI 的门槛,使得即便是没有编程背景的研究人员也能借助 AI 工具提升工作效率。用户可以清晰地看到每个节点的输入、输出,以及节点之间的逻辑关系。在调试过程中,用户还可以实时查看每个节点的执行结果,帮助发现问题并进行优化。例如,在撰写论文时,研究人员可以利用该平台,通过设置不同的节点来自动化生成文献综述、分析数据或生成图表等,大大提高了文稿写作的效率。

五、工作流的变量机制与灵活性

AI 工作流的一个重要特点是其灵活性与扩展性。为了满足不同科研任务的需求,工作流平台通常支持多种类型的输入输出数据,并允许根据任务的不同要求选择合适的数据类型。常见的数据类型包括字符串(string)、整数(integer)、布尔值(boolean)、文件(file)、数组(array)等,这些数据类型在节点之间传递时,不需要额外地转换,极大提高了工作流的灵活性。

此外,工作流中还支持多种流程控制节点,如循环节点、条件选择节点、变量聚合节点等。这些节点可以帮助用户在任务执行过程中进行复杂的流程控制。例如,循环节点可以帮助用户批量处理数据,条件选择节点可以根据条件执行不同的路径,而变量聚合节点则可以将多个输入变量汇总为一个统一的输出。这些功能使得 AI 工作流不仅能处理线性任务,还能应对更加复杂的科研需求。

第 4 章
选题与开题

在撰写论文的过程中,"选题"和"开题"是起步阶段最重要的两个环节。许多论文写作者常常因为对这两个概念理解不清,导致后续研究方向模糊、结构混乱,甚至出现半途而废的情况。因此,弄清楚什么是选题,什么是开题,是迈入科研写作的第一步。

所谓选题,简单来说就是确定论文要研究什么问题。这个过程就像寻找一个值得深入探讨的主题,它既要符合研究者的兴趣,也要有实际意义和学术价值。一个好的选题,往往源于对某一领域的敏锐观察,比如社会上的新变化、行业中的新问题,或学术领域内仍待探讨的空白。选题不是凭空想象,而是在查阅大量文献、了解研究现状的基础上,提出一个具有研究前景的问题。只有题目选得好,后续的写作和研究才有方向可循。开题则是在选好题目的基础上,进一步把研究思路细化和展开。可以把开题理解为研究的"设计图",在开题阶段,论文写作者需要说明自己为什么选这个题目、准备用什么方法去研究、已有的参考资料有哪些、可能面临什么难点、如何安排时间等。这个过程通常会形成一个正式的"开题报告",有些还需要通过答辩的形式,由导师或专家团队对研究计划进行评估。一个逻辑清晰、内容翔实的开题报告,能够为整个论文写作奠定坚实的基础。

选题是方向,开题是路径。前者告诉写作者要往哪里走,后者帮助写作者规划怎么走。这两个环节不仅关乎论文的起点,更影响着整篇论文的质量与完成的可能性。掌握好这两个步骤,是论文写作成功的关键一步。

4.1 研究选题的战略探索

在论文写作的起点,选题始终是一项至关重要的任务。它不仅决定了研究的方向,也影响着后续工作的效率与成果的深度。

一、选题原则

在学术研究的起点阶段,选择一个兼具创新性、可行性和学术价值的论文选题至关重要。借助 DeepSeek 等智能工具辅助选题时,研究者需要遵循若干核心原则,以确保选题质量并规避常见的研究陷阱。

1. 坚持价值导向

一个优质的选题必须同时具备学术价值和实践意义。在学术价值层面,研究者应当着眼于填补领域知识空白或解决关键理论问题，例如，研究者可以通过 DeepSeek 查询"××领域尚未解决的三大基础问题"来识别潜在研究方向。在应用价值方面，研究者需要关注研究成果的现实转化潜力，例如，利用 DeepSeek 分析"××技术在工业界的最新应用痛点"。此外，选题的时效性也不容忽视，研究者应当优先选择学科前沿课题，例如，研究者通过 DeepSeek 了解"近两年××学科的国家重点研发计划方向"，确保研究工作与学科发展脉搏同步。

2. 注重创新性与可行性的平衡

创新是学术研究的灵魂，但创新幅度必须与研究资源相匹配。建议采取渐进式创新策略，在经典理论基础上寻求突破，例如，研究者可让 DeepSeek "列举 5 种改进××算法的可能路径"；同时，跨学科方法移植也是值得探索的创新路径，可以通过 DeepSeek 分析"生物学原理在机器学习中的成功移植案例"来获得相应研究启发。但创新必须量力而行，研究者还需要使用 DeepSeek 评估当前研究方案的基础条件，例如可以询问 DeepSeek "完成××实验所需的标准硬件配置"，确保研究方案在现有条件下切实可行。

3. 数据可得性原则是实证研究的基础保障

理想的研究选题应当有可靠的数据支撑，研究者应优先选择具备公开数据集的方向，可以通过 DeepSeek 查询"可获取××数据的 10 个公开数据库"；当理想数据不可得时，也可以借助 DeepSeek 生成"无法获取××数据时的三种替代研究方案"，保持研究的灵活性；而对于需要自行采集数据的研究，务必提前评估采集成本，可以询问 DeepSeek "开展××问卷调查的最低有效样本量"，避免因数据问题导致研究中断。

4. 研究方法合适

合适的研究方法是确保研究质量的关键因素。在技术匹配层面，研究者可以通过 DeepSeek 分析"解决××问题最适合的 5 种算法优劣对比"，选择最契合问题特性的方法；同时要考虑自身能力与方法的匹配度，用 DeepSeek 评估"掌握××技术所需的学习时间成本"，避免选择超出自身能力范围的研究方法。同时，对于某些研究领域，工具可得性也是重要考量因素，例如，研究者可以询问 DeepSeek "实现××模型的最佳开源工具包"，确保技术路线具备可操作性。

在实践中，建议研究者充分利用 DeepSeek 的智能分析功能。

（1）使用"对比分析"方式，实现对 3~5 个候选选题进行多维度评估；

（2）定期询问 DeepSeek，进而跟踪确认"××选题最新进展"等领域动态；

（3）善用第三方视角，例如要求 DeepSeek "用评审专家视角评价××选题"等。

通过系统性地应用这些原则和方法，研究者能够借助 DeepSeek 的智能分析能力，在浩如烟海的研究方向中筛选出真正有价值、可实现的优质选题，为后续的深入研究奠定坚实基础。

二、选题步骤

在学术研究的起点，选择一个合适的论文选题至关重要。它不仅是后续研究的基础，更决定了整个项目的方向、深度和最终价值。然而，许多研究者在选题阶段常常感到迷茫——要么缺乏创新性，要么难以把握可行性。借助 DeepSeek 这样的智能工具，我们可以更加高效、精准地完成这一过程。以下是一套系统化的方法，帮助研究者在文献海洋中找到属于自己的研究方向。

第一步：明确研究领域与兴趣方向

选题的第一步是确定自己的研究领域，并在其中找到感兴趣的具体方向。无论是自然科学、社会科学还是工程技术，每个学科都包含众多子领域。例如，研究者关注"在线教育"等方面的内容，可以把研究内容细化到"MOOCs（大规模开放在线课程）对高等教育公平性的影响"或"AI 辅助教学在 K-12 阶段的应用效果"等方面。此时，研究者需要结合自己的知识储备、研究能力和兴趣偏好，选择一个既有探索价值又具备可行性的切入点。如果研究者对某个方向了解尚浅，可以利用 DeepSeek 进行初步调研，例如询问"当前在线教育领域有哪些热门研究方向？"或者"经济学中与大数据结合的新兴课题有哪些？"，这些问题的答案可以帮助缩小范围，避免选择过于宽泛或陈旧的课题。

第二步：深入文献调研，识别研究空白

确定大致方向后，接下来要做的是深入阅读相关文献，了解该领域的研究现状、经典理论和最新进展。这一步骤至关重要，因为它能帮助研究者发现哪些问题已经被充分研究，哪些方向仍存在探索空间。研究者可以利用 DeepSeek 快速获取高质量文献综述，例如输入："近五年关于新兴市场中的数字货币渗透与银行稳定性中的关系有哪些重要论文？"或者"当前小样本学习面临的主要挑战是什么？"，通过分析这些信息，研究者可以识别出研究空白，例如某些方法在特定场景下的局限性，或者尚未被充分探索的应用领域。此外，还可以让 DeepSeek 总结某篇论文的核心贡献，以便更高效地筛选出与研究者的兴趣相关的文献。

第三步：生成选题构思，评估创新性与可行性

在掌握领域现状后，可以开始构思具体的论文选题。研究者可以让 DeepSeek 提供

一些可能的选题建议，例如："学校教师使用 AI 教学工具方面，请推荐 3~5 个创新性研究课题"。这些建议可以作为灵感来源，帮助研究者拓展思路。同时，研究者也可以尝试跨学科结合，例如，将心理学理论应用于人机交互设计，或者用区块链技术优化供应链透明度。在形成初步选题后，需要进一步评估其创新性和可行性。研究者可以询问 DeepSeek "××选题的研究难度如何？"或者"这个方向是否已经有大量类似研究？"，这些问题能帮助研究者判断该选题是否值得深入探索、是否有足够的条件去完成。

第四步：明确研究问题，设定具体目标

一个好的论文选题应当聚焦于一个明确的研究问题，而不是泛泛而谈。例如，与其选择"人工智能在医疗中的应用"，不如具体到"基于多模态学习的医学影像早期癌症检测优化"。研究者可以利用 DeepSeek 帮助提炼研究问题，例如："如何将××方法改进以适用于××场景？"或者"××理论在××领域是否存在未被验证的假设？"，同时，研究者需要设定清晰的研究目标，例如开发一种新算法、验证某个理论模型，或者通过实证分析解决一个实际问题。这一阶段，与导师或同行讨论自己的想法也非常重要，他们的反馈可以帮助你进一步优化研究方向。

第五步：最终确定选题，优化研究框架

在综合考量创新性、可行性和个人兴趣后，研究者可以确定最终的论文选题。此时，可以利用 DeepSeek 对标题进行优化，确保其既简洁又能准确概括研究内容。例如，研究者可以输入："'基于自适应学习的在线教育个性化推荐系统研究'是否比'在线教育中的机器学习应用'更好？"；此外，还可以让 DeepSeek 生成初步的研究框架，例如："关于××选题，请提供一个可能的论文结构大纲"。这能帮助研究者在写作阶段更有条理地展开论述。

第六步：后续研究与写作支持

选题确定后，DeepSeek 仍然可以在后续研究中提供支持。例如，研究者可以让它推荐相关的高影响力文献，或者询问"研究××问题，适合采用定量分析还是案例研究？"；在实验设计阶段，还可以咨询"××算法的实现通常需要哪些工具和数据集？"等。这些功能能够显著提高研究效率，让研究者更专注于核心创新部分。

三、选题的实操思路

在实际的论文写作过程中，不能仅在思维层面构想，而需要通过学习、拓展、重构

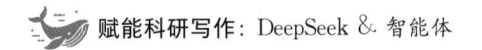

等策略将想法具体化，最终形成明确且具有操作性的研究题目。

第一步，先梳理和明确选题背景，包括研究领域、初步选题方向等相关内容。

第二步，打开 DeepSeek，选择"深度思考（R1）"和"联网搜索"，并在对话框中输入提示词，如图 4-1 所示。

> 我是教育学研究生，关注AI在教育公平中的应用。请推荐3个关于"AI+乡村教育"的创新选题，要求结合实证研究可行性。
>
> ⊗ 深度思考 (R1)   ⊕ 联网搜索

图 4-1 提示词范例

第三步，点击发送按钮，DeepSeek 就会给出相应的论文选题范围建议。

结合当前 AI 技术在乡村教育中的应用实践与研究趋势，以下是 3 个具有实证研究可行性的创新选题推荐，每个选题均包含研究背景、核心问题、实证方法及数据来源建议：

选题 1：生成式 AI 支持的个性化教研对乡村教师专业发展的影响研究

（1）研究背景：乡村教师面临教研资源匮乏、培训持续性不足等问题，而生成式 AI（如教案自动生成、学情分析工具）可提供低成本、精准化的教研支持。

（2）核心问题：

◇ 生成式 AI 如何影响乡村教师的教研效率与教学创新能力？

◇ 不同学科（如语文 vs. 数学）教师对 AI 工具的接受度是否存在差异？

（3）实证方法：

◇ 准实验设计：选取 2~3 个已部署 AI 教研工具的乡村学校（如使用 GAI 教研智能体的地区），对比实验组（使用 AI）与对照组（传统教研）的教师教案质量、课堂互动数据。

◇ 混合研究：

◆ 量化：收集教师使用 AI 前后的教案评分（专家评估）、学生成绩变化。

◆ 质性：访谈教师对 AI 工具的需求（如民族地区需文化适配性）。

（4）数据来源：

◇ 国家中小学智慧教育平台的使用日志。

◇ 地方教育局的教师培训档案（如湖南祁阳的"数智课堂"项目）。

选题 2：低代码 AI 工具在乡村课堂中的"降维应用"与数字鸿沟弥合机制

（1）研究背景：乡村学校常因硬件限制或教师技术素养不足导致 AI 设备闲置。联想"联萌再生电脑教室"等案例表明，轻量化 AI 工具可能更适配乡村需求。

（2）核心问题：

◇ 低代码/无网络依赖的 AI 工具如何提升乡村课堂的实际使用率？

◇ 这类工具是否真正降低了城乡学生的数字技能差距？

（3）实证方法：

◇ 行动研究：

◆ 在 1 所乡村学校部署低代码 AI 工具，记录教师与学生的使用频率、故障率。

◇ 对比分析：

◆ 对比使用低代码工具（如 AI 作文批改系统）与传统方法的课堂效率（如批改时间/准确率）。

◆ 通过学生数字素养测评（如 ICT 能力测试）评估鸿沟变化。

（4）数据来源：

◇ "AI 下乡"项目的用户反馈数据；

◇ 乡村学校的设备使用日志。

选题 3：AI 驱动的"双师课堂"模式对乡村学生学业表现的长期效应研究

（1）研究背景："双师课堂"已在多地试点，但长期效果缺乏数据支撑。AI 可优化双师互动，但其对学生成绩与心理发展的影响尚不明确。

（2）核心问题：

◇ AI 增强的"双师课堂"是否显著提升乡村学生的学科成绩与学习动机？

◇ 该模式对不同学段（小学 vs. 初中）的效果是否存在差异？

（3）实证方法：

◇ 纵向追踪：选择 3~5 所已开展双师课堂的学校，追踪学生 1~2 年的成绩变化与问卷调查。

（4）案例分析：

◇ 对比 AI 双师与传统双师的课堂录像。

◇ 分析民族地区学生的文化适应性。

（5）数据来源：

◇ 学而思网校"AI 老师"项目的学生成绩数据库。

◇ 地方教育部门的双师课堂评估报告。

第四步，DeepSeek 不一定可以直接生成可用的内容。这时可以继续在上述的对话框中对其提出更多要求，DeepSeek 会根据有关要求提供更多的选题思路，如图 4-2 所示。

> 检索近5年关于"AI+乡村教育+数学成绩"的文献，分析研究趋势和未解决问题。
>
> 深度思考(R1)　联网搜索

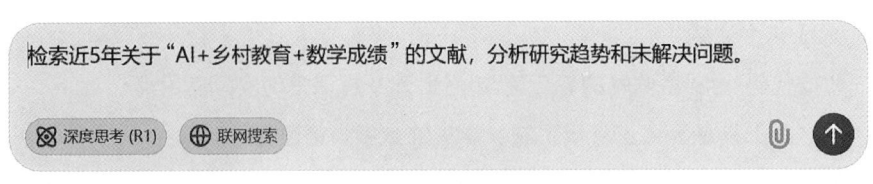

图 4-2　提示词范例

第五步，稍等片刻，DeepSeek 就会给出修改后的结构框架，大家可以反复迭代优化有关内容，并初步确认自己感兴趣的研究方向和选题范围。

以下是基于近五年（2020—2025）"AI+乡村教育+数学成绩"相关研究的趋势分析及未解决问题的总结：

一、研究趋势分析

1. AI 辅助个性化学习成为主流

趋势：生成式 AI（如智能批改、自适应学习系统）被广泛应用于乡村数学教育，通过错题分析、知识点强化和个性化习题推荐提升成绩。例如，酷培 AI 系统通过"测-学-练"闭环模式，帮助乡村学生精准查漏补缺，显著提高数学成绩。

2. 低技术门槛 AI 工具的普及

趋势：乡村学校受限于设备和师资，更倾向于采用轻量化 AI 工具，如离线批改系统、语音交互 APP 等。例如，腾讯"AI 下乡"项目推广方言识别技术，帮助民族地区学生理解数学教学内容。

3. 双师课堂与 AI 助教的结合

趋势：AI 增强的"双师模式"在数学教学中广泛应用。例如，甘肃肃南一中使用酷培 AI 系统，结合远程名师直播与本地教师辅导，显著提升学生数学成绩。

4. 游戏化与兴趣驱动学习

趋势：AI 数学教育产品通过动画、互动游戏提升乡村学生学习兴趣，减少数学焦虑。

5. 数据驱动的精准教学

趋势：AI 学情分析工具帮助乡村教师识别数学学习薄弱点，优化教学策略。

二、未解决的关键问题

1. AI 适应性不足

问题：现有 AI 数学教育工具多基于通用模型，对不同方言、不同文化背景下的乡村学生适配性较差。

2. 教师 AI 素养不足

问题：乡村教师对 AI 工具接受度低，部分大龄教师难以掌握新技术，导致设备闲置。

3. 长期效果缺乏实证

问题：多数 AI 数学干预研究仅关注短期成绩提升，缺乏对学习动机、思维能力的长期追踪。

4. 数字鸿沟加剧风险

问题：偏远地区网络覆盖不足，AI 数学教育依赖稳定网络，可能拉大城乡差距。

三、未来研究方向建议

1. 开发文化适配的 AI 数学工具

结合方言识别、本土化案例，提升 AI 在民族地区的适用性。

2. 加强乡村教师 AI 培训

推广"基层点单-专家送教"模式，通过实操培训提升教师的 AI 使用能力。

3. 建立长期追踪数据库

联合教育部门，对 AI 数学干预项目进行 3~5 年的纵向研究，评估对学生逻辑思维的影响。

4. 探索离线性 AI 解决方案

借鉴马来西亚经验，开发不依赖网络的 AI 数学学习终端。

4.2 利用 DeepSeek 挖掘创意切入点

一、DeepSeek 如何挖掘选题创意

1. 利用人工智能赋能思维，借助 DeepSeek 重塑思考方式

思维的边界，往往来自经验的局限。在以往的选题过程中，许多研究者常常陷入一种"惯性模式"，即围绕熟悉的概念、方法和结构机械地寻找题目。这种方式虽然稳妥，却难以突破已有研究的框架，产生真正具有价值的创新。而 DeepSeek 正是打破这一局限的有力工具。它可以帮助使用者从一句话、一个关键词甚至一个模糊的想法出发，生成相关的研究主题、理论模型和实践场景。例如，当研究者输入"如何改进翻转课堂的研究"这一模糊问题时，DeepSeek 不仅可能会生成"神经教育学视角下翻转课堂的认知负荷机制"等跨学科视角，还会提出"基于学习分析的翻转课堂动态调适模型"等技术融合内容，从而激发研究者多角度、多维度地创新思考。

2. 从问题出发，用 DeepSeek 定位真实世界的研究缺口

优质的研究选题，往往来源于对现实问题的敏锐洞察。DeepSeek 能够帮助使用者快速抓住社会热点、政策动向和群体关注，通过分析新闻报道、论坛话题、学术趋势等信息，生成具备时代价值的研究线索。举例来说，若关注"在线教育"的领域，DeepSeek 可通过分析近年关于学生学习行为变化的报告、政策文件和社会舆情，提炼出"高年级学生在线学习的行为特征""在线平台技术对个性化学习的支持"等研究方向。这种基于问题的选题路径，使得研究不仅具有学术意义，更能回应现实需求，提升论文的社会价值与理论深度。

3. 探索语义网络，发现隐藏的学术联结

选题的独特之处，往往体现在对知识之间关系的重新发现。DeepSeek 的语义扩展功能，正是挖掘这些"隐性连接"的关键工具。使用者可以从一个研究兴趣出发，如"教育公平"，输入关键词后，DeepSeek 不仅会呈现与之直接相关的内容，还会推荐其他在语义上高度关联但学科领域不同的研究成果，如"城乡数字鸿沟""平台算法偏见""资源分配优化"等。这种跨界的知识联结，为研究者提供了跳出单一学科的视角，拓展出交叉研究的新切入点，也使得选题更具原创性和多样性。

4. 构建研究边界，借助 DeepSeek 避免选题重复与空泛

创意选题不仅需要新意，更需要扎实的基础与明确的边界。选题过于宽泛，容易导致研究无从深入；过于重复，则缺乏价值。DeepSeek 能够对已有的文献进行系统检索和比对，帮助使用者迅速了解该领域的研究现状，从而明确哪些选题已经被充分探讨，哪些角度尚属空白。例如，在选题"高中生网络学习行为"中，若 DeepSeek 检索到已有大量文献集中于"初中阶段""城市地区""平台使用偏好"，而在"农村地区高三学生在线学习策略"上研究稀少，便能提示使用者这一方向可能是一个潜在的研究空白。这种智能判断不仅节省了大量初期工作时间，还能让选题更具差异化，提升研究在学术交流中的辨识度。

二、利用 DeepSeek 推动创意落地的路径

创意易得，落地不易；灵感如光，唯有框架方能承载。在借助 DeepSeek 获得启发之后，论文写作者面临的关键问题是如何将这些零散的思考转化为清晰、聚焦、具备研究价值的选题。许多初学者常常停留在"有想法"的阶段，却难以完成从灵感到题目的转换。这一过程不仅需要逻辑梳理和系统构建，也需要借助 AI 工具的力量。DeepSeek 正是协助创意落地的有力助手，能够帮助使用者将模糊的构想锻造成可以操作的选题方向。

1. 明确主题，搭建问题链条

在确立了初步的研究兴趣后，使用者可以通过 DeepSeek 实现"问题重构"，生成一系列相关联的问题链。这种"问题树"式的探索，不仅帮助聚焦选题核心，也拓展了视角的广度。例如，若研究兴趣为"在线教育对高中生学习成效的影响"，则可以围绕"技术介入的形式与效果""不同年级之间的差异""平台功能对学习策略的支持"等方面，生成相互连接的问题，为后续的研究框架打下基础。

2. 匹配方法，评估可行路径

创意能否真正落地，关键还在于是否具备合适的研究方法支持。DeepSeek 可根据现有的文献模型，为论文写作者提供与主题相匹配的研究范式。例如，当选题偏向因果推断时，系统会推荐倾向得分匹配、回归分析或结构方程等方法，使选题在理论与实操之间建立起桥梁。

3. 规范表达，形成专业题目

当研究方向逐渐清晰时，论文题目的表述就成为学术写作的起点。DeepSeek 可以在语言层面提供多版本题目生成，并根据学术性、清晰度、关注焦点进行智能评估。例如，对"高中在线学习动机提升机制"的初步构想，系统可推荐"基于定量研究的高中在线教育平台学习动机提升路径探究"等表达方式，使研究主题更具吸引力和学术规范性。

从灵感激发到题目生成，是一段从创造到构建的旅程。借助 DeepSeek 的智能能力，论文写作者不仅能够挖掘更多有价值的研究角度，更能将想法稳步落地，迈出高质量学术写作的第一步。

三、案例实操

第一步，先梳理明确选题背景，包括研究领域、研究对象、研究视角等相关内容。

第二步，打开 DeepSeek，选择"深度思考（R1）"和"联网搜索"，并在对话框中输入提示词，如图 4-3 所示。

> 请根据当前教育研究领域的前沿动态和已有研究空白，为我提供若干具有创新性的选题方向，研究对象为高中阶段临近高考的学生，研究视角聚焦于人工智能辅助教学的技术策略与认知调节机制，希望最终呈现的是一篇基于问卷与学业成绩的定量研究论文，数据资源来源于全国智能教学平台的用户行为数据与学生考试数据。
>
> 深度思考（R1） 联网搜索

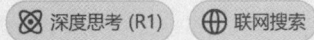

图 4-3 提示词范例

第三步，点击发送按钮，DeepSeek 就会给出相应的论文选题范围建议。

选题方向一：人工智能辅助反馈机制对高三学生认知调节水平与学业成绩的影响研究

创新点：聚焦 AI 反馈机制对学生元认知能力的激发路径，探索其是否对学习成绩产生中介效应。

潜在研究问题：AI 个性化推荐/反馈是否提高学生的学习策略使用频率？认知调节是否在 AI 反馈与学习成绩之间起中介作用？

选题方向二：基于全国智能教学平台的学习行为分析：AI 教学策略对高三学生学习成效的影响路径研究

创新点：以学习行为数据为基础，采用结构方程模型分析 AI 教学策略影响成绩的路径，包括认知参与、自主调节等变量。

潜在研究问题：学生在使用 AI 平台过程中的哪些学习行为与成绩密切相关？认知调节在其中的调节或中介作用如何？

选题方向三：人工智能教学工具的使用频率与学习成效的相关性研究：以高考复习阶段为例

创新点：在时间压力与目标驱动背景下，检视 AI 工具"实用性"在应试情境中的效果，对比不同学科的工具使用模式。

潜在研究问题：学生使用 AI 辅助教学的频率是否与其成绩存在显著相关？不同学科是否存在差异？学生的调节行为如何影响这一关系？

选题方向四：AI 驱动的自适应学习系统对高三学生成绩提升路径的实证研究：以认知调节为中介变量

创新点：引入"认知调节"作为心理机制变量，探讨 AI 平台如何通过引导式教学提升学习成效。

潜在研究问题：AI 系统的自适应策略是否提升学生自主学习与目标管理能力？认知调节是否为成绩提升的关键心理机制？

选题方向五：人工智能教学平台中的学习路径个性化与高考生认知负荷调节研究：基于用户行为数据的分析

创新点：将 AI 平台的学习路径推荐机制与学生认知负荷理论结合，揭示路径设计与学习效率之间的关系。

潜在研究问题：AI 平台如何通过个性化学习路径降低学生的认知负荷？这种机制是否能显著提高学习效率和考试表现？

第四步，DeepSeek 不一定可以直接生成可用的内容，这时可以继续在上述的对话框中对其提出更多要求，DeepSeek 会根据有关要求提供更多的选题思路，如图 4-4 所示。

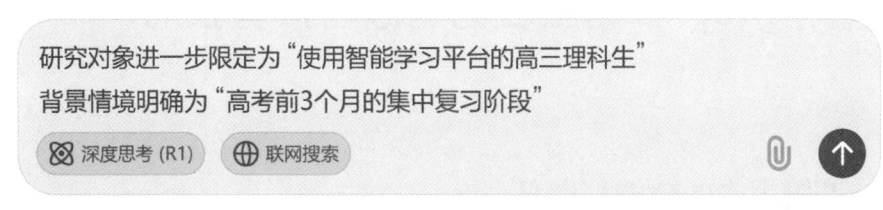

> 研究对象进一步限定为"使用智能学习平台的高三理科生"
> 背景情境明确为"高考前3个月的集中复习阶段"
>
> ⊗ 深度思考 (R1)　⊕ 联网搜索

图 4-4　提示词范例

第五步，稍等片刻，Deepseek 就会给出修改后的结构框架，大家可以反复迭代优化有关内容。

选题范围建议

一、选题方向 1：人工智能精准反馈对高三理科生数学学业成绩提升的路径研究

- 研究变量：AI 精准反馈机制（自变量）、数学成绩（因变量）、认知调节能力（中介变量）
- 方法：问卷测量+平台成绩数据分析

二、选题方向 2：AI 推荐学习内容对高三理科生知识薄弱点补救效果的实证分析

- 研究变量：推荐系统使用频率、知识点掌握变化、阶段测试成绩
- 方法：平台日志分析+成绩前后对比

三、选题方向 3：高三学生在 AI 辅助学习环境中的学习策略适应性研究

- 研究变量：AI 使用特征、学习策略变化（计划、监控、调节）、认知调节能力
- 方法：学习策略问卷+访谈+平台操作数据关联分析

四、选题方向 4：AI 智能测评工具对高三理科生考前复习成效的提升机制研究

- 研究变量：测评使用频率、反馈响应速度、复习阶段性成绩
- 方法：实验组对照研究+平台数据分析

五、选题方向 5：人工智能平台学习行为数据对高三理科生成绩波动的预测研究

- 研究变量：行为数据维度（登录时长、错题纠正率等）、成绩趋势、模型预测效果
- 方法：机器学习算法建模+回归分析

4.3 开题报告的构思与撰写技巧

一、开题报告的功能与意义

开题报告是学术研究的起点，它能够帮助研究者清晰地梳理思路，明确研究的方向和目标。对于论文写作者来说，开题报告是整个研究过程中不可或缺的部分。通过开题报告，研究者不仅可以系统地阐述研究问题的背景和意义，还能展示所选择的研究方法的合理性和可行性。

首先，开题报告的核心作用是帮助研究者明确研究的框架。它是一种"蓝图"，为整个论文的撰写提供了结构性指导。在报告中，研究者需要清晰地陈述所要研究的课题是什么，这个课题为何具有学术价值，解决这个课题的问题对于学术界或社会有何意义。同时，开题报告也是对自己研究思路的整理和规范，研究者能在撰写开题报告的过程中明确研究方向。

其次，开题报告具有学术交流的功能。通过撰写开题报告，论文写作者能明确自己对所研究问题的理解、对研究方法的选择以及对预期成果的构想，这不仅帮助指导教师或评审委员会理解研究的价值和方向，还能获得反馈意见，为后续研究的深入提供必要的调整和改进建议。这一过程不仅是个人思维梳理的过程，更是学术共同体互动的过程，能帮助研究者完善思路，优化研究设计。

最后，开题报告也是一个时间和资源管理的工具。通过细化研究目标和研究路径，研究者能够对研究的进度进行合理的规划，避免在实际研究过程中出现目标不明确、资源浪费等情况。开题报告的内容应该明确研究的步骤和时间安排，确保整个研究在规定的时间内完成。

二、开题报告的基本框架

开题报告的结构是相对固定的，通常包括研究背景、研究目标与意义、研究内容与方法、预期成果与研究进度安排等几个主要部分。每一部分都需要精心组织和表述，以确保报告的完整性和逻辑性。

1. 研究背景

研究背景是开题报告的开篇部分，它为论文写作者所研究的课题提供必要的背景信息。通过研究背景的阐述，论文写作者能够让读者理解为什么要选择这个课题进行研究。研究背景的内容应包括以下几个方面：

研究问题的提出：阐明研究领域中存在的问题或研究空白，为研究课题的提出提供依据。

国内外研究现状：概述该领域已有的研究成果，展示该研究领域的研究进展，指明现有研究的不足之处或未涉及的领域。

研究的价值和意义：强调研究该课题的重要性，说明该研究对学术界、社会或其他领域的影响和贡献。

这部分的核心任务是让读者理解研究的出发点和背景，展示出该课题具有研究价值和意义。

2. 研究目标与意义

在明确研究背景后，接下来需要说明研究的目标与意义。研究目标通常是论文写作者希望通过研究所要达到的具体目的，而研究意义则是研究完成后对学术界或社会的贡献。这里需要明确的内容有以下两方面：

研究的具体目标：简洁明了地列出研究希望达成的目标，通常应包括要解决的核心问题、探索的具体方向等。

研究的学术意义和实践意义：除了学术层面的贡献外，还要指出研究的实际应用价值。

3. 研究内容与方法

研究内容与方法是开题报告中最为关键的部分之一，它详细阐述论文写作者将要进行的具体研究工作。这部分内容通常包括：

研究内容的具体阐述：对研究课题的具体内容进行描述，详细列出将要研究的问题、所采用的理论框架、研究范围及研究对象。

研究方法与技术路线：介绍研究所采用的具体方法，如定量分析、定性研究、实验研究、案例分析等，并结合图表或流程图展示研究的技术路线和实施步骤。

数据来源与研究工具：如需要，简要描述研究所用的数据来源、实验材料、调研工具、调查问卷等。

在这个部分，论文写作者应当精确而简洁地说明研究方法的可行性和科学性，确保方法论部分能够与研究目标紧密衔接，进而确保研究的顺利进行。

4. 预期成果与研究进度安排

预期成果是开题报告中对未来研究进行展望的部分。这里，论文写作者应详细描述预期的研究成果，强调研究完成后可能为学术领域带来的影响或新的理论贡献。具体内容包括：

研究的主要成果：如预计的学术论文、学术报告、研究模型等。

学术贡献：描述该研究的创新点、突破性成果等，并与现有研究进行对比。

社会影响：如果适用，可以提及该研究成果对社会或实际问题的解决可能产生的影响。

研究进度安排则是对研究实施过程的时间规划，通常包括研究的各阶段时间节点，如文献综述阶段、数据收集阶段、数据分析阶段、论文撰写阶段等的时间节点。通过明确的时间安排，确保研究工作的有序推进，并为后续的研究工作提供良好的时间管理基础。

三、利用 DeepSeek 撰写开题报告的技巧与注意事项

开题报告是一份能展现研究可行性与创新性的文档，撰写时需要遵循一定的技巧，以便准确地向评审委员会或导师传达研究的目标和方法。以下是利用 DeepSeek 撰写开题报告时的一些技巧与注意事项。

利用 DeepSeek 智能辅助完成论文开题报告撰写是一项需要系统规划的工作，其核心在于将传统学术写作流程与 AI 工具高效结合，既保证内容在学术上的严谨性，又提升写作效率。要充分发挥 DeepSeek 的潜力，研究者需要明确开题报告的基本框架和核心要素，每部分内容都需要特定的 AI 辅助策略。

（1）在研究背景部分，研究者可以通过向 DeepSeek 输入精准的指令，如"以人工智能在医疗诊断中的应用为主题，生成 800 字的研究背景，需包含技术发展现状、临床应用需求和现有研究不足三个方面"，从而获得结构化的内容框架，但需注意在此基础上补充最新的权威数据和研究动态，避免内容过于空泛。

（2）在研究目标和意义部分，在确定研究目标时，可以采用总-分结构。以"区块链在供应链金融上的应用"为例，可以通过 DeepSeek 对总体目标和细化指标等内容进行评估和验证；同时，利用 DeepSeek 梳理当前文献综述的研究空白，进一步体现研究的创新性和必要性。

（3）在研究内容和方法设计部分，也就是开题报告的核心部分，研究者可以要求 DeepSeek 帮助优化方法论。以"社交媒体的使用对大学生心理健康的影响"为例，研

究者可以在 DeepSeek 上输入"针对社交媒体的使用对大学生心理健康的影响这一课题，比较横断面研究设计和纵向追踪设计的优劣，并给出每种设计所需的最小样本量计算依据"，获取专业建议后再结合自身研究条件进行调整。

（4）在预期成果与研究进度安排部分，研究者可以通过对比式提问，如"我的研究基于多模态学习的早期阿尔茨海默病诊断与已有研究相比，创新性可能体现在哪些方面？请从数据融合方法、临床适用性和算法可解释性三个维度进行分析"，借助 AI 的客观视角来发现可能被忽略的创新维度。这其中，对于创新点的提炼往往最具挑战性。另外，研究进度安排要合理可行，建议采用倒推法，先确定最终完成时间；进度安排最好用甘特图呈现，可询问 DeepSeek 生成包含起止时间、主要任务、交付成果的研究进度甘特图模板。需要注意的是，预期成果要实事求是，进度安排要预留缓冲时间，可通过"评估质性研究中访谈资料转录可能耗费的时间"等指令提高计划的可操作性。

四、案例实操

第一步，先梳理明确选题背景，包括研究主题、研究对象、研究目标、研究创新点、已有基础等相关内容。

第二步，打开 DeepSeek，选择"深度思考（R1）"和"联网搜索"，并在对话框中输入提示词，如图 4-5 所示。

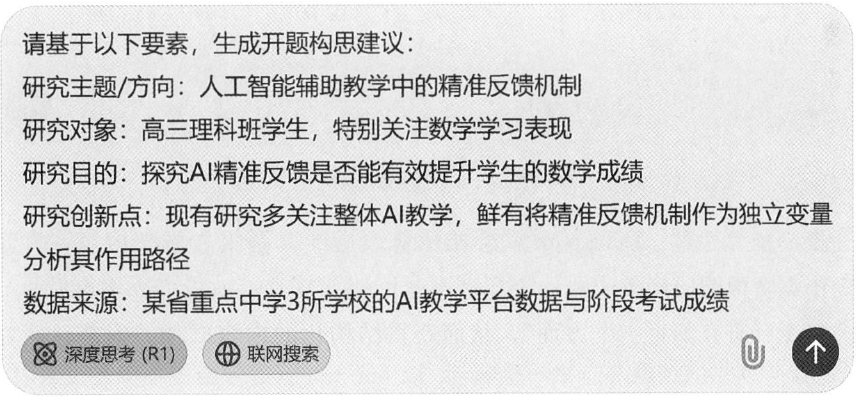

> 请基于以下要素，生成开题构思建议：
> 研究主题/方向：人工智能辅助教学中的精准反馈机制
> 研究对象：高三理科班学生，特别关注数学学习表现
> 研究目的：探究AI精准反馈是否能有效提升学生的数学成绩
> 研究创新点：现有研究多关注整体AI教学，鲜有将精准反馈机制作为独立变量分析其作用路径
> 数据来源：某省重点中学3所学校的AI教学平台数据与阶段考试成绩
>
> 深度思考（R1）　联网搜索

图 4-5　提示词范例

第三步，点击发送按钮，Deepseek 就会给出相应的开题报告构思的描述。

本研究旨在探讨人工智能（AI）精准反馈机制在高三理科生数学学业成绩提升中的作用路径。随着信息技术的发展，人工智能在教育中的应用越来越广泛，尤其是在教学反馈方面。传统的教育反馈往往存在时效性差、个性化不足等问题，而 AI 精准反馈能够实时分析学生的学习数据，提供个性化的学习建议，潜力巨大。然而，现有研究大多集中在 AI 教学对整体学习效果的影响，较少有研究聚焦于精准反馈如何具体影响学生的数学成绩提升。因此，本研究将填补这一空白，探讨 AI 精准反馈在高三理科数学教学中的实际应用效果。

研究对象为某省重点中学的高三理科学生，选取 3 所学校的数学教学数据进行分析。数据来源包括各校 AI 教学平台的使用记录、学生的阶段性考试成绩及作业表现。通过对这些数据的定量分析，结合路径分析法，本研究旨在揭示 AI 精准反馈对数学学业成绩的直接影响及其作用机制。这一研究方法不仅能帮助深入理解 AI 反馈的具体功能，也能为后续 AI 教育技术的优化提供实证依据。

理论上，本研究基于建构主义学习理论和反馈干预理论展开，强调个性化反馈对学生自主学习能力的促进作用。在实践层面，研究结果将为如何更有效地将 AI 精准反馈嵌入数学教学过程中提供具体方案，并对其他学科的 AI 应用提供借鉴。此外，研究的发现可为教育技术的应用与教育政策制定者提供决策依据，推动 AI 在高考压力环境下的更广泛应用。

第四步，DeepSeek 不一定可以直接生成可用的内容，这时可以继续在上述的对话框中对其提出更多要求，DeepSeek 会根据有关要求提供更多的开题构思内容，如图 4-6 所示。

基于以上开题报告构思思路，帮我形成一个开题报告的框架和大致内容

深度思考 (R1)　　联网搜索

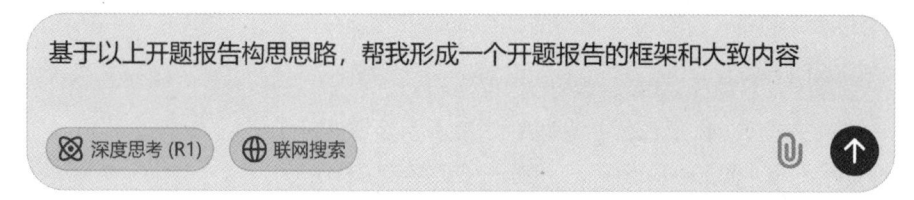

图 4-6　提示词范例

第五步，稍等片刻，Deepseek 就会给出修改后的开题报告框架内容，大家可以反复迭代优化有关内容。

基于你提供的选题方向和开题构思，以下是一个开题报告的框架和大致内容。
一、研究背景与意义
1. 研究背景
该部分首先概述当前人工智能（AI）在教育领域的应用发展，特别是在高考压力巨大的背景下，AI 技术在教育中的潜力逐渐显现。接着，阐述 AI 精准反馈在教育中的应用现状，尤其是在数学学科中的实践成果。然后，指出当前研究中对高三理科生数学成绩提升的探索较为有限，缺乏针对 AI 精准反馈在该群体中的具体效果和应用路径的研究。

2. 研究意义

阐明本研究的理论意义和实践意义。从理论角度，本研究填补了 AI 精准反馈对高三理科生数学学业成绩影响路径研究的空白；从实践角度，本研究的结果为数学教学提供了创新的反馈机制，并为教育管理者和政策制定者提供了数据支持和决策依据。

二、研究目标与研究问题

1. 研究目标

本研究的主要目标是探讨 AI 精准反馈在高三理科生数学成绩提升中的作用机制，分析 AI 精准反馈如何通过改善学生的学习方式、提升学习效率来推动学业成绩的提升。

2. 研究问题

主要研究问题包括：

（1）AI 精准反馈如何影响高三理科生数学成绩的提升？

（2）AI 精准反馈的作用路径是什么？如何通过反馈机制改善学生的数学学习？

（3）不同学生群体对 AI 精准反馈的接受度与反馈效果是否存在差异？

三、文献综述

1. AI 在教育中的应用

综述现有文献中关于 AI 在教育中的应用，特别是精准反馈在各学科中的研究进展。分析现有研究的不足和空白，并为本研究的创新性与必要性做铺垫。

2. 数学教育中的 AI 应用

介绍 AI 在数学教育中的相关研究，重点探讨 AI 如何通过个性化学习、及时反馈等方式影响数学学科的学习效果，尤其是在高考压力下的数学学习。

3. AI 精准反馈的作用机制

回顾关于 AI 精准反馈的研究，分析其对学习动机、学习成绩、学科掌握程度等方面的影响，结合理论框架和实践经验，明确 AI 精准反馈在数学学习中的优势和挑战。

四、研究方法

1. 研究设计

本研究采用定量研究方法，选择某省重点中学的高三理科学生作为研究对象。通过 AI 学习平台收集学生的学习数据、考试成绩以及作业反馈。

2. 数据收集

详细描述数据收集的过程，包括学生在 AI 平台上的学习行为数据、作业提交情况、阶段性考试成绩等。

3. 数据分析方法

使用路径分析法、回归分析等定量分析方法，对收集到的数据进行分析，探讨 AI 精准反馈对学生数学成绩的具体影响，并揭示其作用机制。

五、研究创新点

创新点一：聚焦高三理科生数学学业成绩提升的研究，填补了现有研究中对 AI 精准反馈在高年级学生中的应用研究的空白。

创新点二：基于定量分析方法，结合 AI 精准反馈机制的具体功能，提出数学学科教学中更为科学的反馈模型，为教学实践提供可操作的方案。

创新点三：本研究将 AI 精准反馈机制与高考压力相结合，分析 AI 在帮助学生应对高考备考中的特殊作用，具有较强的现实指导意义。

六、研究计划与进度安排

第一阶段：文献综述与研究设计（1~2个月）

完成文献综述，确定研究框架与研究方法，设计数据收集与分析方案。

第二阶段：数据收集与分析（3~6个月）

在选定学校收集相关数据，使用 AI 平台进行反馈测试，并对数据进行初步分析。

第三阶段：论文撰写与总结（7~9个月）

对研究结果进行深入分析，总结研究发现，撰写论文初稿并进行修改，最终提交论文。

七、参考文献

列出所有与本研究相关的文献，包括 AI 教育应用、数学教育研究、AI 反馈机制等方面的学术成果，为研究的理论支持和方法论框架提供依据。

结语

本开题报告详细阐述了关于 AI 精准反馈对高三理科生数学学业成绩提升的路径研究的研究背景、目标、方法及创新点，明确了研究的实践意义和理论价值。通过对 AI 精准反馈的深度剖析，研究将为教育技术的应用提供切实可行的方案，并为高考备考的教育改革提供有益的参考。

总体而言，确定论文选题是一个需要反复推敲的过程，而 DeepSeek 能够在这一过程中充当智能助手，帮助研究者快速获取文献信息、提供选题灵感、评估研究可行性，并优化最终的研究框架。然而，工具的作用只是辅助，真正的核心仍在于研究者的学术判断和创造性思考。因此，建议在利用 AI 工具的同时，积极与导师、同行交流，确保选题既符合学术前沿，又能在研究者的能力范围内高质量完成。通过系统化的方法和合理的资源利用，研究者将能够找到一个既有价值又可实现的论文选题，为后续研究奠定坚实基础。

第 5 章
文献检索与综述撰写

5.1 高效的文献检索方法

一、文献检索的基本概念与重要性

文献检索是学术研究中的基础性工作，旨在系统地查找并获取相关领域内的研究成果、理论框架、方法论和数据支持。无论是进行课题研究、撰写学术论文，还是开展文献综述，文献检索都至关重要。通过文献检索，研究者不仅能了解当前学术界的研究现状，还能发现尚未解决的问题和研究空白，为自己的研究提供有力支持。

文献检索不仅是单纯的资料收集过程，更是研究设计的重要组成部分，它帮助研究者明确研究方向、细化研究问题、选定研究方法。在竞争日益激烈的学术环境下，高效的文献检索尤为重要，它直接影响到研究质量和研究成果的深度。

二、传统文献检索方法

在互联网普及之前，传统的文献检索主要依赖于纸质资料、图书馆藏书、期刊以及参考书目。研究者需要逐一翻阅纸质期刊或书籍，从庞大的文献资料中筛选出相关的研究内容。这一过程不仅耗时且效率低下，特别是当研究的范围和主题较为广泛时，查找资料的任务显得尤为烦琐。

此外，传统的文献检索方式对研究者的专业知识和查找技巧要求较高，涉及大量的手工筛选和筛查过程。尽管随着计算机的引入，图书馆逐步开展了基于电子资源的文献管理和查找，但相较于现代的数据库检索方式，依然存在诸多局限。

三、高效的现代文献检索方法

现代文献检索的核心工具是各类学术数据库，它们提供了比传统方式更快捷的检索方式和全面与精准的文献资源。当前，研究者可以利用 Google Scholar、CNKI（中国知网）、Web of Science、PubMed 等数据库，直接检索到全球各大期刊、学术论文、会议录等资源。这些数据库不仅为用户提供了全面的文献资源，还具备强大的筛选功能，如按时间、主题、作者等进行精确搜索。在现代文献检索中，以下技巧尤为重要。

（1）关键词选择：检索效果的好坏直接取决于关键词如何选择。有效的关键词应尽量涵盖研究主题的核心概念，避免过于宽泛或狭窄。使用多个同义词和相关术语可以扩展检索范围。

（2）布尔逻辑操作：通过使用"AND"、"OR"和"NOT"等逻辑符号，可以精确控制检索结果。例如，使用"AND"可以限定检索结果中必须同时包含多个关键词，而"OR"则可以扩展检索范围，允许包含任意一个关键词。

（3）引用链追踪：通过查看一篇核心文献的参考文献列表和被引用情况，研究者可以进一步追溯到该领域的重要文献，形成文献链条，确保不会漏掉任何重要资源。

尽管这些检索方法已显著提高了文献获取的效率，但面对庞大的文献库和海量的信息，如何快速筛选出最相关、最有价值的文献，仍然是一个具有挑战性的问题。

四、AI 在文献检索中的应用

随着 AI 技术的快速发展，AI 在文献检索中的应用开始得到越来越多的关注和实践。AI 技术特别是在自然语言处理（NLP）方面的突破，使得文献检索不仅仅局限于关键词匹配，它还能够理解查询的深层含义，进行语义层面的检索。AI 可以根据研究者的查询需求，自动分析并推荐最相关的文献资源，甚至能够识别文献中的潜在研究趋势。

Research Rabbit 是一款基于人工智能的科研文献检索与管理工具，旨在帮助研究人员高效地发现、组织和理解学术文献之间的关联。通过构建文献网络图、智能推荐和协作功能，Research Rabbit 提供了一个全面、便捷的文献检索平台。用户可以利用该工具，输入论文标题、DOI、PMID 或关键词，快速找到相关文献。系统会根据用户的研究兴趣和历史操作，推荐相关文献，帮助发现潜在的重要研究。Research Rabbit 能够自动分析文献间的引用关系，构建网络图，揭示研究间的联系。用户可以通过时间轴查看文献发表顺序和引用历史，追踪研究进展。此外，用户还可以创建和管理个人文献集合，方便组织和跟踪研究资料。Research Rabbit 还支持云端存储和管理，文献和笔记可以在云端存储，方便随时访问和管理；支持团队成员间的文献集合共享和协作，促进科研团队之间的合作。此外，Research Rabbit 还提供智能推荐、自动摘要与关键词提取、作者与机构分析等 AI 驱动的辅助功能，可提升文献阅读效率。Research Rabbit 特别适合用于撰写文献综述、进行研究现状分析以及探索新研究方向。其可视化的文献网络图和智能推荐系统，使得文献调研过程更加高效和系统化。

Research Rabbit 等 AI 工具，还可以通过分析文献的内容和背景，识别潜在的跨领域研究成果，帮助研究者拓宽视野，发现那些可能被忽略的相关文献。对于文献综述写作而言，AI 甚至能够协助研究者梳理研究脉络，自动总结不同文献的研究方法和结论，从而形成系统的文献框架。通过 AI 辅助文献检索，研究者能够更加高效地获取高质量的文献资源，提高文献检索的准确性和效率，推动科研工作的进展。

五、案例实操

第一步，打开 Research Rabbit 的官网 www.researchrabbitapp.com，并在其中的搜索框中输入自己想查找的论文。如果没有具体想找的论文，可以直接按照领域关键词搜索，例如：neural network，如图 5-1 所示。

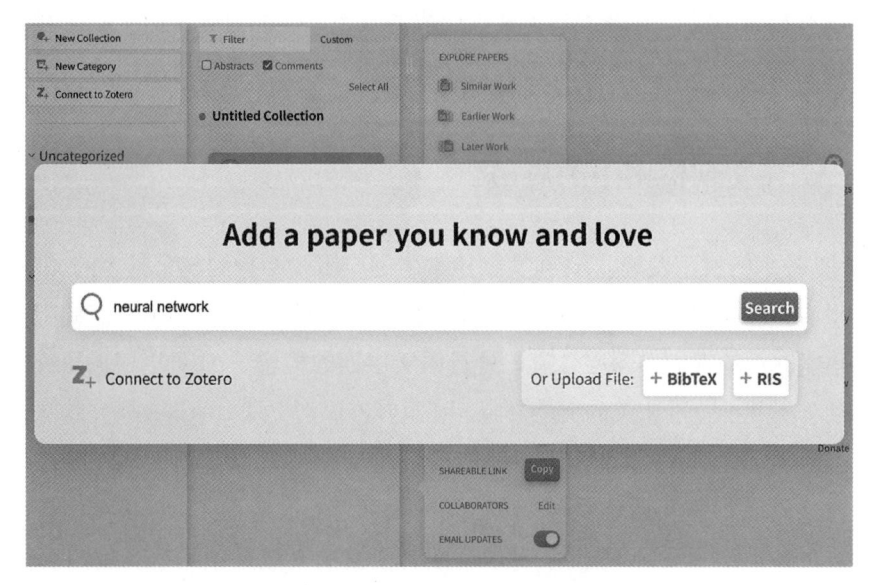

图 5-1　Research Rabbit 搜索页面

第二步，选择一个搜索引擎，有两个选项：Biomedical & Life Sciences，以及 All Subject Areas，一般我们选择前者即可，如图 5-2 所示。

图 5-2　选择搜索引擎

第三步，查找论文。Research Rabbit 会给出海量的相关论文，有论文的标题、作者、发表年度、论文简介等信息，可以选择一个自己感兴趣的单击查找按钮 Add to Collection，如图 5-3 所示。

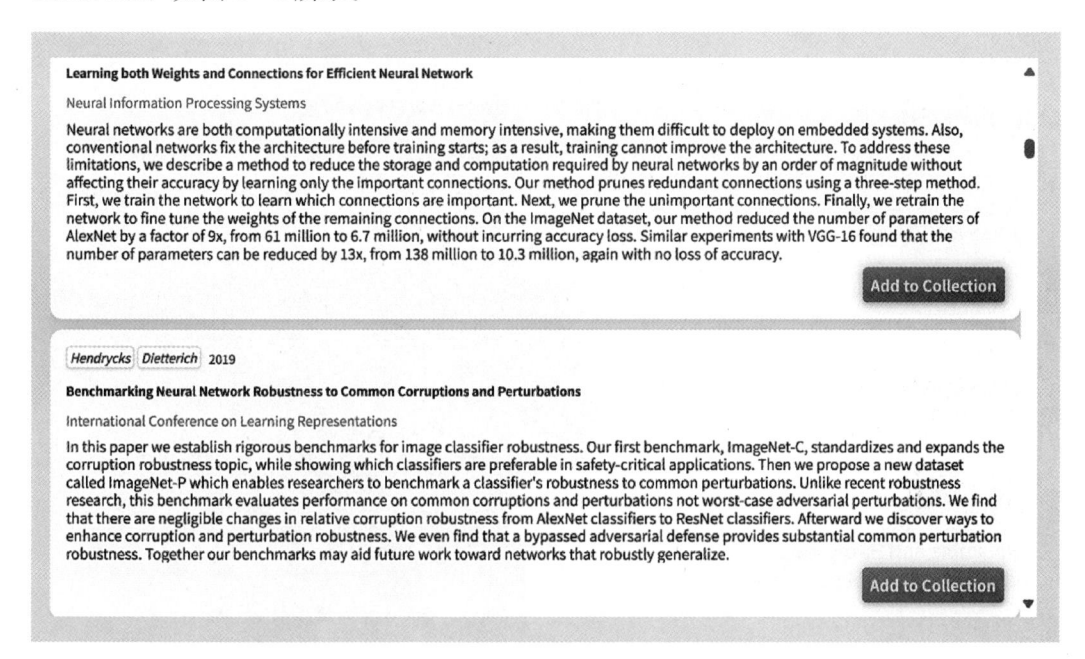

图 5-3 查找论文

第四步，选择论文后，在 Research Rabbit 的主页会展示这篇论文的相关信息，包括相关工作、所有参考文献、所有引用、作者信息等，如图 5-4 所示。

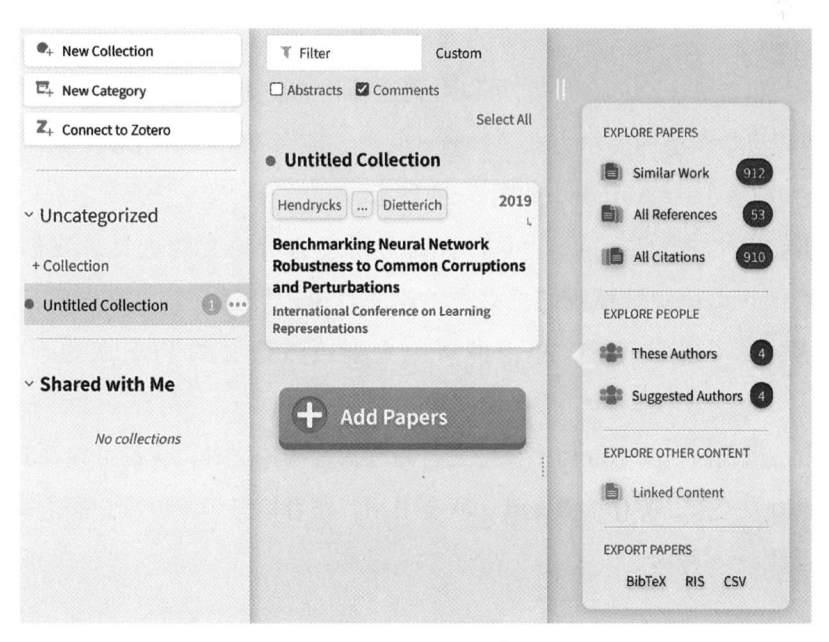

图 5-4 论文详情

第五步，单击 Similar Work，可以看到与这篇论文有关的研究，在右侧还以论文相关性为依据，给出了这些研究的知识图谱，我们可以很容易地看到这些论文之间的关系，如图 5-5 所示。

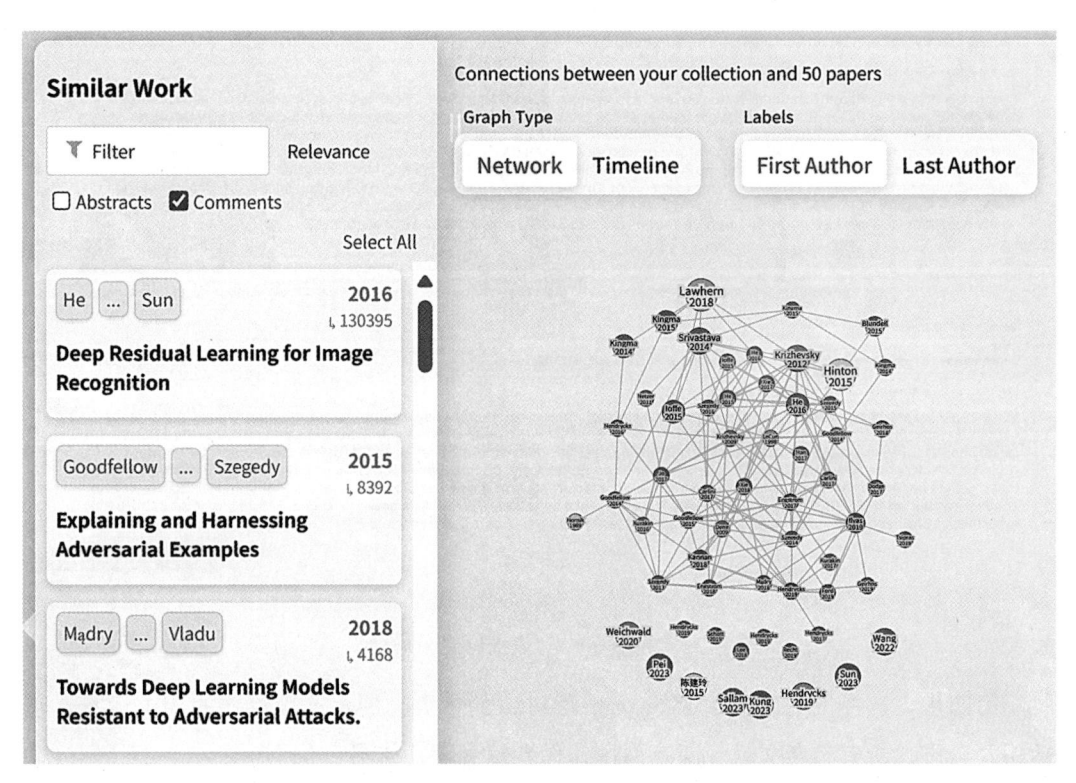

图 5-5　相关论文

第六步，单击 All References，可以看到这篇论文的参考文献。在右侧的知识图谱中，我们可以选择图谱的展示方式：Network 形式或者 Timeline 形式，标签可以选择 First Author 或者 Last Author，如图 5-6 所示。

第七步，单击 All Citations，可以看到引用过这篇论文的论文。我们可以在论文列表或者知识图谱中选择我们感兴趣的论文，单击该论文后，可以看到右侧的论文详情中有一个↓PDF 按键。单击即可免费下载该论文的 PDF 版本，如图 5-7 所示。

第八步，当我们在其中添加多篇论文，并选择这些论文时，我们可以看到这些论文之间全部的相关工作、所有参考文献、所有引用、作者信息等，以及它们之间的关系知识图谱，如图 5-8 所示。

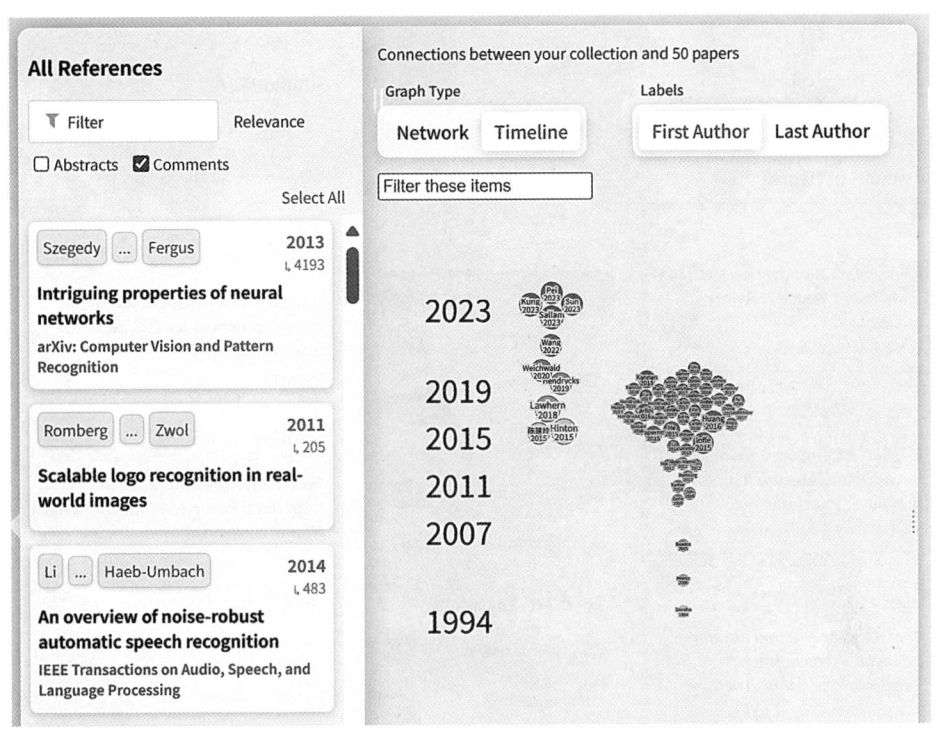

图 5-6　全部参考文献

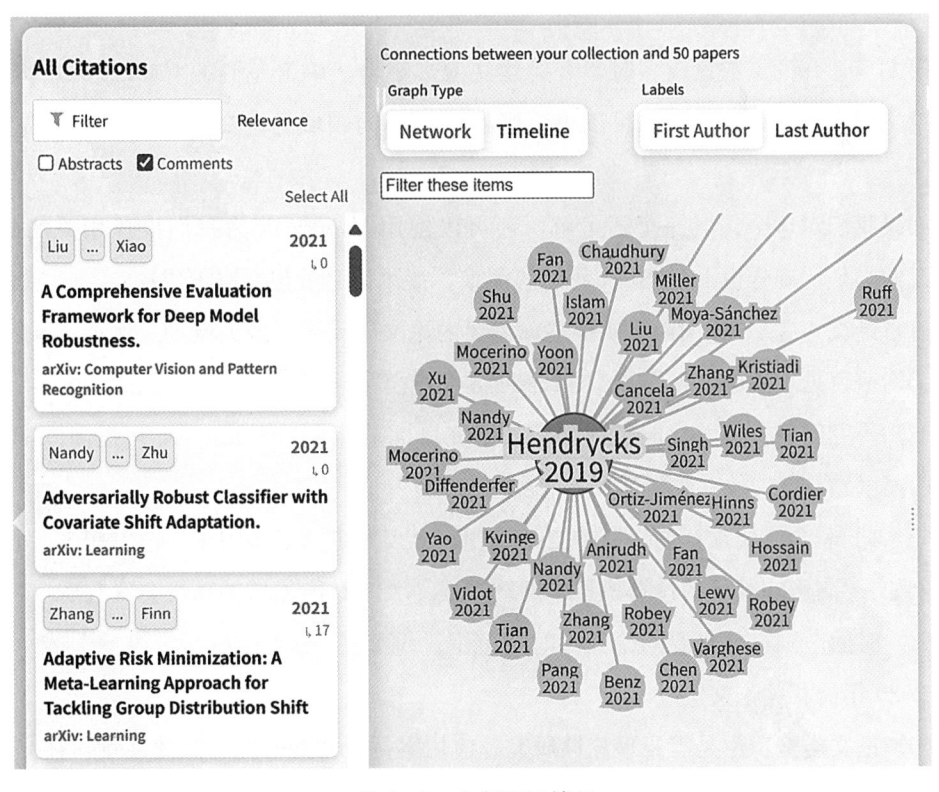

图 5-7　全部引用情况

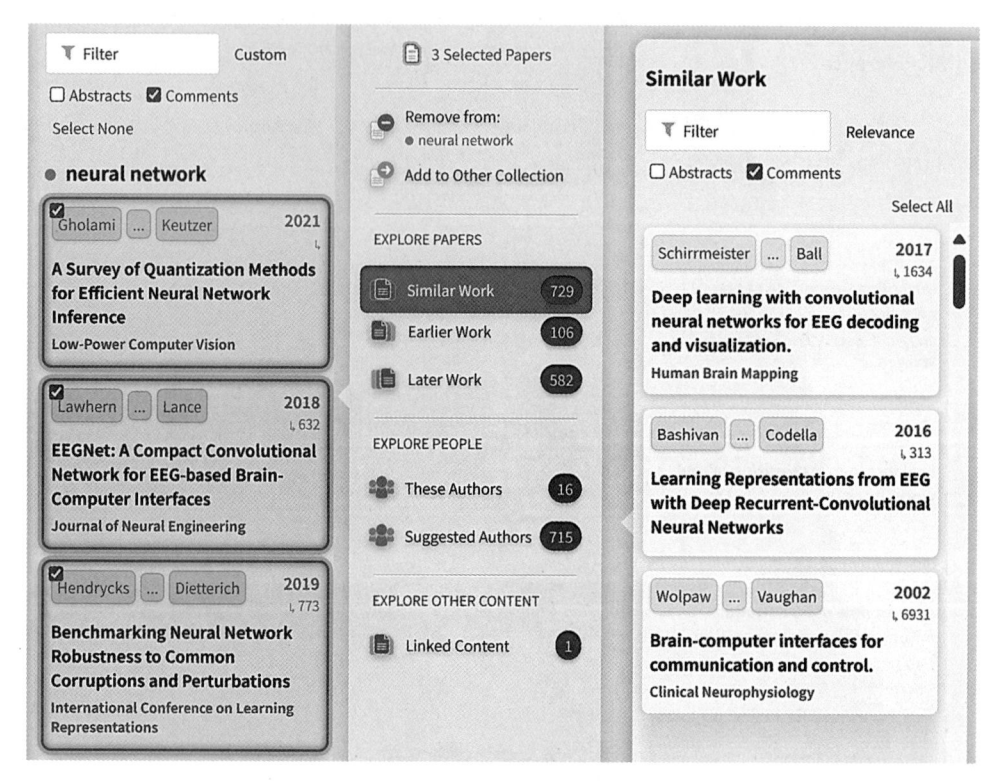

图 5-8　查询多篇论文

第九步，在论文数量较多时，需要建立论文集合。单击左侧的 Collection，可以对不同论文建立一个集合，我们可以将自己检索的不同领域的论文放在一起，如图 5-9 所示。

如果我们对这个领域完全不了解，还可以使用 DeepSeek 为我们推荐相关的论文，但是我们必须明确告诉 DeepSeek 我们的需求。提示词一般包括以下内容：

（1）论文主题/关键词：简要描述你需要的论文研究领域或关键词。例如："深度学习在自然语言处理中的应用"或"AI 辅助数学建模"。

（2）研究问题：你关注的具体问题或研究目标是什么？例如："如何提高深度学习模型的精度？"或"AI 在数学建模中有哪些应用？"。

（3）期刊/会议要求：如果有特定的期刊、会议要求（影响因子、范围等），可以补充。例如："高影响因子的计算机科学期刊"或"人工智能领域的顶级会议"。

（4）时间范围：你想要的论文的时间范围。例如："近五年的研究进展"或"2010 年到 2020 年的相关论文"。

（5）论文类型：你是需要理论性研究、应用案例、实验研究、综述文章，还是其他类型的论文？

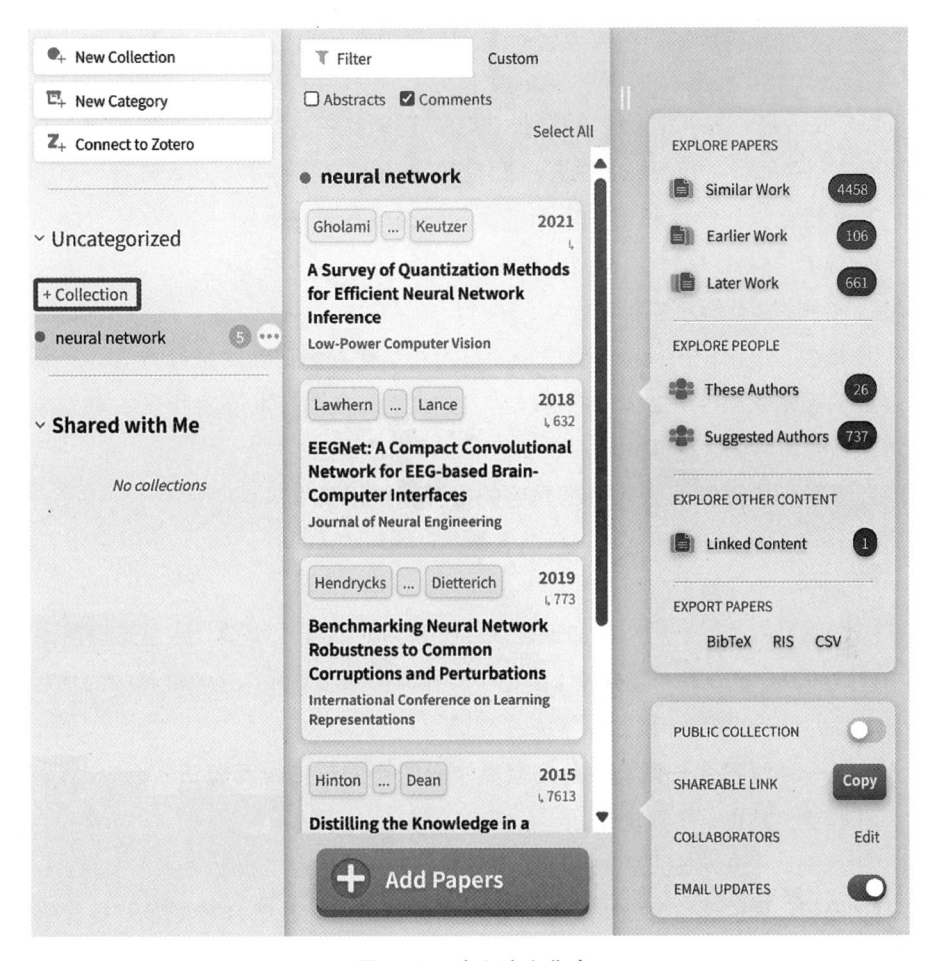

图 5-9 建立论文集合

（6）具体要求：如果有其他具体要求，如作者、地域等，可以附上。例如："需要有多作者合作的论文"或"优先英文论文"。

第一步，确定自己想找论文的相关信息，例如，我们查找 5 篇关于推荐算法的北大核心期刊论文，要求时间为 2020 年以来。

第二步，在 DeepSeek 中输入提示词，选择"联网搜索"，如图 5-10 所示。

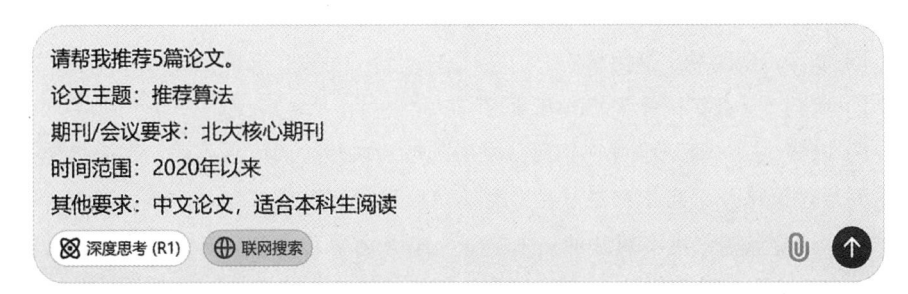

请帮我推荐5篇论文。
论文主题：推荐算法
期刊/会议要求：北大核心期刊
时间范围：2020年以来
其他要求：中文论文，适合本科生阅读

图 5-10 提示词范例

第三步，点击发送按钮，稍等片刻，DeepSeek 就会给出 5 篇适合本科生阅读的论文。

以下是 5 篇发表于北大核心期刊、2020 年以来的中文论文，主题围绕推荐算法，内容适合本科生阅读，涵盖协同过滤、强化学习、知识图谱等主流技术方向。

1.《结合强化学习和用户短期行为的新闻推荐算法》
- 作者：姚楠、何山、赵越、李任花
- 期刊：《计算机应用与软件》2024 年第 4 期
- 摘要：提出了一种结合用户短期行为和强化学习的新闻推荐方法，采用 Double DQN 框架和循环神经网络优化推荐模型，实验结果表明在准确率和召回率上优于传统方法。适合本科生了解强化学习在推荐系统中的应用。

2.《基于协同知识嵌入注意网络的推荐算法研究》
- 作者：师博雅、梁光成、孙宇健等
- 期刊：《计算机应用与软件》2024 年第 4 期
- 摘要：提出了一种协同知识嵌入注意网络（CKAN）模型，结合知识图谱嵌入和图神经网络，在多个真实数据集上验证了其在点击率预测和 Top-K 推荐中的优越性能。适合本科生学习知识图谱与推荐系统的结合。

3.《一种修正评分偏差并精细聚类中心的协同过滤推荐算法》
- 作者：马鑫、段刚龙
- 期刊：《统计与决策》2024 年第 4 期
- 摘要：通过无监督情感挖掘修正用户评分偏差，并结合数据场聚类优化协同过滤算法，有效缓解数据稀疏性问题。适合本科生学习如何改进传统协同过滤算法。

4.《推荐算法研究进展及知识图谱可视化分析》
- 作者：林素青、罗定南、张书华
- 期刊：《计算机工程与应用》2024 年第 21 期
- 摘要：利用 CiteSpace 和 VOSviewer 分析 2012—2024 年推荐算法研究趋势，聚焦知识图谱、图神经网络和深度学习等关键技术。适合本科生了解推荐算法的研究热点和发展趋势。

5.《智媒时代算法推荐的社会风险与协同治理》
- 作者：李明德、李巨星
- 期刊：《青年记者》2021 年第 21 期
- 摘要：探讨算法推荐在信息分发中的社会风险（如信息茧房、算法歧视），并提出协同治理策略。适合本科生从社会影响角度理解推荐算法。

这些论文涵盖了推荐算法的技术实现（如强化学习、知识图谱）、改进方法（如评分偏差修正）以及社会影响，适合本科生阅读。如需查阅全文，可通过国家科技期刊开放平台或相关学术数据库获取。

5.2 快速阅读文献

一、学术数据库的种类与特点

学术数据库是科研人员获取文献和研究资料的重要工具，它们汇集了大量的学术论文、期刊、会议记录和其他科研资源。根据不同的学科领域和研究需求，学术数据库可以分为多个类别，每个数据库在特定领域内具有其独特的优势。常见的学术数据库包括：

● Web of Science：涵盖了自然科学、社会科学、艺术与人文学科等领域，尤其是引文索引和影响因子为研究者提供了有价值的参考数据。

● Google Scholar：作为全球最大的免费学术搜索引擎，Google Scholar 提供了广泛的学术资源，涵盖了期刊文章、学位论文、会议论文等多种类型。它具有强大的全文搜索功能，能够通过关键词检索到各种学术资源。

● CNKI（中国知网）：作为中国最大的一体化学术资源平台，中国知网汇集了大量的中文期刊、学位论文、会议论文、标准和专利信息，对于研究中国本土领域的课题具有不可替代的重要性。

● PubMed：以医学和生命科学为主，PubMed 是全球最为权威的医学文献数据库，收录了大量的医学期刊文章和生物医学研究成果。

● IEEE Xplore：专注于电子、通信和计算机科学领域，IEEE Xplore 提供了大量高质量的学术论文、会议记录和技术标准，是工程技术类研究的重要资源。

每个数据库都有其独特的学科覆盖范围和特色功能，研究者在选择使用时，需要根据自己的研究方向和需求来决定使用哪个数据库。合理选择和使用这些数据库，可以帮助研究者快速定位领域内的权威资料。

二、信息整合的重要性

在信息爆炸的时代，学术研究的一个关键挑战是如何从海量的文献资源中提取和整合有价值的信息。信息整合不仅是简单地收集文献，它要求研究者对不同数据库、不同来源的文献进行有效的整合，以便获得全面的研究视角。

高效的信息整合能够帮助研究者：

- 避免信息孤岛：不同数据库可能会收录不同的文献，信息整合可以避免遗漏某些重要文献，尤其是在跨领域的研究中。
- 获得全局视野：信息整合能够帮助研究者从多个数据库中获取信息，从而对某一研究领域的研究现状形成全局性认识，识别研究空白与趋势。
- 节省时间和精力：通过系统化的信息整合，研究者可以避免重复查阅同一文献，提高文献筛选的效率。

信息整合的重要性不仅体现在文献的获取上，它还是进行学术研究总结、撰写综述或构建研究框架的基础。为了实现高效的信息整合，研究者往往需要依靠专业的工具和方法。

三、如何使用 AI 整合信息和资源

随着 AI 技术的不断发展，AI 在学术研究中的应用也逐步深入，尤其在信息整合方面，AI 技术展现出了巨大的潜力。

- 智能推荐系统：AI 通过分析用户的检索历史、研究兴趣和领域趋势，可以智能推荐相关的数据库资源，从而帮助研究者发现更多有价值的文献。例如，中国知网和 Google Scholar 等平台的 AI 推荐引擎可以根据用户的搜索行为和文献内容推荐相关文献，自动化地完成文献整合。
- 文献内容自动提取与分类：AI 技术，尤其是自然语言处理技术，能够帮助研究者快速提取文献中的关键信息，包括作者、研究主题、研究方法、主要结论等，并将这些信息进行智能分类。这不仅能够帮助研究者快速理解文献内容，还能为文献综述和研究框架的构建提供有力支持。
- 跨数据库整合与去重：AI 技术能够实现跨多个数据库的信息整合，并通过智能算法去除重复文献，确保研究者获得的文献是独立和有代表性的。此外，AI 还能根据文献的相似度进行分类，从而帮助研究者聚焦于相关性较强的研究。
- 智能化的数据可视化：AI 还可以帮助研究者将整合后的文献信息进行可视化展示。通过图表、趋势分析、关系图等方式，AI 能够帮助研究者更直观地理解文献中的关键发现和研究动态。

通过 AI 的辅助，数据库资源和信息整合的效率和精度得到了极大的提升，研究者不仅能够节省大量的时间，还能在繁杂的数据中快速获取有价值的信息，从而更加高效地进行学术研究。

四、案例实操

以下将使用 AI 协助我们快速阅读文献，帮助我们理解论文的主要内容。

第一步，确定论文，我们以两篇关于 ChatGPT 的论文为例。当然我们也可以更多论文为例，基本思路是一致的。如图 5-11 所示，这两篇论文分别是：

● Kung, T. H., Cheatham, M., Medenilla, A., Sillos, et al.（2023）. Performance of ChatGPT on USMLE：potential for AI-assisted medical education using large language models. PLoS digital health, 2（2），e0000198.

● Sallam, M.（2023，March）. ChatGPT utility in healthcare education, research, and practice：systematic review on the promising perspectives and valid concerns. Healthcare, 6（11）. MDPI.

PLOS DIGITAL HEALTH

RESEARCH ARTICLE

Performance of ChatGPT on USMLE: Potential for AI-assisted medical education using large language models

Abstract

We evaluated the performance of a large language model called ChatGPT on the United States Medical Licensing Exam (USMLE), which consists of three exams: Step 1, Step 2CK, and Step 3. ChatGPT performed at or near the passing threshold for all three exams without any specialized training or reinforcement. Additionally, ChatGPT demonstrated a high level of concordance and insight in its explanations. These results suggest that large language models may have the potential to assist with medical education, and potentially, clinical decision-making.

healthcare MDPI

Review

ChatGPT Utility in Healthcare Education, Research, and Practice: Systematic Review on the Promising Perspectives and Valid Concerns

Malik Sallam [1,2]

Abstract: ChatGPT is an artificial intelligence (AI)-based conversational large language model (LLM). The potential applications of LLMs in health care education, research, and practice could be promising if the associated valid concerns are proactively examined and addressed. The current systematic review aimed to investigate the utility of ChatGPT in health care education, research, and practice and to highlight its potential limitations. Using the PRIMSA guidelines, a systematic search was conducted to retrieve English records in PubMed/MEDLINE and Google Scholar (published research or preprints) that examined ChatGPT in the context of health care education, research, or practice. A total of 60 records were eligible for inclusion. Benefits of ChatGPT were cited in 51/60 (85.0%) records

图 5-11　与 ChatGPT 有关的论文

第二步，将论文上传给 DeepSeek，选择"深度思考"，并输入提示词，如图 5-12 所示。

> 仅识别附件中的文字
>
> 📄 Performance of Cha... PDF 1.02MB　📄 ChatGPT Utility in H... PDF 2.19MB
>
> 你是一个人工智能领域的大学教授。请向我简单介绍这两篇关于ChatGPT论文的主要内容。
>
> 深度思考(R1)　联网搜索

图 5-12　提示词范例

第三步，点击发送按钮，稍等片刻，DeepSeek 就会协助我们阅读这两篇论文，并向我们解释这些论文的主要内容。

第一篇：Performance of ChatGPT on USMLE

研究背景与目的

美国医学执照考试（USMLE）涵盖三大阶段（Step 1、Step 2 CK、Step 3），对考生的基础医学、临床推理、医疗管理和医学伦理知识要求极高。该研究首次评估了通用大规模语言模型 ChatGPT（基于 GPT3.5）在无任何专门微调条件下，通过 USMLE 各阶段考试的能力，以探讨其在医学教育及未来临床决策中的应用潜力。

研究方法

题库与输入：使用 2022 年 6 月公开的 USMLE 样题，去除含图像题后共 350 道题（Step 1：119、Step 2 CK：102、Step 3：122），均为模型训练截止日期后发布的全新样本。

三种提问格式：

- 开放式（OE）：移除选项，自由问答。
- 多项选一，无强制理由（MCNJ）：原题原文。
- 多项选一，强制说明理由（MCJ）：要求对每个选项正反面给出解释。

每道题均开启新会话并随机变换开头提示，避免记忆或提示偏差。

评分指标：两名医师独立对答案准确率、前后一致性（concordance）及洞见性（insight）打分，遇分歧由第三方仲裁；统计分析包括 ANOVA 与 Cohen's Kappa。

主要结果

准确率：

- OE 格式：Step 1 75.0%/45.4%，Step 2 CK 61.5%/54.1%，Step 3 68.8%/61.5%。
- MCNJ：Step 1 55.8%/36.1%，Step 2 CK 59.1%/56.9%，Step 3 61.3%/55.7%。
- MCJ：Step 1 64.5%/41.2%，Step 2 CK 52.4%/49.5%，Step 3 65.2%/59.8%。

——综合来看，ChatGPT 在多种题型下的表现已接近或达到 USMLE 约 60% 的及格线。

前后一致性：答案与解释一致率高达 94.6%，准确回答的题目中一致性更优（99.1% vs. 85.1%，p<0.001）

洞见性：88.9% 的回答中含 ≥1 个"非显而易见"且有效的医学洞见，且准确题目的洞见密度（DOI）显著高于不准确题目（0.458 vs. 0.199，p<0.0001）。

结论与启示

该研究表明，未经专业微调的通用模型已可在高难度医学考试中表现出色，并在解释中提供可靠推理和医学洞见，暗示其可作为医学学习辅助工具，并为未来临床决策支持系统奠定基础。作者建议后续研究可探讨更大规模样本、含图像题型、不同学科分类（药理、诊断等）下的表现差异，以及对 AI 生成试题与教学应用的经济效果进行评估。

第二篇：ChatGPT Utility in Healthcare Education, Research, and Practice

研究背景与目的

自 2022 年 11 月 ChatGPT 发布以来，其在医疗领域的写作、研究和临床应用的前景备受关注。本系统综述旨在梳理截至 2023 年 2 月 16 日公开文献中对 ChatGPT 在医疗教育、科研与实践中的应用价值与有效性风险，为相关利益方制定使用规范提供依据。

研究方法

□ 文献检索：PubMed/MEDLINE（42 篇）与 Google Scholar（238 篇）检索"ChatGPT"关键词，截止 20230216。

□ 纳入标准：聚焦医疗教育、科研或实践的英文学术文献（含研究、评论、社论、预印本等）；排除重复、非英文、范围外或无法获取全文者，最终纳入 60 篇。

□ 资料提取与分类：按应用场景（学术写作、科研、临床实践、教育、免费可用性）与风险类型（伦理、幻觉式错误、透明度、隐私、安全、法律、引用准确性等）进行整理。

主要发现

1. 应用价值（51/60，85.0%）：

□ 学术写作：摘要、翻译、生成代码、快速文献综述；

□ 科研：高效数据分析、检索式系统评价查询、药物靶点发现；

□ 临床实践：优化工作流程（如出院记录）、辅助诊断与影像决策、个性化用药建议、提升健康素养；

□ 教育：定制化学习方案、临床病例生成、促进批判性思维；

□ 公平多样性：帮助非母语者克服语言障碍，增进科研公平。

2. 风险与局限（58/60，96.7%）：

□ 伦理与偏见（55.0%）、幻觉式错误（33.3%）、引用不准（16.7%）、透明度差（16.7%）、法律责任（11.7%）、知识截止至 2021 年（10.0%）等。

□ 其他关注点包括：过度详细、学术不端、数据隐私、再现性、信息泛滥（info-demic）等。

3. 综合讨论：

□ 强调"ChatGPT in the Loop: Humans in Charge"的理念，建议在确保透明、可追责的前提下使用。

□ 呼吁制定医学与学术界通用的 AI 使用指南与伦理规范，并开展真实场景的风险-收益评估。

第四步，如果我们对论文比较感兴趣，想知道这两篇的差异，还可以利用 DeepSeek 对论文进行对比分析，如图 5-13 所示。

图 5-13 提示词范例

以下为 DeepSeek 对两篇论文对比分析后的内容。

一、研究目标与背景

USMLE 论文聚焦于检验 ChatGPT 在高难度、结构化医学考试中的原生推理能力，选择美国医学执照考试（USMLE）作为标准化测试体系，以客观量化其"准医生"水平。

系统综述则全面梳理 ChatGPT 在医疗领域的多元应用（教育、科研、临床）及其潜在风险，不局限于单一任务，而是评估其作为基础性工具的广泛价值与挑战。

二、方法论比较

USMLE 论文采用"350 题→三种提问格式→医师盲审三维度（准确率、前后一致性、洞见性）"的实证设计，数据来源严格、评价指标量化，统计方法包括 ANOVA 与 Cohen's Kappa，结果具有高度可重复性与可比性。

系统综述遵循 PRISMA，筛选 280→60 篇不同类型的文献，通过定性归纳划分"应用场景"和"风险类别"，侧重从文献全景中提取共性见解，方法更灵活但定量深度有限。

三、主要发现与性能指标

准确率：USMLE 中 ChatGPT 在无微调情况下，多项选一最高达 65.2%，在开放式提问下最高达 75.0%，整体趋近或超过 60% 及格线；一致性高达 94.6%，准确回答中更接近 99.1%；洞见性近 90% 输出含非显而易见医学见解。

多领域应用价值：系统综述显示，ChatGPT 可助力学术写作（摘要、翻译、代码）、科研（大数据分析、系统评价查询）、临床实践（病历文书、诊疗建议）及教育

（定制化学习、案例模拟），并促进科研公平与效率。

四、风险与局限对比

USMLE 论文局限于题型不含影像、样本量有限、无不同科目分层分析，且需要进一步在真实教学场景中评估长期效果。

系统综述则揭示更广泛的风险：幻觉式错误、引用不准、知识截至 2021、透明度差、隐私与法律责任等多维度隐患，强调"人机协作"与使用规范的必要性。

五、未来研究与实践启示

USMLE 论文建议扩大题库类型（含影像、实验室数据）、细化学科表现分析，并探索 AI 在出题与教学辅导中的成本-效益比。

系统综述呼吁制定医疗与学术界通用的 AI 使用伦理与合规指南，开展真实场景的风险-收益评估，以"Humans in Charge"模式将 ChatGPT 融入既有工作流。

六、小结

两篇论文互为补充，前者以严格实证展示了 ChatGPT 的医学知识与推理实力，后者则从宏观视角揭示了其多场景应用潜力与系统性风险，共同指引了将来 AI 在医疗教育、科研及临床应用中的安全落地路径。

5.3 结构化文献综述的构建流程

一、文献综述的作用与意义

文献综述是学术研究中不可或缺的组成部分，旨在系统地总结、分析和评估特定研究领域内已有的研究成果。通过文献综述，研究者可以：

- 识别研究空白：发现当前研究中尚未解决的问题，为后续研究提供方向。
- 构建理论框架：整合已有理论，为研究提供坚实的理论基础。
- 避免重复研究：了解已有研究成果，避免在已被充分研究的领域重复工作。
- 指导研究设计：借鉴前人研究的方法和结论，优化自己的研究设计。

因此，撰写一篇高质量的文献综述对于推动学术研究的深入发展具有重要意义。

二、结构化文献综述的基本结构

为了确保文献综述的系统性和逻辑性，通常采用结构化的写作方式。常见的结构

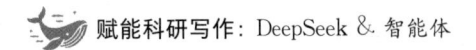

包括：
- 引言：介绍研究背景、综述的目的和范围，明确研究问题。
- 主体部分：按照一定的逻辑（如时间顺序、主题分类、研究方法等）组织和分析文献。
- 结论：总结主要发现，指出研究空白，并提出未来研究的方向。
- 按时间顺序：展示研究领域的发展历程，突出研究的演变。
- 按主题分类：将文献按照不同的研究主题进行分类，便于深入分析。
- 按研究方法：比较不同研究方法的应用和效果，评估其适用性。
- 按理论流派：分析不同理论视角下的研究成果，探讨其异同。

选择合适的结构有助于清晰地呈现文献综述的内容，使读者更容易理解和把握研究的脉络。

三、DeepSeek 辅助撰写文献综述的技巧与策略

在学术研究中，撰写高质量的文献综述是构建理论框架和确立研究价值的关键环节，而借助 DeepSeek 这一 AI 工具可以显著提升撰写效率和文献综述的质量。

（1）在文献检索阶段，研究者常常面临信息过载或关键文献遗漏的问题，此时 DeepSeek 能帮助优化关键词。例如，在 DeepSeek 中输入"请为'区块链在供应链金融中的应用'生成 5 组核心关键词"等指令，系统能够提供包括中英文对照在内的关键词扩展建议，同时还能构建适用于不同数据库的高级检索式，这种智能化的检索策略不仅提高了查全率，更确保了核心文献的精准定位。

（2）在文献分析阶段，DeepSeek 能够自动提取文献中的核心要素，包括研究问题、方法、结论和局限，有效减轻了研究者手动整理的负担。同时，在发现研究空白方面，系统能够基于对现有文献的全面分析，指出尚未充分探索的方向，如"AI 辅助乡村教育"领域中的"教师 AI 工具接受度"等具体问题，为研究者提供明确的研究切入点。

（3）在文献综述写作阶段，DeepSeek 能够根据研究主题和指令生成逻辑严谨的综述框架，如"技术基础→应用案例→当前瓶颈→未来趋势"这样的四级结构，并为每个子主题匹配关键文献支撑。同时，在段落写作方面，DeepSeek 可以将零散的研究要点扩展为符合学术规范的完整段落，自动采用被动语态，增加理论引用，并避免口语化表达。

（4）在优化润色阶段，DeepSeek 可以自动将口语化表达升级为学术写作风格，按不同格式要求整理标准化参考文献，大大提升了文献综述的学术规范性和可读性。

四、DeepSeek 辅助文献综述构建的创新方式

随着 AI 技术的发展，DeepSeek 在文献综述的撰写过程中发挥着越来越重要的作用，主要体现在以下几个方面：

● 高质量文献筛选：DeepSeek 可以根据关键词、主题等自动筛选相关文献，减少人工查找的时间。例如，输入指令"请筛选近 5 年（2020—2025）关于'元宇宙教育'的文献，要求：①影响因子＞10 的期刊；②被引量＞50；③排除会议论文"。

● 结构化框架生成：DeepSeek 可以提供如时间顺序、学派对比、方法论分类等多种逻辑结构，并能对每个子主体匹配关键文献支撑。

● 内容生成与润色：DeepSeek 能够根据已有文献，生成初步的综述内容，并对语言进行润色，提升文本的专业性和流畅性。

● 观点整合与分析：通过自然语言处理技术，DeepSeek 可以识别不同文献中的观点，提供未来研究方向建议，帮助研究者发现研究趋势和空白。

尽管 AI 在文献综述的撰写中提供了诸多便利，但研究者仍需保持批判性思维，确保综述的深度和原创性。AI 应作为辅助工具，而非完全替代人工分析和判断的手段。

五、使用 DeepSeek 提供结构化写作建议案例

第一步，确定论文方向。一般来说我们可以让 DeepSeek 充当我们的研究生导师，让它帮我们构思文献综述的思路。提示词需要包括如下信息：引言（introduction）、背景、意义与研究问题。

● 方法（methods）：数据库、检索词、时间范围、纳入/排除标准。

● 结果（results）：按子主题或维度分类汇总主要研究成果，用表格/图示展示文献分布与发展脉络。

● 讨论（discussion）：比较不同研究思路或方法的优劣，指出研究空白与争议，提出未来挑战。

● 结论（conclusion）：概括核心发现以及对后续研究或实践的建议。

● 参考文献（references）：按【格式】规范列出所有引用。

第二步，将论文上传给 DeepSeek，选择"深度思考（R1）"和"联网搜索"，并输入提示词，如图 5-14 所示。

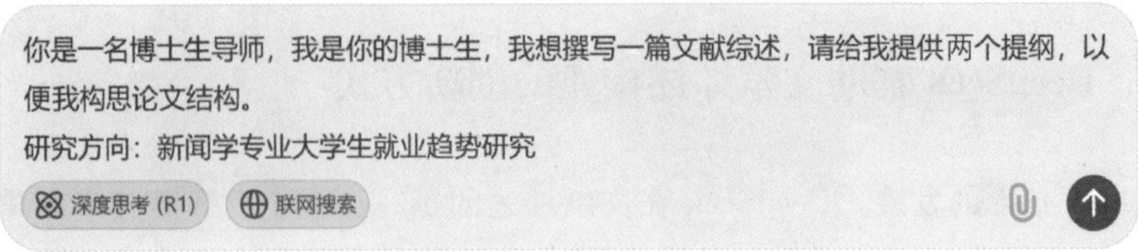

> 你是一名博士生导师，我是你的博士生，我想撰写一篇文献综述，请给我提供两个提纲，以便我构思论文结构。
> 研究方向：新闻学专业大学生就业趋势研究
>
> ⊗ 深度思考 (R1) 🌐 联网搜索

图 5-14　提示词范例

第三步，点击发送按钮，稍等片刻，DeepSeek 就会为我们提供两个文献综述的提纲。

作为博士生导师，我将为你提供两个不同切入点的文献综述提纲框架，兼顾学术深度与就业研究特性。以下提纲均采用问题驱动型结构，适合新闻传播学领域的实证研究。

提纲一：基于时间维度的动态分析框架

标题：技术迭代与行业转型双重驱动下的新闻学子就业趋势研究（2000—2025）

1. 历史脉络梳理（纵向维度）

1.1　传统媒体时代的就业特征（2000—2010）

- 核心数据：报业/广电系统吸纳比（如中国记协 2008 年报告显示 78% 入职传统媒体）
- 典型矛盾：新闻理想主义与体制内岗位有限性的冲突

1.2　数字媒体崛起期的就业分化（2011—2020）

- 关键转折：门户网站、自媒体创造的非传统岗位占比突破 40%（CTR 数据）
- 新现象：新闻+技术复合能力需求显现（如数据新闻岗位激增 300%）

2. 当下就业生态解构（横向维度）

2.1　岗位类型光谱分析

- 传统媒体（<15%）vs. 互联网平台（32%）vs. 政务新媒体（21%）vs. 自由职业（18%）
- 新兴领域：元宇宙内容架构师、AIGC 审核员等岗位的学科跨界特性

2.2　能力需求迭代

- 硬技能：Python 基础、舆情分析工具使用（如清博指数）
- 软技能：跨文化传播能力（国际传播局专项招聘要求）

3. 未来趋势预测模型

3.1　变量筛选：政策（如"十四五"全媒体规划）、技术（生成式 AI 渗透率）、教育（高校课程改革进度）

3.2　场景推演：2025 年可能出现的"人机协作型记者"岗位体系

提纲二：基于矛盾分析的批判性框架

标题：新闻教育供给与行业需求错配研究——基于 15 所高校就业数据的扎根理论分析

1. 结构性矛盾呈现

1.1 教育滞后性证据链

课程设置：78%的高校仍以采写编评为主干（教育部2023年学科评估）

师资结构：具备跨界经验的教师占比不足20%（中国新闻史学会调研）

1.2 行业需求突变性特征

企业访谈发现：83%的机构需要能运营抖音号的理论型人才

典型案例：某财经新闻团队要求毕业生同时掌握Bloomberg终端与马克思主义新闻观

2. 错配机制的深层归因

2.1 制度层面：新闻传播类教学质量国家标准更新周期（5年）与技术迭代周期（1.5年）的矛盾

2.2 认知层面：学界对新闻专业主义的坚守 vs. 业界对流量逻辑的妥协

3. 破局路径探索

3.1 国际经验：密苏里新闻学院媒体融合专业的模块化课程设计

3.2 本土创新：浙江传媒学院项目制培养（如与字节跳动共建短视频实验室）

3.3 理论重构：建立弹性专业主义（elastic professionalism）解释模型

导师建议

1. 提纲一适合偏好量化研究的学者，需重点抓取国家统计局、人社部的宏观数据；

2. 提纲二更具理论创新空间，建议采用混合研究方法（就业数据+教育政策文本+深度访谈）；

3. 特别注意对比新闻学与传播学学生的就业差异，这是当前研究空白点（可参考《国际新闻界》2024年第3期相关论文）。

（如需具体文献推荐或方法论指导，可进一步沟通）

第四步，我们想融合这两个提纲的内容，可以直接将我们的要求告诉DeepSeek，输入提示词，如图5-15所示。

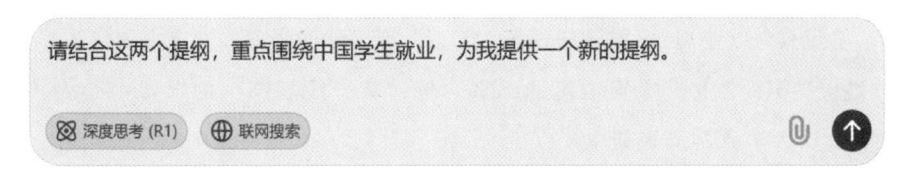

> 请结合这两个提纲，重点围绕中国学生就业，为我提供一个新的提纲。
>
> 深度思考（R1） 联网搜索

图5-15 提示词范例

第五步，点击发送按钮，稍等片刻，DeepSeek就会协助我们融合这两个提纲。

新提纲：中国新闻学专业大学生就业趋势的"三重张力"研究（2025新版）

（融合时间维度与矛盾分析，聚焦中国特色就业生态）

一、中国语境下的就业格局演变（历史-现状-未来）

1.1 体制转型期的就业特征（2000—2015）

核心矛盾：事业单位编制缩减（如2012年《人民日报》缩编20%）vs. 新闻学子对"铁饭碗"的持续偏好（华东师大2021年调查显示61%首选体制内）。

中国特色现象："国考热"中的新闻学子：2023年国家公务员考试中"新闻传播类"岗位报录比达89∶1。

党媒人才需求特殊性：马克思主义新闻观成为央媒招聘笔试必考项（新华社2024年招聘公告）。

1.2 媒体融合国家战略下的就业重构（2016—2025）

政策驱动变量：

中宣部"全媒体传播工程"催生的新型岗位（县级融媒体中心近5年吸纳12万毕业生）。"讲好中国故事"战略对国际传播人才的超额需求（CGTN扩招40%语言文化复合型人才）。

技术冲击案例：省级广电集团AIGC应用率已达73%，导致传统剪辑岗位减少52%（《中国广电蓝皮书2024》）。

二、当代中国学生的就业困境三维度

2.1 教育供给与行业需求的"时空错位"

课程滞后性：仍有65%高校未开设智能媒体写作课（2024年教育部学科评估）。

关键缺口：政务新媒体运营、舆情大数据分析等实操技能培养不足。

证书困境：行业认证体系混乱（如"全媒体运营师"证书含金量争议）VS. 学校学分认证脱节。

2.2 理想认知与市场现实的"价值撕裂"

代际差异："95后"记者离职率高达34%（智联招聘2024报告），主因为"内容质量追求"与"流量考核"冲突。

"Z世代"就业观：B站调研显示"00后"新闻学子更倾向"自由创作"。

地域失衡：北上广深集中度达68%，但"新一线城市"融媒体中心人才流失率41%（武汉大学2024年调研）。

2.3 技术赋能与人文坚守的"能力悖论"

岗位能力光谱分析：

头部互联网企业要求:"新闻敏感度+Python 基础+海外社交媒体运营"三位一体（腾讯 2025 校招标准）。

基层媒体现实：要求"一人承担采编拍剪发全流程"，但薪酬中位数仅 5 832 元（BOSS 直聘数据）。

三、破局路径：构建中国特色就业能力坐标系

3.1 政策杠杆调节

国家层面：完善《网络内容生态治理规范》与新闻教育标准的联动机制。

地方实践：浙江"政校媒"人才定制班模式（已输送 2 300 名适配县级融媒体人才）。

3.2 教育响应体系

课程革命：

建议开设智能传播伦理、县域融媒体实务等特色课程。

建媒体融合实验室，与头部平台（如今日头条）的学分互认机制。

师资再造：实施业界导师驻校制（参考中国传媒大学双导师计划成效）。

3.3 学生个体策略

能力组合建议：

硬核能力：数据可视化+政策解读（学习《习近平新时代中国特色社会主义思想学习纲要》）。

软性优势：方言文化转化能力（如粤语/闽南语主播在地方台溢价 30%）。

职业规划：

建立"体制内-市场化-自由职业"的三阶段弹性发展模型。

四、研究创新点提示

1. 理论层面：提出"制度形塑-技术驱动-个体调适"的三元分析框架，突破西方职业社会化理论单一视角。

2. 数据层面：整合国务院"十四五"就业促进规划文本分析+头部招聘平台岗位数据挖掘+10 所高校毕业生追踪调查。

3. 政策价值：为 2025 年启动的《普通高等学校新闻传播类专业教学国家标准》修订提供实证依据。

（建议优先采用混合研究方法：政策文本分析+问卷调查+深度访谈，需特别注意粤港澳大湾区、长三角等区域样本的差异性。）

第六步，确定好提纲后，我们可以让 DeepSeek 依次为每个小结的撰写提供思路，如图 5-16 所示。

> 你是我的博士生导师，下面请你协助我构思这个小结的内容思路。
> 1.1 体制转型期的就业特征（2000-2015）

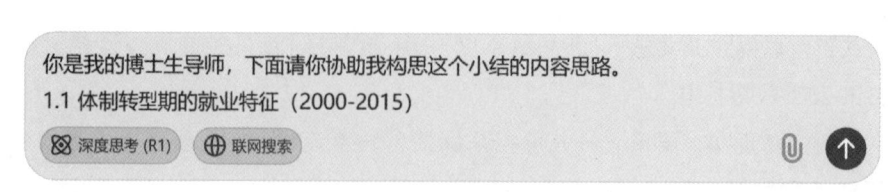

图 5-16　提示词范例

第七步，点击发送按钮，稍等片刻，DeepSeek 就会协助我们提供相关内容。

1.1　体制转型期的就业特征（2000—2015）：中国新闻学子在变革浪潮中的职业选择困境

一、制度性变革与就业格局的重构

2000—2015 年是中国传媒行业经历深刻体制转型的关键时期。这一时期最显著的特征是事业单位编制的大规模缩减与市场化媒体平台的快速扩张形成的结构性张力。2012 年《人民日报》的编制缩减 20% 并非个案，而是整个行业转型的缩影。根据国家新闻出版广电总局的统计数据，2005 年全国新闻出版系统从业人员中，事业单位编制人员占比高达 78%，而到 2015 年这一比例已下降至 52%。这种断崖式的编制缩减直接冲击了新闻学子的传统就业路径。

然而，与编制缩减形成鲜明对比的是新闻学子对体制内岗位的持续偏好。华东师范大学 2021 年的追踪调查显示，即使在市场化媒体蓬勃发展的背景下，仍有 61% 的新闻传播专业学生将进入体制内媒体作为首选。这种看似矛盾的就业心理源于中国特殊的媒介生态：一方面，体制内媒体在薪酬稳定性、社会地位和社会保障等方面仍具明显优势；另一方面，父母辈对铁饭碗的传统认知深刻影响着学生的职业选择。中国人民大学 2015 年的一项研究发现，在放弃市场化媒体 offer 选择体制内单位的毕业生中，83% 表示家庭压力是重要考量因素。

二、国考热现象的专业化解读

新闻传播学子参与公务员考试的热情在 2013 年后呈现爆发式增长。2023 年国家公务员考试数据显示，新闻传播类岗位的平均报录比达到惊人的 89∶1，远高于整体 37∶1 的平均水平。这种千军万马过独木桥的现象背后，反映的是多重社会因素的叠加影响。

首先，中央部委宣传岗位的专业壁垒造就了新闻学子的竞争优势。外交部新闻司、中宣部新闻局等部门的招考中，新闻传播学专业知识占比达笔试内容的 45%（国家公务员局 2023 年招考大纲）。其次，基层公务员岗位的泛媒体化趋势扩大了就业口径。深圳市 2014 年率先在街道办设立新媒体专员岗位，到 2015 年全国已有 23% 的县区级行政单位设立类似岗位（《中国基层治理发展报告》）。最后，高校就业指导的体制偏好也助推了这一趋势。武汉大学 2015 年的调查显示，72% 的新闻学院将公务员考试培训纳入必修课程体系。

三、党媒人才选拔的特殊性及其影响

这一时期党媒人才需求呈现出明显的政治素养导向。新华社 2024 年公布的招聘公告显示，马克思主义新闻观考核在笔试中的权重提升至 30%，并增设时政辨析等新型题型。这种变化并非突然产生，而是有着清晰的演进轨迹：

2008 年"三项学习教育"活动后，人民日报社率先在招聘中增加马克思主义新闻理论测试环节；到 2012 年，省级以上党媒的招聘中，政治素养考核平均占比已达 25%（中国记协 2013 年调查报告）。这种选拔标准直接影响了高校人才培养的转向。中国传媒大学 2010 年修订的培养方案中，新闻伦理与法规课时增加 50%，马克思主义新闻思想成为核心必修课。清华大学新闻学院甚至建立了红色新闻工作坊，通过模拟党媒采编流程强化学生的政治素养。

四、体制转型期的结构性矛盾解析

这一时期新闻学子面临的就业困境本质上是制度变迁与职业认知不同步的产物。通过建立推力-拉力模型可以清晰呈现这种矛盾：

在推力方面：市场化媒体的薪酬优势明显（2015 年腾讯新闻编辑起薪是央媒的 1.8 倍），但工作强度大（67% 的受访者每周工作超过 50 小时）、职业稳定性差（平均任职周期仅 2.3 年）。而在拉力方面：体制内媒体提供户籍指标（85% 的中央媒体解决北京户口）、职业声望高（在中国职业社会地位调查中排名前 20%），但晋升通道狭窄（处级岗位平均需要 12.5 年）。

这种矛盾在代际认知差异上表现得尤为突出。复旦大学 2015 年的追踪研究显示："70 后"新闻从业者中 82% 认为体制身份很重要，而"90 后"从业者中这一比例降至 47%。但吊诡的是，在实际就业选择中，"90 后"选择体制内单位的比例仍高达 58%，显示出认知与行为间的显著背离。

五、转型期就业特征的当代启示

回望 2000—2015 年这段体制转型期，其就业特征对当下仍具重要启示意义。首先，它揭示了传媒行业改革中破与立的不同步性：编制缩减的速度远超新就业形态的成熟度，造成阶段性就业困难。其次，它证明了政治素养培养在新闻教育中的必要性——新华社 2024 年的招聘标准恰恰验证了十年前党媒选拔标准的前瞻性。最后，这一时期的经验提醒我们：任何脱离中国特殊国情的就业指导都是无效的，必须建立兼顾市场规律与舆论导向的双重评价体系。

总体而言，以 DeepSeek 为代表的人工智能工具正在改变传统文献综述的撰写模式，使研究者能够将更多精力投入真正的创新性思考中，在某种程度上，也预示着学术研究方式的一次重要变革。

第 6 章
知识库打造可靠的信息平台

6.1 AI 知识库工具简介

一、纳米 AI

纳米 AI 是 360 集团研发的 AI 产品，纳米 AI 客户端可以调用 DeepSeek、豆包、文心一言等多种大模型，并有智能体、知识库、AI 写作、AI 修图、AI 画图、AI 视频、AI 搜索等多种功能。纳米 AI 界面如图 6-1 所示。

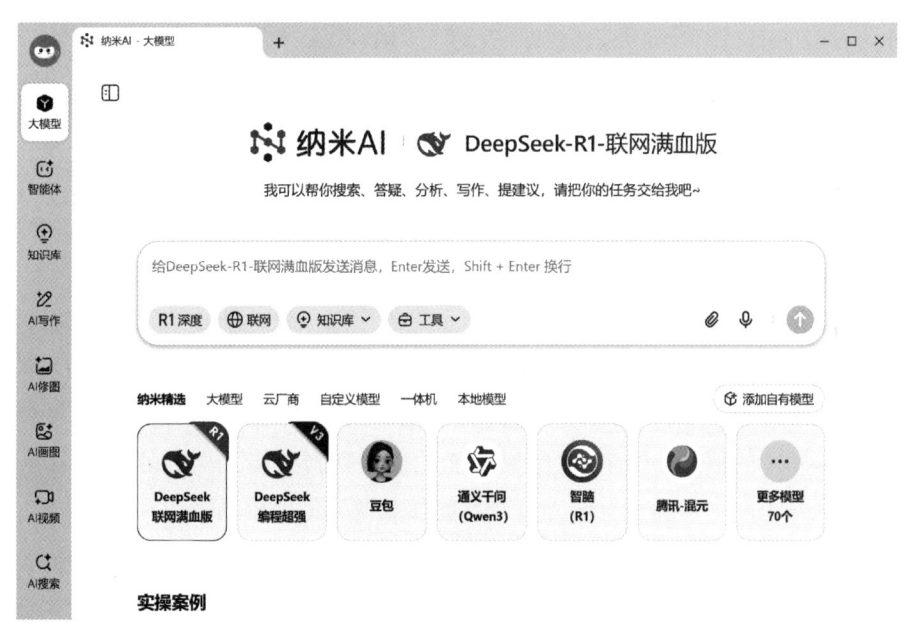

图 6-1 纳米 AI

与传统的文献管理工具和文件夹存储方式不同，纳米 AI 知识库不仅能够高效地管理文献、数据和知识，还能够通过智能检索和分析功能，帮助科研人员迅速找到相关资料，甚至在庞大的信息库中主动推荐相关的研究内容。纳米 AI 的优势在于，它不仅仅是一个存储工具，还是一个能够进行智能推理和分析的知识管理平台。通过上传各种格式的文献和资料（如 PDF、Word 文档、图片、网页链接等），科研人员可以将所有相关的科研资源整合到一个平台中。与传统工具不同，纳米 AI 不仅能够存储文献，还能够在用户与其对话时，优先从上传的资料中提取出相关的内容，提供精准的答案和相关资料。

举个例子，假设一个医学研究人员正在写一篇关于癌症治疗的论文。在传统的文献管理工具中，研究人员可能需要翻阅大量的文献，甚至需要多次查询不同数据库，才能找到合适的治疗方案或研究进展。而在利用纳米 AI 时，这位研究人员只需要上传相关的医学教材和最新的科研论文，纳米 AI 便可以根据研究人员的提问，从这些资料中快速提取出相关的内容，避免了人工搜索和筛选的麻烦。纳米 AI 知识库的出现，突破了传统信息管理方式的局限，为科研人员提供了一个更加高效、精准、智能的知识管理平台。无论是对文献的存储、整理、分析，还是对跨学科知识的整合，纳米 AI 都能够提供更加便捷和智能的解决方案，从而极大地提高科研工作者的工作效率和创新能力。

纳米 AI 能够通过深度学习和自然语言处理技术，自动理解并分析用户上传的各类文献资料。与传统的文献管理工具相比，纳米 AI 在以下几个方面表现出了显著的优势。

（1）智能化的知识管理：纳米 AI 不仅仅是一个简单的文献管理工具，它能够通过自然语言处理和机器学习算法，从上传的文献中提取出重要的信息点，并进行智能整理和分析。科研人员可以将不同格式的文献、图片、网页链接等资料上传到平台，纳米 AI 会自动对这些内容进行分类、标注，并将它们汇总成一个结构化的知识库。当用户需要检索相关信息时，纳米 AI 可以在庞大的知识库中精准地找到相关内容，极大地节省了人工查找和整理资料的时间。

（2）提供个性化的推荐：纳米 AI 不仅能够根据用户的提问从上传的资料中提取信息，还能够通过学习用户的需求和偏好，智能推荐相关的研究资料。这种个性化的推荐功能能够帮助科研人员更快速地找到有价值的文献和研究成果。

（3）自动化的知识更新：科研领域的信息更新速度极快，新技术、新理论和新研究成果层出不穷。传统的文献管理工具往往依赖用户手动更新资料，难以做到实时跟进。而在纳米 AI 中，我们只需要上传一个新的文档，纳米 AI 就会自动学习其中的内容，自动更新知识库中的信息。纳米 AI 能够智能地捕捉到新上传文档中的相关内容，并将其自动整合到知识库中，确保科研人员始终能够获取到最前沿的知识和数据。

（4）高效的跨学科知识整合：在进行跨学科研究时，科研人员通常需要整合来自多个领域的知识，而这些知识往往包含不同的文献格式、术语体系和研究方法。纳米 AI 有强大的自然语言处理能力，能够处理各种格式的文献资料，并可以智能地将跨学科的知识进行整合。例如，进行生物医学研究的科研人员，可能需要参考生物学、化学、物理学等领域的文献资料。纳米 AI 能够在这些不同领域的文献中找到关联性，将它们有效地整合在一起，帮助科研人员更好地理解复杂的跨学科问题。

二、IMA 知识库

IMA 知识库是一款基于人工智能和自然语言处理技术的知识管理平台，专注于帮助科研人员和企业建立专业的知识库系统，如图 6-2 所示。

图 6-2　IMA 知识库

　　IMA 知识库不仅能够存储文献、数据和报告，还具备强大的智能检索和自动分类功能。用户可以上传各种类型的文献和资料，IMA 知识库会通过 AI 算法分析这些内容，自动提取关键信息并进行结构化存储。它还支持多种文件格式的导入，包括 PDF、Word、Excel 等，用户可以通过关键词搜索、标签分类等方式快速查找所需信息。更为突出的是，IMA 知识库的智能推荐功能可以根据用户的研究领域和历史查询记录，主动推送相关的科研成果和文献，使得科研人员能高效地获取与自己研究方向相关的知识。

　　此外，IMA 知识库还能与团队成员共享资源，便于跨部门协作和信息交流。它结合了人工智能的智能分析能力和传统文献管理的有序存储功能，是一种现代化的、集成化的知识管理工具。

三、秘塔知识库

　　秘塔知识库是一款适用于企业和科研团队的知识管理平台，专注于帮助组织建立全面且易于管理的知识库，如图 6-3 所示。

　　秘塔知识库提供多样化的功能，可以建立专题知识库。它不仅支持传统的文档管理，还可以帮助用户建立领域知识的结构化体系。秘塔的 AI 功能可以自动提取上传文档中的关键信息，并按照类别和主题对内容进行分类。这种智能分类功能能够极大减少人工管理的负担，提升文献和数据的检索效率。

图 6-3　秘塔知识库

秘塔还支持多种文件类型的存储，包括 Word、PDF、图片、视频等，适用于科研人员上传各类实验数据、科研报告及其他类型的研究材料。用户可以通过标签、目录和全文检索等方式，快速定位和查阅存储的资料。

四、飞书知识问答

飞书知识问答是飞书团队协作平台中的一部分，旨在帮助企业和科研团队搭建高效的知识管理系统，如图 6-4 所示。

图 6-4　飞书知识问答

通过飞书知识问答，用户可以轻松构建一个覆盖广泛领域的知识库，无论是技术文档、科研报告还是项目方案，都可以系统地进行存储和检索。飞书知识问答的另一大亮点是其与飞书其他工具的深度集成，如飞书的即时通信、日历、邮件等功能，知识范围包括飞书账号内你可访问的文件、文档、知识库等所有资料。这种无缝集成使得团队成员能够在日常工作中随时查阅和更新知识库中的内容。此外，飞书的 AI 助手可以帮助用户高效检索相关知识，不仅支持关键词检索，还能根据上下文理解用户的查询意图，从而提供更为精准的搜索结果。飞书知识问答的协作功能也非常强大，团队成员可以共享文件、共同编辑文档、发表评论等，从而实现团队内部的知识共享和协作。

五、EndNote

EndNote 是一款传统的文献管理软件，但它近年来逐渐加入了一些智能化功能，帮助用户更高效地管理科研文献和资料，构建个人或团队的知识库，如图 6-5 所示。

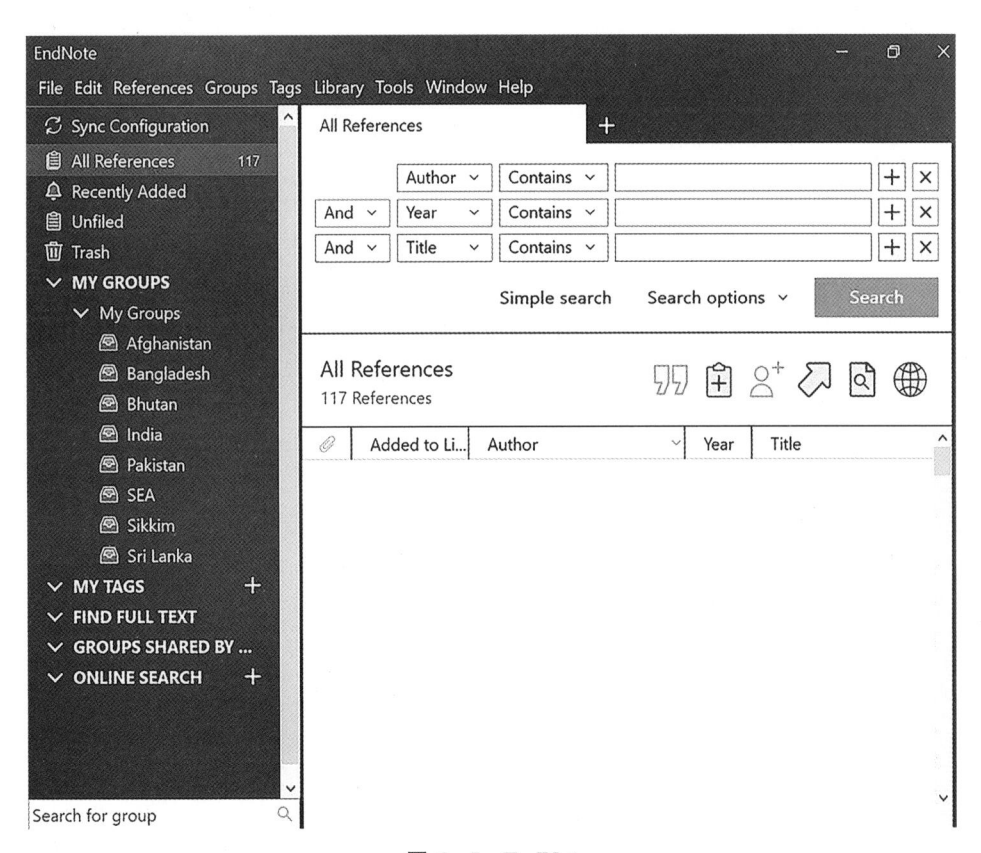

图 6-5　EndNote

EndNote 的核心功能是文献引用管理，它支持用户将大量的科研文献和期刊文章存储在个人库中，并能自动生成标准化的文献引用格式。除了基本的文献管理功能，EndNote 还具有智能搜索和自动化分类的能力，可以根据用户的需求快速检索相关的文献，并按照主题、作者、出版时间等多个维度进行分类。EndNote 还支持 PDF 文件的上传与注释，用户可以在文献中添加批注、标记重点，方便日后查阅和引用。尽管 EndNote 本身并不是一个传统意义上的 AI 知识库工具，但它通过自动化的文献管理和智能搜索功能，帮助科研人员建立起一个结构化的文献资料库，使得文献的管理和使用更加高效便捷。EndNote 的局限性在于它更多地集中于文献引用和管理，而不涉及知识图谱、智能推荐等更高阶的知识管理功能。

六、Zotero

Zotero 是一个开源的文献管理工具，广泛应用于学术研究领域。与 EndNote 类似，Zotero 也支持文献的存储、管理和引用生成，并能够帮助用户构建一个个人化的文献知识库，如图 6-6 所示。

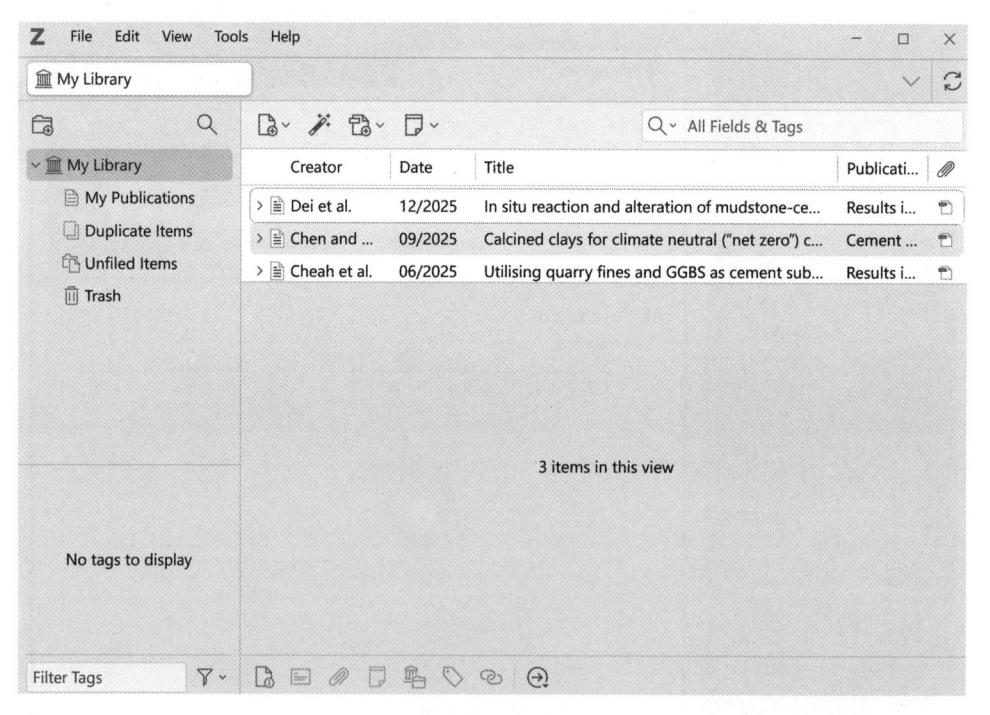

图 6-6 Zotero

Zotero 的最大特点在于其开放性和灵活性，用户可以将文献、网页、笔记和其他资源存储到 Zotero 中，并利用其自动分类、标签、注释等功能对文献进行管理。Zotero 不仅支持传统的文献管理功能，还能自动从互联网上抓取相关文献的元数据，并将其整理到用户的文献库中。

6.2 知识库构建与应用

一、创建知识库

我们以天文学研究为例。苏小文（化名）是一名硕士研究生一年级的学生，目前研究方向为天体物理学。苏小文在网上找了很多关于天体物理学的论文，但是对其理解程度有限。苏小文就可以借助纳米 AI 的知识库功能来搭建自己的天体物理学知识库。

第一步，通过中国知网等平台下载相关的期刊论文或教材，如果在互联网上找到相关的资料，也可以保存相关网址或文字内容。

第二步，打开纳米 AI 首页，选择"知识库"，如图 6-7 所示。单击其中的"创建知识库"。

图 6-7 纳米 AI 知识库首页

第三步，在弹窗中输入知识库的名称、描述，如有必要可添加封面，如图 6-8 所示。

第四步，创建完成后，可以上传相关的文件、网址和文字，纳米 AI 支持文档、图片、音频、视频、URL、研发语言等 54 种格式文件，如 Word、Excel、PPT、PDF、

图 6-8　创建知识库

TXT、EPUB、CSV、JAVA、HTML 等，每个文件 500MB 以内，如图 6-9 所示。

图 6-9　添加文件

第五步，等待相关文件上传完毕，这个知识库就建立完毕了，如图 6-10 所示。

第六步，在纳米 AI 首页的"大模型"中，单击"知识库"，选择此前创建的知识库，如图 6-11 所示。

第七步，选择"深度思考（R1）"和"联网搜索"，在对话框中输入提示词，如图 6-12 所示。

图 6-10　已创建的知识库

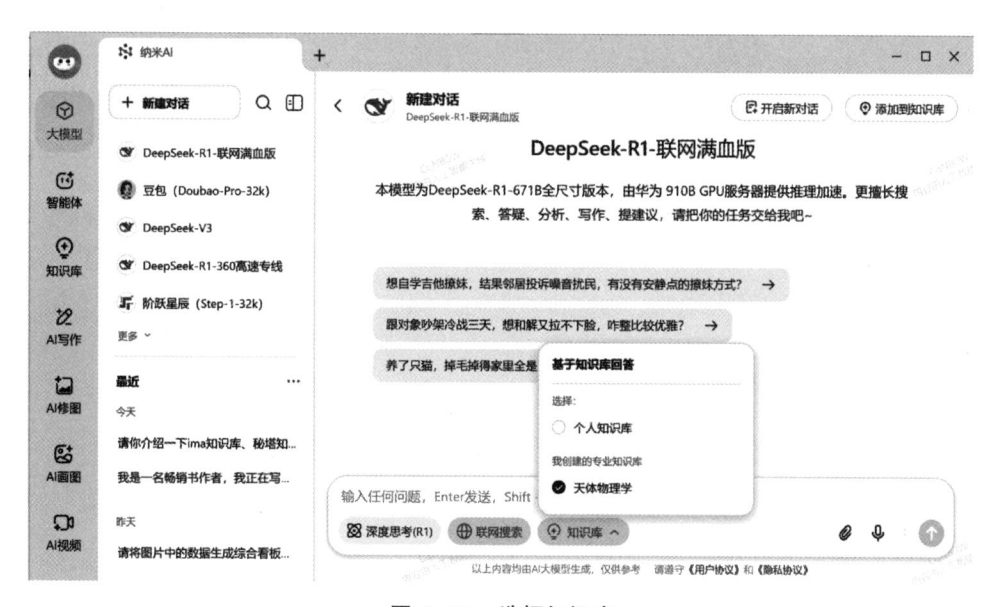

图 6-11　选择知识库

图 6-12　提示词示例

第八步，稍等片刻，即可看到纳米 AI 已经在"知识库"中检索到了多篇资料作为参考，如图 6-13 所示。

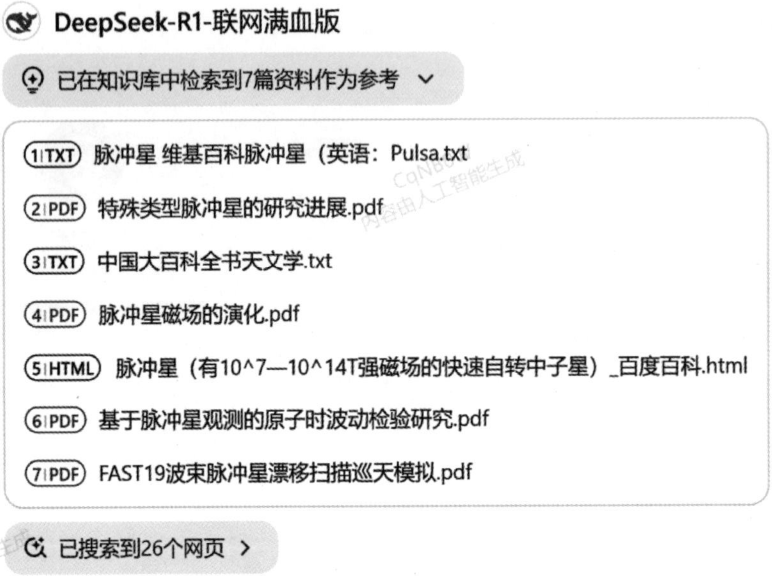

DeepSeek-R1-联网满血版

已在知识库中检索到7篇资料作为参考

① TXT 脉冲星 维基百科脉冲星（英语：Pulsa.txt
② PDF 特殊类型脉冲星的研究进展.pdf
③ TXT 中国大百科全书天文学.txt
④ PDF 脉冲星磁场的演化.pdf
⑤ HTML 脉冲星（有10^7—10^14T强磁场的快速自转中子星）_百度百科.html
⑥ PDF 基于脉冲星观测的原子时波动检验研究.pdf
⑦ PDF FAST19波束脉冲星漂移扫描巡天模拟.pdf

已搜索到26个网页

图 6-13 纳米 AI 知识库检索过程

第九步，稍等片刻，相关内容生成完毕，可以看到，此时生成的内容后有 TXT、HTML、PDF 链接，如图 6-14 所示。

一、基本定义

脉冲星（Pulsar）是一种高速自转的中子星，具有极强磁场（$10^7 \sim 10^{14}$ T）和极端物理条件（如超高密度、超高温）。它通过磁极发射周期性电磁脉冲信号，仅在辐射束扫过地球时才能被观测到，类似灯塔的旋转光束 ①TXT ③TXT ⑤HTML。

二、核心特性

1. 物理结构
   - 直径约10千米，质量与太阳相当（$0.9 \sim 2.7 M_\odot$），核心密度高达 10^{14} g/cm³ ③TXT ⑤HTML。
   - 自转周期极短且稳定，范围从毫秒级（1.6毫秒）到秒级（8.5秒），被誉为"宇宙最精准时钟" ③TXT ⑤HTML。

2. 磁场与辐射
   - 磁场强度可达普通中子星的千倍以上，粒子在磁极加速后产生射电、X射线、γ射线等多波段辐射 ①TXT ②PDF ⑤HTML。
   - 辐射能量主要源于自转能损失，通过磁偶极辐射机制释放 ④PDF。

三、发现与命名

- **发现历史**：1967年由剑桥大学研究生乔丝琳·贝尔首次探测到周期性射电信号，最初误认为是外星信号（"小绿人"假说），后确认为中子星现象。其导师安东尼·休伊什因此获1974年诺贝尔物理学奖 ①TXT ③TXT。
- **命名规则**：以"PSR+赤经坐标"命名（如PSR B1257+12），部分特殊类型脉冲星按特征命名（如磁星、毫秒脉冲星）②PDF ⑤HTML。

四、分类与典型类型

1. **按辐射波段**
   - **射电脉冲星**：最常见类型，通过射电望远镜观测。
   - **X射线脉冲星**：高能辐射，需空间望远镜探测 ③TXT ⑤HTML 。

2. **按特殊行为**
   - **毫秒脉冲星**：自转周期<30毫秒，磁场较弱（约10^4 T），可能因吸积物质加速形成 ②PDF ④PDF 。
   - **磁星**：磁场强度超10^{11} T，以X射线爆发和软γ射线重复暴为特征 ②PDF 。
   - **双星系统脉冲星**：用于验证广义相对论和引力波理论（如PSR B1913+16） ①TXT ②PDF 。

五、研究意义

1. **物理实验室**：极端条件为核物质状态、强场物理提供天然实验环境 ③TXT ④PDF 。
2. **引力波验证**：双脉冲星系统间接证实了引力波存在 ①TXT ②PDF 。
3. **导航应用**：X射线脉冲星的稳定周期可用于深空导航 ③TXT ⑤HTML 。
4. **行星发现**：首颗太阳系外行星发现于脉冲星PSR B1257+12周围 ①TXT 。

六、最新进展

截至2024年，中国"天眼"FAST已发现超1 000颗脉冲星，包括170颗毫秒脉冲星和120颗双星系统脉冲星，极大拓展了人类对极端天体的认知 ⑤HTML 。

如需更详细分类或演化模型，可参考研究文献 ②PDF ④PDF 。

图6-14 纳米AI知识库检索结果

第十步，单击任意链接，可以看到这句话的来源资料，如图6-15所示。

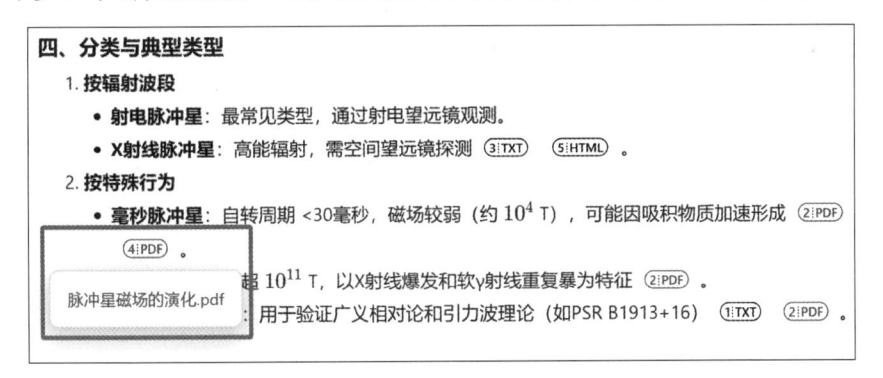

图6-15 查看来源资料

二、AI读文档

纳米AI有AI读文档功能。用户在知识库中双击自己上传的资料，可以查看资料详情，此时，纳米AI已经借助DeepSeek对相关的内容进行了研究梳理。

第一步，我们以已经上传的一篇论文①为例，打开后，可以看到论文以及右侧的操

---

① 王双强，王娜，张承民，等. 特殊类型脉冲星的研究进展. 天文学进展，2018，36（1）.

作面板，包括简介、重点、翻译、分析、讨论。其中 AI 已经自动阅读了本资料，并生成了论文简介，如图 6-16 所示。

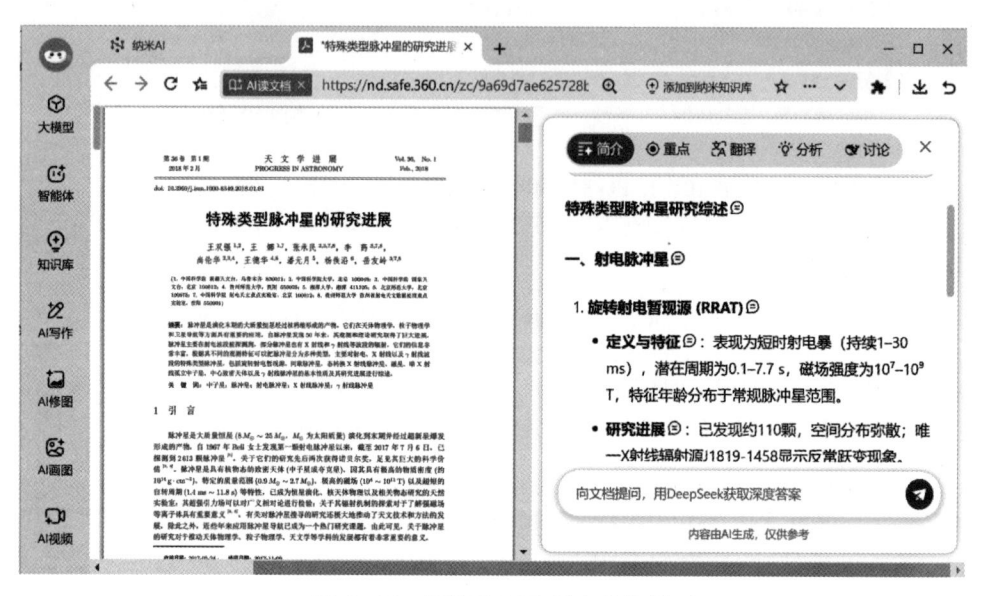

图 6-16　用纳米 AI 查看上传资料

第二步，在论文简介的最下方，可以看到 AI 已经完成了论文阅读，并生成了本论文的脑图，如图 6-17 所示。

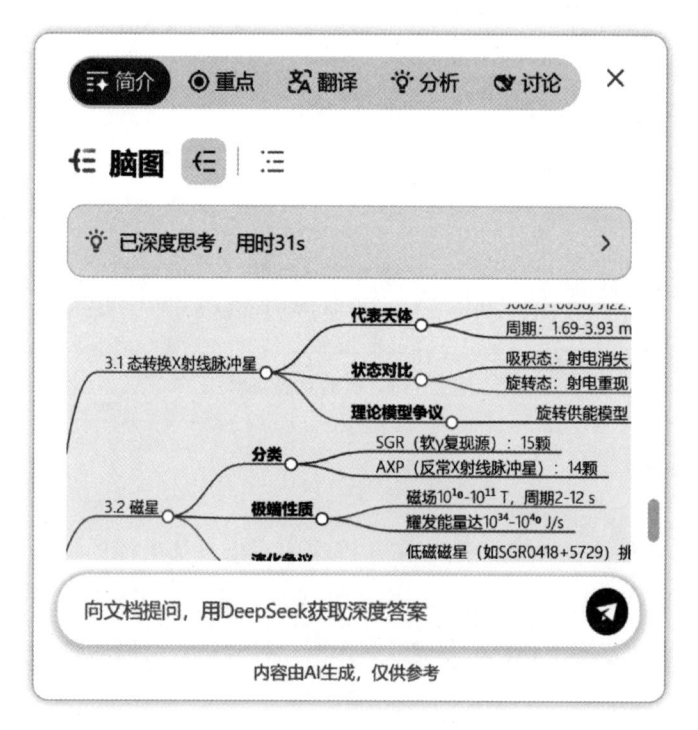

图 6-17　用纳米 AI 生成的论文脑图

第三步，打开"重点"，DeepSeek 会对论文的重点内容进行分析，这个功能尤其适用于超长篇幅的论文，如图 6-18 所示。

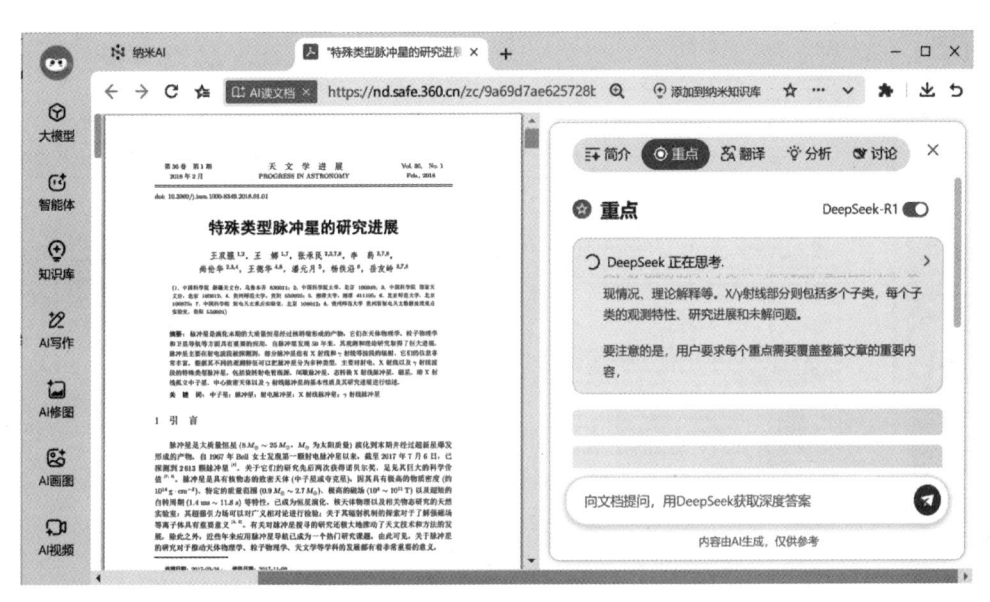

图 6-18　用纳米 AI 分析论文重点内容

第四步，稍等片刻，论文相关重点内容就生成了，如图 6-19 所示。

图 6-19　论文重点内容

打开"分析"，DeepSeek 会对这篇论文进行深度分析，并生成一份完整的中文分析报告，图 6-20 所示。

图 6-20　分析论文

第五步，稍等片刻，相关分析结果就生成了。

《特殊类型脉冲星研究进展》分析报告

一、引言

脉冲星作为大质量恒星演化末期的致密天体，具有极高密度（约 $10^{14}g/cm^3$）、强磁场（$10^4 \sim 10^{11}T$）和超短周期（$1.4ms \sim 11.8s$）等极端物理特性，成为研究核物态、强磁场等离子体和相对论的天然实验室。自 1967 年发现以来，已探测到 2 613 颗脉冲星，其研究涵盖射电、X 射线和 γ 射线多波段，并衍生出多种特殊类型。本文系统分析 7 类特殊脉冲星的研究现状与挑战。

二、射电波段特殊脉冲星

1. 旋转射电暂现源（RRAT）

特性：

□ 周期性射电暴（间隔数分钟至数小时），脉冲宽度 $1 \sim 30ms$，亮温度 $10^{22} \sim 10^{23}K$

□ 已发现 110 颗，周期 $0.1 \sim 7.7$ 秒，磁场 $4.37 \times 10^7 \sim 5.01 \times 10^9 T$

□ 唯一 X 射线辐射源 J1819-1458 存在反常跃变现象

研究进展：

□ 起源理论：回落盘扰动、小行星带干扰等，但缺乏观测验证

□ 争议：是否濒死脉冲星？观测显示未靠近死亡线，脉冲宽于巨脉冲

2. 间歇脉冲星

特性：

- 辐射状态（ON/OFF）准周期转换，占空比 0.01～0.6，$|\dot{v}\_ON| > |\dot{v}\_OFF|$
- 仅发现 5 颗，周期 0.31～0.91 秒，磁场 $9.2 \times 10^7 \sim 5.7 \times 10^8$ T

关键问题：

- 状态转换机制：磁层等离子体动态（供应量/速度变化）、表面磁场扭曲
- 星风模型解释减速差异，但无法说明准周期性

三、X/γ 射线波段特殊脉冲星

1. 态转换 X 射线脉冲星

特性：

- 吸积（X 射线）与旋转供能（射电）状态转换，已发现 3 颗（P= 1.69～3.93ms）
- 伴星质量低（0.15～0.36M☉），轨道周期 4.75～11.01 小时

理论模型：

- 螺旋桨模型：吸积边界相对论粒子产生多波段辐射
- 争议：X 射线转化效率异常高（达 40%），与传统旋转供能模型矛盾

2. 磁星

分类与特性：

- 软 γ 复现源（SGR）与反常 X 射线脉冲星（AXP），磁场 $10^{10} \sim 10^{11}$ T
- 29 颗已知，周期 2～12 秒，特征年龄 $10^3 \sim 10^4$ 年，4 颗具射电辐射

前沿问题：

- 低磁磁星（$B \sim 10^8$ T）挑战传统强偶极场假设
- 耀发机制：星震触发？ 磁重联？ 观测到准周期振荡

3. 暗 X 射线孤立中子星（XDINS）

特性：

- 7 颗已知，热辐射为主（kT= 0.1～0.5keV），吸收线 0.3～1keV
- 周期 3.5～11.4 秒，磁场 $9.88 \times 10^8 \sim 3.44 \times 10^{10}$ T，光学紫外超现象

演化争议：

- 是否死亡射电脉冲星或老年磁星？ 磁场衰减模型支持后者
- 射电宁静原因：波束未扫过视线或低于探测阈值

4. 中心致密天体（CCO）

特性：

- 超新星遗迹中心热 X 射线源，B= $10^6 \sim 10^7$ T（"反磁星"）

- 3 颗测得周期（105~424ms），年龄约千年级

磁场成因：

- 回落吸积掩埋模型：吸积 10^{-3} M⊙物质导致表面场衰减
- 候选磁星 CXOU J2323 耀发光度达 $2×10^{39}$ erg/s

5. γ 射线脉冲星

观测特征：

- 费米望远镜发现 205 颗，含射电宁静（63 颗）与毫秒脉冲星（92 颗）
- 光变曲线多样：双峰结构、射电延迟（δ = 0.1~0.5 周期）

辐射机制：

- 外间隙/缝间隙模型解释部分源，年轻脉冲星符合几何演化
- 争议：毫秒脉冲星 γ 射线效率显著高于年轻脉冲星

四、共性问题与未来展望

1. 核心挑战

- 磁场结构：偶极假设局限，磁星局部强场、CCO 环向/径向场需深入
- 年龄估算：特征年龄偏差（如蟹状星云真实年龄 960 年 vs 特征 1 200 年）
- 演化路径：XDINS-磁星、RRAT-死亡脉冲星、CCO-双星起源等关系不明

2. 技术突破方向

- FAST 望远镜：提升 RRAT/间歇脉冲星探测率，探索射电宁静磁星
- 多波段协同：射电定位引导 γ 源认证，X 射线光谱约束表面物态
- 数值模拟：磁层粒子加速、吸积-磁场相互作用等复杂过程

3. 科学目标

- 完善脉冲星分类体系，建立统一演化框架
- 探测亚毫秒脉冲星、脉冲星-黑洞双星等极端系统
- 揭示强磁场量子效应与致密物质状态方程

五、总结

特殊类型脉冲星的研究极大拓展了对中子星物理的理解，但其磁场本质、辐射机制和演化关联仍是未解之谜。下一代观测设施与多信使天文学将推动该领域进入新的发现时代，为极端物理条件研究提供关键突破口（注：本报告依据《天文学进展》2018 年第 36 卷第 1 期论文内容提炼，数据截至 2017 年）。

打开"讨论"，DeepSeek 已经给出了有关这篇论文可能讨论的问题，以帮助我们更好地理解这篇论文，如图 6-21 所示。

图 6-21　讨论论文

6.3　纳米 AI 知识库的高阶使用方法

纳米 AI 的"知识库"中还有"知识广场"、"别人分享给我的知识库"、"企业知识库"和"个人记忆"等功能。

打开"知识广场"，会展示科技、工作、学习、创作、生活、百科等领域的各种知识库，用户也可以在右上角的搜索框中搜索相关的知识，如图 6-22 所示。

选择一个自己感兴趣的知识库，点击"加入知识库"，即可为自己添加该知识库，如图 6-23 所示。

加入知识库后，我们可以选择不同的大模型处理该知识库。纳米 AI 提供了多种大模型，包括：DeepSeek、智脑、通义千问、豆包、文心一言、智谱清言、商量-商汤等，如图 6-24 所示。

在使用纳米 AI 上传文档并建立"知识库"时，选择调用合适的大模型对于提升信息检索和处理的效率至关重要。不同的大模型有各自的优势和适用场景。以下是一些大模型的特点和在调用知识库时的区别，帮助用户根据实际需求选择适合的模型。

图 6-22 纳米 AI 的知识广场界面

图 6-23 在纳米 AI 中加入知识库

图 6-24　在纳米 AI 中选择大模型

1. DeepSeek

特点：DeepSeek 以其强大的推理和自然语言处理能力著称，特别擅长数学、科学和工程类领域的文献检索与问题解答。它能够处理较为复杂的推理任务，适合需要进行深度分析和推理的科研工作。

适用场景：如果你的知识库涉及较为复杂的技术性内容，特别是数学建模、学术论文分析等，DeepSeek 会是一个很好的选择。

2. 智脑

特点：智脑的优势在于跨领域的知识整合能力，能够处理多种类型的信息和文本内容。它对中文文本的处理非常精准，尤其是在文化、历史、社会学等人文社科领域表现出色。

适用场景：如果你的知识库涉及人文学科的内容，尤其是需要处理大量的历史、文化、文学文献，智脑的语义理解能力可以帮助你更好地进行知识整合。

3. 通义千问

特点：通义千问在大规模数据处理、知识图谱构建以及问题解答方面表现突出，能够处理更加开放性和多元化的问题。

适用场景：适合需要解决跨学科、多领域交叉问题的科研任务。如果你的知识库需要整合来自多个领域的知识，且需要灵活的答疑能力，通义千问是个不错的选择。

4. 豆包

特点：豆包的最大优势是能够高效处理短文本和结构化数据，在情感分析、用户需求分析和小范围的深度内容检索等方面有优势。其处理速度较快，适合快速检索与短时互动。

适用场景：适合需要快速答复、快速筛选文献或问题的场景。如果你的知识库主要包含一些结构化信息或短文本内容，可以选择豆包进行快速检索和解析。

5. 文心一言

特点：文心一言在语义理解和生成方面表现出色，尤其适用于处理需要精确生成和创作的内容，如文章生成、文案写作等。它能生成富有创造性和逻辑性的内容。

适用场景：如果你的知识库不仅仅是查询问题的工具，还需要生成一些新的研究思路、文案、总结等内容，文心一言可以发挥更大的作用。

6. 智谱清言

特点：智谱清言是一个专注于大数据分析与文本内容解析的大模型，它能有效处理海量文本数据，特别适合大规模文献分析、数据库整合和信息提取等任务。

适用场景：如果你的知识库内容非常丰富，包含大量的数据和文献，智谱清言的高效数据处理能力可以帮助你提取有价值的信息。

7. 商量-商汤

特点：商量-商汤作为视觉和语言模型的结合，具有多模态处理能力，特别适合处理包含图片、视频等多种形式数据的任务。它的优势在于理解多元信息并进行智能化处理。

适用场景：如果你的知识库涉及图像、视频，或其他与视觉相关的内容，商量-商汤会是个不错的选择。

那么，如何选择调用的知识库呢？方法如下：

一是根据学科领域选择。如果你从事的是工程、计算机科学、数学等技术性较强的研究，DeepSeek 和智谱清言可能更合适。对于涉及历史、文化、文学等方面的文献检索，智脑和文心一言可以提供更好的语义理解与内容创作。

二是根据处理需求选择。智谱清言和通义千问擅长处理海量信息，并能提供跨学科的解答和分析。豆包的处理速度较快，适合需要快速检索和短时间内得到答复的场景。

三是根据多模态需求选择。如果你的知识库中涉及非文本信息（如图片、视频），商量-商汤的多模态能力可以更好地满足你的需求。

四是根据生成能力选择。文心一言在生成内容和创作方面有优势，适用于需要撰写文案、总结和论文的场景。

打开"个人记忆"，可以看到，我们可以把微信文件、桌面文件、AI搜索记录等内容添加到知识库中。在该平台打开"微信"栏目后，选择文件，单击"加入知识库"，相关文件即可加入知识库，如图 6-25 所示。

图 6-25 添加微信文件

打开"桌面"栏目,我们可以查看桌面的文件、图片、视频、音频,并可以将相关的文件添加到知识库中,如图 6-26 所示。

图 6-26 添加桌面文件

打开"AI 搜索"栏目,可以查看用户近 30 日的搜索记录,并将相关内容添加到知识库中,如图 6-27 所示。

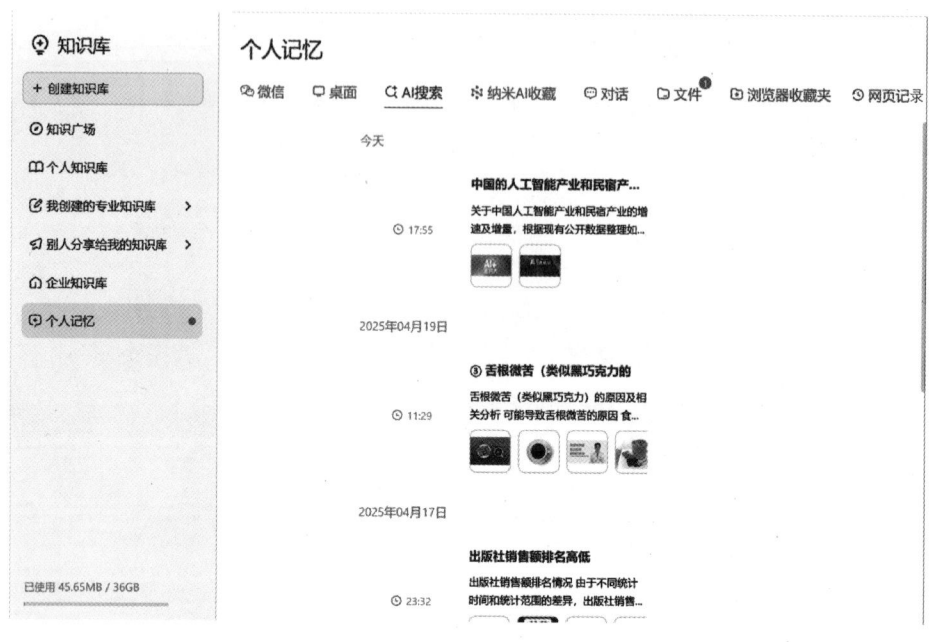

图 6-27　添加 AI 搜索记录

打开"浏览器收藏夹"栏目，可以看到自己在纳米 AI、Chrome、Microsoft Edge 等浏览器中的收藏夹，可以一键将这些网页添加到知识库中，此后的知识库搜索会着重搜索这些网站中的信息，如图 6-28 所示。

图 6-28　添加浏览器收藏夹

打开"网页记录"栏目，可以看到自己在纳米 AI、Chrome、Microsoft Edge 等浏览器中的浏览记录，可以一键将这些浏览记录添加到知识库中，如图 6-29 所示。

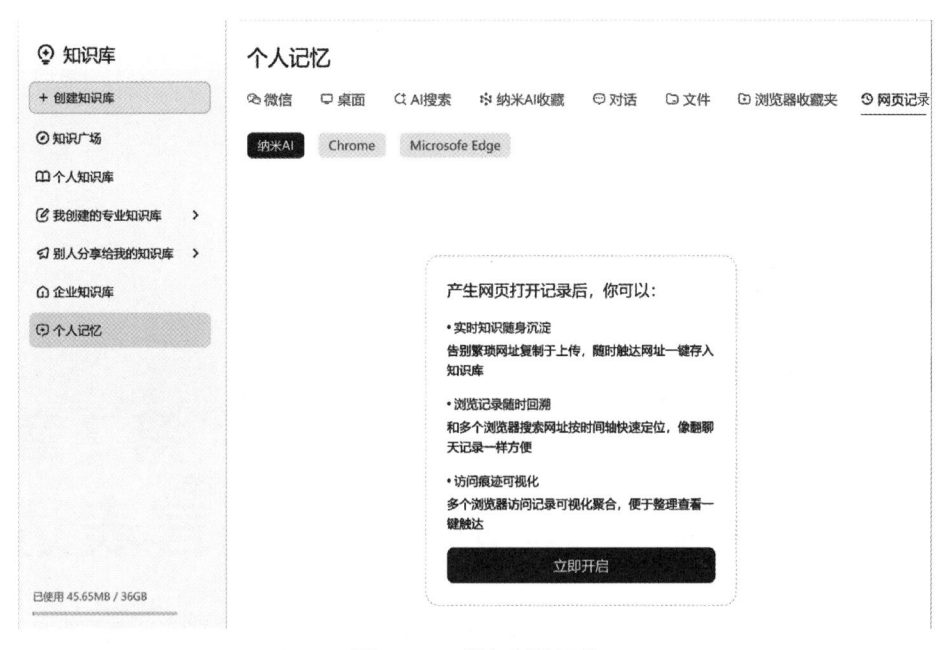

图 6-29　添加浏览记录

总体而言，研究者可通过强大的 AI 技术构建一个可靠、高效的论文信息平台，并通过智能标签和语义检索快速定位关键内容，这为学术研究提供了智能化支持，能助力研究者提升论文质量与创新水平。

第 7 章
论文结构优化与语言表达

7.1 论文总体架构规划

写论文，就像建房子。在你动笔之前，不能只是凭感觉堆砌材料，而是要有一份清晰、合理的设计图。这一章，我们要做的，就是帮助你像一个有远见的建筑师一样，搭建好论文的总体架构。

一、什么是论文的总体架构？

论文的总体架构，指的是你这篇文章从开头到结尾的逻辑布局和内容安排。它不仅仅是几个大标题的堆叠，而是整篇论文的"骨架"，决定了你要讲什么、怎么讲、讲到什么程度。架构的清晰与否，直接影响你的论文是否有条理、是否有说服力、是否容易被理解。

整体而言，大多数学术论文都包含以下五个核心部分。

（1）引言（introduction）。这是你论文的"门面"。在这一部分，你要交代研究背景，说明研究该问题的意义，简要回顾已有的研究成果，并明确你自己的研究问题和目标。一个好的引言至少要明确回答三个问题：这个问题为什么值得研究？别人是怎么研究的？你准备怎么研究？

（2）文献综述（literature review）。文献综述是你进入学术圈"对话"的方式。你要告诉读者，你了解这个领域的主流观点和研究动态，知道谁说过什么，也知道他们的不足在哪里。更重要的是，你要借此说明你的研究在哪些方面可以补充、批判或延伸已有成果。

（3）理论框架与研究方法（theoretical framework & methodology）。在这一部分，你需要说明你的研究是建立在什么理论基础上的，以及你具体使用了哪些方法来收集和分析数据。这不仅是为了保证研究的科学性，也能帮助读者判断你的结论是否可信。

（4）分析与讨论（analysis & discussion）。这是论文的"主体"，你要在这里呈现你的分析过程和主要发现。需要注意的是：分析不是简单的描述数据，而是要"解释"现象，对你之前设定的研究问题——做出回应。讨论部分则是把你的发现放在更大的学术语境中去思考，与文献展开对话。

（5）结论与展望（conclusion & implications）。该部分要回顾你的研究发现，重申你对问题的回答，并提出研究的意义与价值。你也可以指出研究的局限性，以及未来的研究方向。切忌简单重复前文内容，要让读者读完后有"落地"的感觉。

二、结构设计中的常见问题

很多研究者在初写论文时，容易出现以下几个问题：

问题一：结构松散，像写随笔。学术论文不是散文创作，不能想到哪儿写到哪儿。哪怕你有很多想说的观点，也不能随意堆砌，而要根据整体结构的安排进行取舍。

问题二：没有主线，章节各自为政。每一部分都要服务于你的核心研究问题，彼此之间应当有清晰的逻辑关联，而不是各说各话。

问题三：方法与理论脱节。一些学者理论讲得很"高大上"，但方法却很随意。但理论和方法是相互依存的，没有适宜方法支撑的理论就是空谈。

三、利用 DeepSeek 优化论文结构的建议与技巧

1. 基于思维导图的论文框架构建

在正式动笔前，通过 DeepSeek 辅助绘制论文思维导图是优化结构的首要步骤。具体操作方法如下：首先输入核心研究问题，如"请基于'人工智能在医疗诊断中的伦理风险'这一主题，生成包含三级分支的论文思维导图框架"。DeepSeek 会智能输出以核心问题为根节点的树状结构，其中一级分支通常对应传统论文的章节（引言、文献综述、方法论等），二级分支细化到各节的关键论点，三级分支则列出支撑论点的核心论据。这种可视化的构建方式能清晰展现论文各部分的逻辑关联，避免写作过程中出现内容脱节的现象。例如，在"人工智能在医疗诊断中的伦理风险"研究中，理论框架与研究方法部分的"数据隐私保护措施"分支应与分析与讨论部分的"伦理冲突解决方案"形成明确呼应。DeepSeek 的优势就在于它能够自动检测思维导图中的薄弱环节，如当发现"理论框架"分支下仅有两个子节点时，会提示"建议补充制度理论或责任伦理框架以增强理论基础"。

2. 以研究问题为导向的结构校验

论文每个章节都应直接服务于核心研究问题的解答，这一点可通过 DeepSeek 的问题反推法实现。例如，以"人工智能在医疗诊断中的伦理风险"选题为例，具体操作可分为三个步骤：首先，将研究问题拆解为若干子问题，然后输入指令"请将以下子问题映射到论文的对应章节"，DeepSeek 会自动生成章节-问题对应表。在写作过程中，每完成一个段落都可使用校验指令"请评估本段落对'××研究问题'的贡献度，贡献度按 1~5 分打分，并指出改进方向"；当研究方法论部分过度描述技术细节时，系统会提

示"当前内容对解答'如何评估伦理风险'贡献有限,建议增加风险评估指标的相关论述"。这种实时反馈机制能确保论文始终保持问题的导向性,避免出现过多细节性的描写。

3. 结构对称性的智能调控

针对论文各部分篇幅失衡的问题,可以利用 DeepSeek 完成智能调控。一方面,预分配建议,输入"本研究包含文献回顾、案例分析和政策建议三部分,总字数 1.5 万,请给出合理的字数分配方案",系统会基于学科惯例给出对应的基准比例。另一方面,动态平衡功能,在写作过程中输入"当前引言 2 000 字,方法论仅 800 字,如何调整?",DeepSeek 也会给出对应的分析建议,如"方法论部分缺少实验设计细节,应扩充 300 字,引言背景描述可精简至 1 500 字"。

4. 段落级结构优化技巧

在微观层面,DeepSeek 能有效提升段落结构的严谨性。研究者可以通过指令完成段落结构优化,如在系统中输入"请分析以下段落的论证结构:…[粘贴文本]…",DeepSeek 会识别出论点-论据-分析的组成要素,并标注缺失环节;当检测到只有数据呈现而缺少解读时,DeepSeek 会给出"增加统计显著性讨论"的建议。同时,研究者还可以采用"逆向检查"方式,如在系统中输入"请从结论反推,检查研究方法是否提供充分证据",DeepSeek 将会沿着"结论→结果→方法→数据"的逆向路径排查论证漏洞。

5. 多维度结构评估体系

完成初稿后,研究者可以使用 DeepSeek 对初稿进行全面检测。如在系统中输入"请从逻辑连贯性、证据充分性、层次清晰度三个维度评估本论文结构",系统不仅会给出评分,还会生成改进清单。

6. 持续优化机制

论文结构调整应是一个动态的过程。研究者可以建立写作-评估-修改的循环机制。如每完成一个章节即可使用 DeepSeek 进行"结构健康检查",重点关注"该章节是否承担预定功能""与前后章节的接口是否流畅"两个核心问题。对于重大结构调整,可使用"版本对比"的方式,如在系统中输入"比较新旧两个版本的目录结构,分析改进效果",系统会从信息熵、逻辑密度等量化指标对文章进行评估。

通过上述方法的系统应用,研究者能构建起层次分明、论证严谨的论文结构。需要特别强调的是,DeepSeek 的优化建议应始终服务于研究者的学术判断,尤其是在创新性较强的研究中,某些"非对称结构"可能是突破性发现的表现形式,此时应理性评估 AI 建议的适用性。最佳实践是将 DeepSeek 作为结构优化的"协作者",而非"决策者",在保持研究自主性的前提下,充分利用其模式识别与数据分析能力,实现论文结构的最优配置。

四、案例实操

过去我们靠纸笔列提纲,如今,AI 工具已经成为极具价值的写作助手,尤其是在总体架构规划阶段,AI 工具大有可为。以下是一个示例。

第一步,先梳理、明确研究主题、关键问题、文献范围、已有基础、输出需求等相关内容。

第二步,打开 DeepSeek,选择"深度思考(R1)"和"联网搜索",并在对话框中输入提示词,如图 7-1 所示。

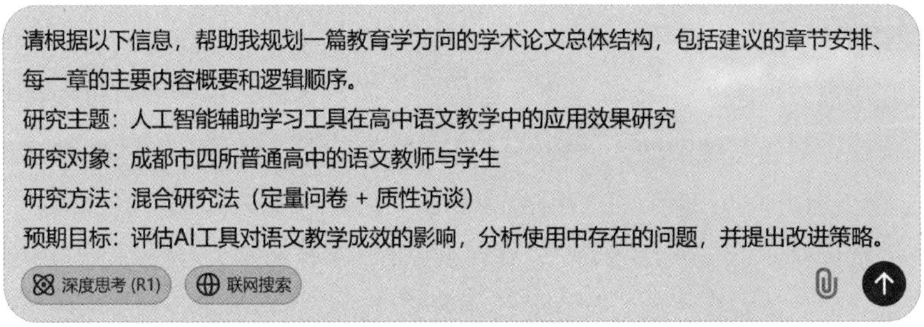

> 请根据以下信息,帮助我规划一篇教育学方向的学术论文总体结构,包括建议的章节安排、每一章的主要内容概要和逻辑顺序。
> 研究主题:人工智能辅助学习工具在高中语文教学中的应用效果研究
> 研究对象:成都市四所普通高中的语文教师与学生
> 研究方法:混合研究法(定量问卷+质性访谈)
> 预期目标:评估 AI 工具对语文教学成效的影响,分析使用中存在的问题,并提出改进策略。
>
> ⊗ 深度思考(R1) ⊕ 联网搜索

图 7-1 提示词范例

第三步,点击发送按钮,DeepSeek 就会给出相应的框架建议。

基于你的研究主题,以下是我为你规划的教育学方向学术论文的总体结构,包括章节安排、每章内容概要和逻辑顺序:

1. 引言

内容概要:

☐ 研究背景:简要介绍人工智能在教育领域的应用,特别是在语文教学中的潜力和挑战。

☐ 研究目的与意义:明确本文的研究目标——评估 AI 工具在高中语文教学中的应用效果,分析其存在的问题,并提出改进策略。

☐ 研究对象与研究方法:介绍研究的对象(成都市四所普通高中的语文教师与学生)和研究方法(混合研究法,包括定量问卷和质性访谈)。

☐ 论文结构安排:概述各章节的内容安排。

2. 文献综述

内容概要:

☐ 人工智能在教育领域的应用:概述 AI 工具在教育领域的发展历程、现状以及其应用的优势和不足。

□ 语文教学中的 AI 应用研究：总结国内外关于 AI 辅助语文教学的研究成果，重点关注 AI 如何提升语文教学效果、解决教师与学生在教学中遇到的困难。

□ 研究空白与问题：指出当前研究中的不足之处，阐明本研究的创新点与研究价值。

3. 理论框架与研究假设

内容概要：

□ 理论基础：介绍与 AI 教育技术、语文教学以及二者结合相关的理论基础，如建构主义学习理论、教育技术学、智能教学理论等。

□ 研究假设：基于前文综述和理论框架，提出本研究的假设，例如：AI 工具在提升学生语文学习成绩、改善教学互动、优化课堂管理等方面有效果。

4. 研究设计与方法

内容概要：

□ 研究对象：详细介绍成都市四所普通高中的选择标准、教师与学生的基本情况。

□ 研究方法：具体说明采用的混合研究法，包括定量问卷设计、数据采集与分析方法，以及质性访谈的实施方式、访谈大纲和数据分析方法。

□ 研究工具：介绍使用的 AI 工具、问卷调查工具、访谈提纲等研究工具的设计与实施过程。

5. 数据分析与结果呈现

内容概要：

□ 定量数据分析：展示问卷调查结果，通过统计分析呈现 AI 工具使用对语文教学效果的具体影响（如学生学习成绩、课堂参与度等）。

□ 质性数据分析：基于教师与学生的访谈数据，分析 AI 工具在教学过程中的应用效果，讨论其在实际教学中面临的挑战与问题。

□ 综合分析：结合定量与定性数据，呈现 AI 工具在高中语文教学中的整体应用效果。

6. 讨论与分析

内容概要：

□ AI 工具对语文教学成效的影响：深入分析 AI 工具在不同教学环节中的表现（如词汇教学、作文批改、课文理解等），并评估其对学生学业成绩、学习兴趣、教师教学方式的影响。

□ 存在的问题：总结 AI 工具在实际应用中遇到的技术难题、教师与学生的适应问题，以及教学资源与设备的局限性。

□ 影响因素：分析影响 AI 工具效果的主要因素，如教师的技术接受度、学生的个体差异等。

7. 改进策略与建议

内容概要：

□ 改进策略：基于研究发现，提出具体的改进策略。例如，如何提升教师运用 AI 工具的熟练度、如何优化 AI 工具的功能以适应语文教学需求等。

□ 政策与实践建议：向教育管理者、学校领导及 AI 工具开发商提出相关的政策建议，以推动 AI 工具在语文教学中的更好应用。

8. 结论

内容概要：

□ 研究总结：概括研究的主要发现，回应研究目标。

□ 研究贡献与创新：强调本文的创新点及对学术界与实践的贡献。

□ 研究的局限与未来研究方向：指出本研究的不足，并为未来的相关研究提供参考方向。

参考文献

□ 列出本研究中引用的所有文献。

附录

□ 包括问卷样本、访谈提纲、数据表格等。

这种结构安排旨在逐步引导读者理解研究的背景、过程和结果，同时也确保论文的逻辑性和可操作性。你可以根据实际情况进一步调整各章节内容的深度与广度。

第四步，DeepSeek 生成的内容不一定全部都可直接使用，这时可以继续在上述的对话框中对其提出更多要求，DeepSeek 则会根据有关要求提供更多的论文思路，如图 7-2 所示。

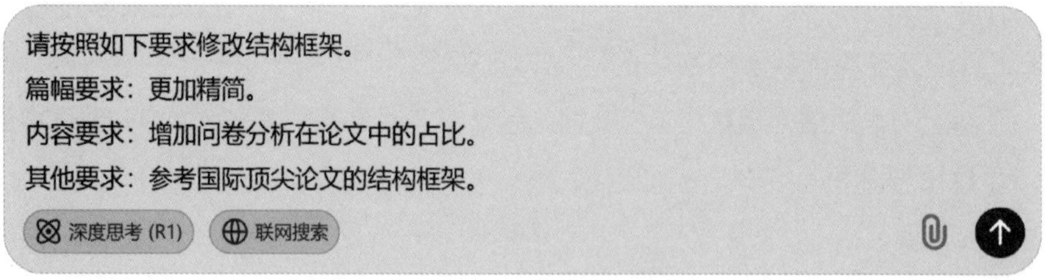

请按照如下要求修改结构框架。
篇幅要求：更加精简。
内容要求：增加问卷分析在论文中的占比。
其他要求：参考国际顶尖论文的结构框架。

深度思考 (R1)　　联网搜索

图 7-2　优化时的提示词范例

第五步，稍等片刻，DeepSeek 就会给出修改后的结构框架，用户可以迭代优化有关内容。

根据你的要求，我对论文结构进行了精简并加大了问卷分析部分的比重，同时参考了国际顶尖论文的常见结构框架。以下是修改后的结构安排：

1. 引言

内容概要：

☐ 研究背景与问题陈述：简要说明人工智能在语文教学中的潜力，尤其是如何辅助提高教学效果。

☐ 研究目标：明确研究的目的，即评估 AI 工具在高中语文教学中的应用效果，分析问题并提出改进方案。

☐ 研究方法与结构安排：简述采用的混合研究法（定量问卷与质性访谈）和论文的结构布局。

2. 文献综述

内容概要：

☐ AI 在教育领域的应用：概述 AI 技术在全球范围内，尤其是在语文教学中的应用现状与趋势。

☐ 语文教学的挑战与 AI 的解决方案：总结 AI 在语文教学中的潜在优势，并回顾已有研究的成果与不足。

☐ 本研究的创新点与贡献：阐明本研究与现有文献的差异与贡献。

3. 研究设计与方法

内容概要：

☐ 研究对象与样本：简要描述研究对象（成都市四所普通高中的语文教师与学生）和样本选择标准。

☐ 研究方法：重点介绍定量问卷设计（包括问卷内容、设计依据与分析方法），以及质性访谈的核心内容与实施方式。

☐ 数据收集与分析：概述问卷和访谈数据的收集过程，并简要描述数据分析方法（统计分析与内容分析）。

4. 问卷数据分析与结果

内容概要：

☐ 样本描述与数据清理：简要描述问卷的回收情况，进行数据清理和样本的基本描述。

☐ 主要统计结果：展示 AI 工具对语文教学成效的定量分析结果，重点分析 AI 工具在学生成绩、课堂参与度、学习动机等方面的影响。

☐ 数据分析：采用合适的统计方法（如回归分析、因子分析等）来分析问卷数据，揭示影响因素。

5. 质性数据分析

内容概要：

☐ 访谈对象与方法：简要介绍访谈对象和访谈过程。

□ 访谈分析结果：总结教师与学生对 AI 工具的反馈，分析其对教学效果、学习体验的评价，以及使用中遇到的困难。

□ 综合讨论：结合问卷数据分析和访谈结果，深入探讨 AI 工具在语文教学中的应用效果与挑战。

6. 讨论

内容概要：

□ AI 工具对语文教学的影响：结合问卷和访谈结果，分析 AI 工具是如何提升语文学习效果，提高教学质量的。

□ 存在的问题与挑战：分析在实际应用中出现的技术问题、教师与学生的适应问题等。

□ 对策与建议：根据研究结果，提出改进 AI 工具应用的具体策略和建议，尤其是在教师培训和工具优化方面。

7. 结论

内容概要：

□ 主要研究发现：总结 AI 工具在语文教学中的应用效果，回应研究目标。

□ 研究的局限与未来方向：指出本研究的局限性，并为未来研究提供方向建议。

参考文献

□ 按照学术规范列出所有引用的文献。

附录

□ 包括问卷样本、访谈提纲、数据表格等。

这种结构更加精简，并且突出问卷分析在论文中的核心地位。将问卷数据分析与质性访谈分析紧密结合，同时强化定量分析的篇幅，既确保了数据的广度，也保证了研究的深度。

7.2 论点构建与逻辑连贯性提升

在学术写作中，论点是论文的核心内容，它们构成了论文的框架与主线。一篇有效的论文，应当从多个维度展开论述，从不同角度探讨研究主题。借助 AI 工具，尤其是 DeepSeek，写作者能够精准地生成多角度、多层次的论点，从而确保论文的论述更加全面与深入。

一、什么是论文论点

论文的论点是指写作者在研究过程中对特定问题的理解与看法，通常包含背景分析、理论支持以及具体证据。论点不仅是写作者对问题的个人看法，还需要有明确的论据支持，并能够回应研究问题。例如，在研究"AI 技术对数学成绩提升的影响"时，论点可以是"AI 技术通过个性化学习方案有效提升学生的数学成绩"。在写论文时，构建有力的论点是论文的关键。一个完整的论点通常由四个部分组成：陈述、分析、论证和回应。每个部分都在为论点的完整性和说服力提供支持。

接下来，我们将详细解释这四个部分，帮助写作者在论文中更好地表达自己的论点，并利用 AI 工具提升写作的逻辑性和层次性。

1. 陈述：明确论点的提出

陈述是论文论点的开头部分，简洁明了地告诉读者"我到底想说什么"。在这一部分，写作者需要直接提出一个清晰的论点或立场，避免模糊不清的表达。例如，如果研究的是"AI 如何提升数学成绩"，那么陈述的论点可能是："AI 辅导系统可以帮助学生在数学学习中取得更好的成绩。"这部分的关键是直接和明确，目的是让读者一开始就明白写作者的观点。借助 AI 工具（如 DeepSeek），写作者可以快速总结出研究问题的核心，从而更精准地表达这一观点。

2. 分析：详细解释论点的意义

在陈述了论点之后，分析部分要进一步解释"为什么这个论点成立"。在这一部分，写作者需要对论点进行详细的论述，讲清楚它的理论背景和实际意义。例如，关于 AI 辅导系统的论点，写作者可以分析它如何通过个性化学习计划提高学生的学习兴趣，进而提升成绩。分析的目的是让读者了解写作者论点背后的原因和逻辑，而不是简单地重复论点。AI 工具可以帮助查找相关理论和背景信息，为写作者提供支持性数据，帮助其进行深入分析。

3. 论证：提供数据和证据支持

论证是验证论点是否真实和可信的重要部分。在这一部分，写作者需要提供数据、研究结果或案例来证明自己的论点。例如，如果论文的论点是"AI 辅导系统能够提高学生的数学成绩"，那么论证部分就可以用已有的实证研究或者案例来支撑这个论点。比如，引用其他资料进行佐证，某研究显示，利用 AI 辅导系统的学生在数学测试中分数提高了 10%。通过论证，写作者要增强其论点的说服力，让读者相信自己的论点。AI 工具可以帮助写作者整理和分析大量的数据，找到合适的研究结果和案例，从而帮助写作者增强论证部分的可信度。

4. 回应：处理反对意见与研究局限

回应部分是论点的一个重要组成部分，用来回应可能存在的反对意见或不同论点，并展示写作者对研究局限的反思。每个论点都有可能被别人质疑，因此，在回应部分，写作者需要预见这些质疑，并给出合理的解释或反驳。比如，可能有人会质疑 AI 辅导系统是否适合所有学生，写作者可以在回应中指出，虽然 AI 辅导系统有其局限性，但它对于大多数学生来说仍具有显著的效果。此外，回应部分还可以讨论研究的局限性，说明哪些因素可能影响了研究结果，展示写作者的全面性思考。AI 工具能够帮助写作者识别可能的反对意见，提供有针对性的反驳思路，从而提升回应部分的深度。

二、综合考虑论点的逻辑连贯性

在写论文时，保持逻辑的连贯性非常重要。这不仅仅是要让各章节之间没有矛盾，还要确保论文的每个部分能围绕着一个核心问题展开，且每个论点相互支持、相互衔接。为了更好地组织论文，常用的逻辑关系包括并列、递进、对比和因果。这些逻辑关系就像是在搭建一座桥梁，让论文的各个部分既能独立发展，又能紧密结合，最终呈现出一个完整的结构。

1. 并列逻辑：多个论点并列，简单清晰

并列关系的作用是把几个重要的论点或事实放在一起，它们相互独立，但都能支持论文的主要论点。你可以这样想象，并列结构就像是并排的几块砖头，每一块砖头都很重要，但它们不依赖于彼此。每个论点都会单独阐述，但都会对你的整体论点起到补充作用。

比如，当你在探讨 AI 对数学成绩的影响时，你可以分别讨论 AI 在个性化学习、实时反馈和学习动机提升这三个方面对数学成绩的影响。每个方面都独立讨论，但它们都支持你要讲的核心论点：AI 能够提高学生的数学成绩。

DeepSeek 在这方面具有显著优势。只要输入你的论文主题，DeepSeek 就会帮助你生成论文结构建议，告诉你可以从哪些不同角度来展开论述，从而帮助写作者理清思路。

2. 递进逻辑：论点逐步推进，一层一层展开

递进关系是用来展示不同论点之间的层次关系。也就是说，每个新的论点是在前一个论点的基础上逐渐深入的。这种结构非常适合用来展示一个复杂的问题，或者逐步展开一个深入的分析。

比如，在讨论"AI 辅导系统如何帮助学生提高数学成绩"时，你可以先讲"AI 辅导系统如何帮助学生了解自己的学习进度",然后再讲"AI辅导系统如何根据学生的学习情况调整教学内容",最后再深入讨论"AI辅导系统如何提供个性化的学习建议来提高学生的数学成绩"。这种逐步深入的结构,能够引导读者一步步理解问题。

DeepSeek 在这方面也可以提供帮助。通过输入论文框架,DeepSeek 可以帮助写作者检查哪些地方需要进一步细化,从而确保逻辑层次清晰。

3. 对比逻辑:通过对比展示不同论点的优缺点

对比关系是用来展示两个或多个论点之间的异同,帮助你凸显某个论点的优势或特别之处。在论文中,尤其在比较不同方法或理论时,对比非常有效。

举个例子,在讨论 AI 与传统教学方式的区别时,写作者可以对比"AI 辅导系统如何根据学生的个人需求调整课程内容"和"传统教学如何依赖统一教材"。通过这种对比,写作者可以清楚地看到两者的不同,并理解 AI 在教育领域的独特优势。DeepSeek 可以通过分析文献,帮助写作者发现哪些方面可以进行对比,并且给出不同论点之间的比较建议,帮助写作者整理对比关系,使内容更加具有说服力。

4. 因果逻辑:明确原因和结果,帮助解释现象

因果关系用来解释某个现象发生的原因,以及这个现象可能导致的结果。在学术写作中,因果逻辑常常被用来展示事物之间的联系,帮助读者理解问题的本质。

例如,在讨论"AI 如何帮助学生提高数学成绩"时,你可以先解释"AI 辅导系统根据学生的答题情况提供即时反馈",然后展示这一反馈如何影响学生的学习动力,进而提高学生的成绩。通过因果关系分析,论文能帮助读者看到 AI 如何从根本上改变了学生的学习方式。DeepSeek 在这方面也能够帮助写作者理清思路。通过 DeepSeek,写作者可以生成因果推理的框架,从而帮助写作者分析不同变量之间的关系,让写作者的论文更加严谨。

三、使用 DeepSeek 为论点构建与逻辑连贯性提升提供思路

在写论文的过程中,很多人会遇到这样的难题:明明有想法,却不知道怎么组织成条理清晰的段落;观点之间零散跳跃,读起来逻辑不通。这时候,如果能有一个聪明的"搭档"帮忙理清思路、规划结构,就能事半功倍。DeepSeek,作为一款智能写作辅助工具,正是一个能帮助写作者构建有力观点、提升逻辑连贯性的得力助手。以下是具体示例。

第一步,先梳理、明确论点内容,包括论文主题、中心论点、分论点等相关内容。

第二步,打开 DeepSeek,选择"深度思考(R1)"和"联网搜索",并在对话框中输入提示词,如图 7-3 所示。

> 我正在撰写一篇论文，主题是"大学生使用在线学习平台对学习效果的影响"。目前我已经确定了一个中心论点"大学生在线学习行为与其学习效果密切相关，不同的行为方式将导致不同的学习成果"
> 我基于这个论点，初步拟定了以下四个子观点：
> 1. 在线学习平台的自主性增强了学生的学习自由度。
> 2. 由于缺乏面对面交流，学生在互动参与上存在一定局限。
> 3. 在线学习数据可视化能帮助学生及时调整学习节奏。
> 4. 缺乏外部监督导致部分学生出现学习拖延。
> 请你：
> 1. 检查这四个子观点之间的逻辑关系。
> 2. 重新排序，使它们具有更好的逻辑连贯性。
>
> 深度思考（R1） 联网搜索

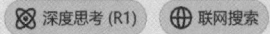

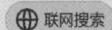

图 7-3 提示词范例

第三步，点击发送按钮，DeepSeek 就会给出相应的建议。

一、逻辑关系分析

子观点编号	内容	逻辑关系类型	与其他子观点的关系
1	在线学习平台的自主性增强了学生的学习自由度	正面结果（优势）	与子观点4形成对比（自由 vs. 拖延），与子观点3形成递进关系（自由后需反馈优化）
2	由于缺乏面对面交流，学生在互动参与上存在一定局限	负面影响	可作为特定层面的问题，平行于子观点4，形成并列结构
3	在线学习数据可视化能帮助学生及时调整学习节奏	优化手段（机制）	与子观点1形成递进关系，存在"自由→反馈→优化"的逻辑链
4	缺乏外部监督导致部分学生出现学习拖延	负面影响	与子观点1形成对比，与子观点2并列，同属在线学习的局限或挑战

二、推荐的逻辑排序及结构说明

优化排序顺序：

1. （子观点1）在线学习平台的自主性增强了学生的学习自由度。
2. （子观点3）在线学习数据可视化能帮助学生及时调整学习节奏。
3. （子观点4）缺乏外部监督导致部分学生出现学习拖延。
4. （子观点2）由于缺乏面对面交流，学生在互动参与上存在一定局限。

第四步，DeepSeek 生成的内容不一定全部都可直接使用，这时可以继续在上述的对话框中对其提出更多要求，DeepSeek 则会根据有关要求提供更多逻辑优化思路，如

图7-4所示。

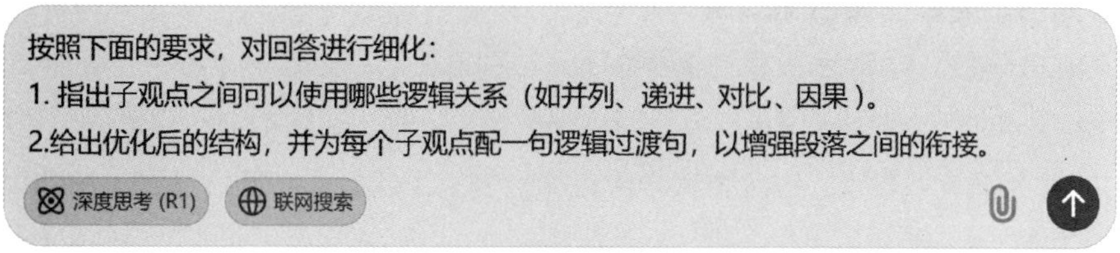

> 按照下面的要求，对回答进行细化：
> 1. 指出子观点之间可以使用哪些逻辑关系（如并列、递进、对比、因果）。
> 2. 给出优化后的结构，并为每个子观点配一句逻辑过渡句，以增强段落之间的衔接。
>
> 深度思考（R1） 联网搜索

图7-4 优化时的提示词范例

第五步，稍等片刻，DeepSeek就会给出修改后的逻辑框架结构，大家可以迭代优化有关内容。

以下是对你提供的四个子观点之间的逻辑关系分析与优化后的结构安排，并为每个子观点设计了逻辑过渡句，帮助你实现整篇文章的清晰思路与连贯逻辑。

一、子观点之间的逻辑关系分析

子观点编号	内容	建议逻辑关系	对应逻辑关系说明
1	在线学习平台的自主性增强了学生的学习自由度	起点/前提（递进、对比）	可作为切入点，描述在线学习的核心特征——自主性；后续观点可递进其影响或对比其缺陷
3	在线学习数据可视化能帮助学生及时调整学习节奏	递进	自主学习后，学生需调整节奏；数据反馈机制是对自主性的进一步支撑
4	缺乏外部监督导致部分学生出现学习拖延	对比、因果	与"自主性"的优势形成对比，同时属于自主性过度导致的后果，形成"自由—失控"的因果链
2	由于缺乏面对面交流，学生在互动参与上存在一定局限	并列	与原子观点4并列，均为在线学习环境中的局限，但来源不同（外部监督 vs. 社交互动）

二、优化后的结构与逻辑过渡设计

推荐结构顺序：子观点1→子观点3→子观点4→子观点2

1.（子观点1）在线学习平台的自主性增强了学生的学习自由度。

- 逻辑角色：核心特征，引出在线学习的最大优势。
- 过渡语句：随着在线平台功能的不断完善，学习自主性的提升成为大学生选择在线学习的重要原因之一。

2.（子观点3）在线学习数据可视化能帮助学生及时调整学习节奏。

- 逻辑关系：递进，自主学习后的进一步优化措施。

- 过渡语句：在自由安排学习的基础上，平台提供的数据可视化工具进一步帮助学生优化学习节奏，实现个性化调整。

3.（子观点4）缺乏外部监督导致部分学生出现学习拖延。
- 逻辑关系：对比+因果，与前两项形成反差，指出自由的潜在代价。
- 过渡语句：然而，过度依赖学生自律也带来了问题，缺乏外部约束的环境容易诱发学习拖延等行为。

4.（子观点2）由于缺乏面对面交流，学生在互动参与上存在一定局限。
- 逻辑关系：并列，指出另一个维度的局限性。
- 过渡语句：除了自律层面的挑战，在线学习在社交互动方面的不足也限制了学生的学习积极性与参与度。

三、总结性过渡建议

在各观点表达完毕后，可增加一个总结句，强化观点的整合性。
- 总结过渡句示例：综上所述，在线学习平台既提供了高度自由与个性化工具，也暴露出诸如缺乏监管与社交互动不足等问题。大学生的学习成效在很大程度上取决于其能否在优势与挑战之间找到平衡点。

7.3 语言润色与修改实践

一、语言润色的必要性

语言润色的目的是让论文写作者的论点和思想真正"被读懂"。在学术写作中，清晰有力的论点固然重要，但如果缺乏良好的语言表达，最精妙的思想也可能因为语义模糊、逻辑跳跃或语法失误而难以传达。语言，不只是观点的"外壳"，更是连接写作者与读者之间的桥梁。如果桥梁搭建得不稳固，再优秀的内容也难以顺利传递。

许多论文写作者在完成初稿后，常常陷入一种误区：认为写完就等于写好了。事实上，写作只是表达的起点，修改与润色才是打磨思想、优化表达的关键阶段。一篇优质的学术论文，不仅要逻辑清晰、结构紧凑，更应语言规范、语气准确、词汇得体，只有这样才能真正体现出写作者的学术素养。

尤其是在当下，学术交流呈现国际化趋势，语言表达的准确性和专业性显得更为重要。模糊不清的句子、重复啰唆的表述、缺乏逻辑连接的段落，都可能使读者对写作者的立场与推理产生疑惑，甚至影响论文整体的说服力。因此，修改不仅仅是"改错"，更是一个系统梳理思想、提炼语言、提升学术表达质量的过程。

二、利用 DeepSeek 提升论文语言质量

在学术写作中，语言修改不仅是提高文章质量的必要步骤，也是使论文更加易于理解和传播的关键。传统的语言修改虽然能帮助提升文章质量，但其过程往往烦琐且耗时。而随着 AI 技术的发展，特别是像 DeepSeek 这样的智能工具的出现，为写作者提供了更为高效的语言修改手段。通过这些工具，写作者可以更精准、清晰地表达自己的观点，从而使文章更加符合学术写作的标准。

1. 自动化识别语言问题

文章，尤其是学术文章，要观点清晰且表述精准。然而，很多时候写作者在阐述核心概念时，使用的语言过于模糊，缺乏具体性，使得读者无法抓住文章的主旨，也难以形成有效的理解与讨论。例如，"这种方式对学生有一定帮助"就没有明确指出"方式"和"帮助"的具体内容。因此，在润色过程中，提升语言表达的清晰度至关重要。DeepSeek 可以自动识别文章中的语法、用词、句式等常见语言问题。不同于传统的人工检查，DeepSeek 利用先进的自然语言处理技术，能够实时分析文章内容，准确发现诸如语法错误、重复表达、词汇不当等问题。这样，写作者无需再逐字逐句地进行检查，可以更高效地发现问题所在。

2. 精准修正语法和表达

表达清晰的同时，语法结构的准确性同样不可忽视。许多写作者在写文章时，往往因为主谓不一致、从句关系不明等，使句子结构变得混乱，从而影响读者阅读体验。正确的语法结构是保证语言流畅和文章可读性的基础。而 DeepSeek 能够有效改正语法结构问题，帮助写作者更正语法错误，处理不当表达。通过机器学习，DeepSeek 能够根据上下文判断并推荐最合适的表达方式。比如：某个句子中的时态不一致，DeepSeek 会给出修改建议；或者某些词汇使用次数过多，DeepSeek 会提示替换为同义词，从而避免语言的单调性。通过这样的精准修改，写作者可以在提高语法准确性的同时，使文章语言更加丰富和多样。

3. 增强逻辑连贯性与过渡

在确保语言清晰和语法准确的同时，应加强文章的逻辑性。良好的逻辑连接是确保段落之间顺畅衔接的必要条件。如果段落之间缺乏适当的过渡句或连接词，文章就会显

得支离破碎。例如，在阐述不同观点时，如果缺少"首先""其次""因此"等引导词，读者会很难把握文章思路的推进。DeepSeek 能够帮助写作者提升文章的逻辑连贯性。DeepSeek 可以根据文章的内容，智能推荐适当的过渡句和连接词，帮助写作者建立更顺畅的段落衔接。例如，它会建议使用"因此""更进一步""然而"等逻辑连接词，使不同部分之间的关系更加明确，逻辑更加清晰。

4. 提升语言的严谨度

此外，学术写作要求语气客观、严谨，但许多写作者在写作过程中，难免会融入一些口语化或情感化的词语或短句，如"很厉害""大家都知道""其实我觉得"等。这类词语或短句会破坏文章的学术性，降低学术严谨度。保持风格的统一性和正式性，不仅有助于提升文章的学术性，也能让读者更加专注于论点的展开。DeepSeek 可以自动检测出文中不符合学术写作规范的词汇和表达，帮助写作者将过于口语化或主观性强的表达（如"我觉得"或"我认为"）替换为更为客观、专业的语言。这不仅有助于提升文章的学术性，也确保了论文的表达更加符合学界的标准。

5. 提供多维度的优化建议

此外，DeepSeek 还能根据不同学科的需求提供优化建议。例如，DeepSeek 会根据各自的专业要求提供相关领域的术语规范建议，确保写作者使用恰当的学术术语和表述。这使得文章不仅在语法上符合要求，还能使其符合学科领域内的写作规范。

6. 自定义修改模式与写作风格

为了更好地适应写作者的需求，DeepSeek 还允许用户自定义修改模式和写作风格。无论是侧重语法准确性、语言简洁性还是侧重逻辑连贯性，写作者都可以根据自己的写作阶段和需求调整 DeepSeek 的修改重点。这种灵活性使得写作者可以在不同的写作过程中，获得更符合自身要求的修改建议。

三、案例实操

第一步，先梳理明确需要进行语言质量梳理的论文内容和要求，包括原始文本、AI 优化目标等相关内容。

第二步，打开 DeepSeek，选择"深度思考（R1）"和"联网搜索"，并在对话框中输入提示词，如图 7-5 所示。

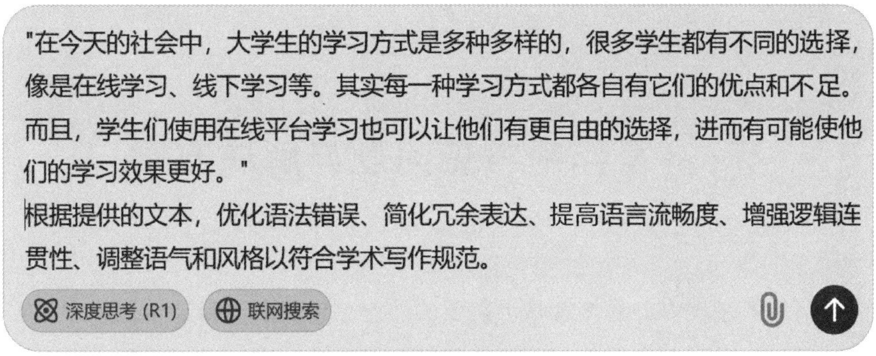

> "在今天的社会中，大学生的学习方式是多种多样的，很多学生都有不同的选择，像是在线学习、线下学习等。其实每一种学习方式都各自有它们的优点和不足。而且，学生们使用在线平台学习也可以让他们有更自由的选择，进而有可能使他们的学习效果更好。"
> 根据提供的文本，优化语法错误、简化冗余表达、提高语言流畅度、增强逻辑连贯性、调整语气和风格以符合学术写作规范。
>
> ⊗ 深度思考 (R1)　⊕ 联网搜索

图 7-5　提示词范例

第三步，点击发送按钮，DeepSeek 就会给出相应的优化后的文字。

> 优化后版本：当今社会，大学生的学习方式呈现多样化，在线学习和线下学习是常见的选择。每种学习方式均具有其独特的优势与局限。在线学习平台的使用为学生提供了更大的学习自主性，这种自由度可能对提高学习效果产生积极影响。

第四步，DeepSeek 生成的内容不一定全部都可直接使用，这时可以继续在上述的对话框中对其提出更多要求，DeepSeek 则会根据有关要求提供新的文字内容，如图 7-6 所示。

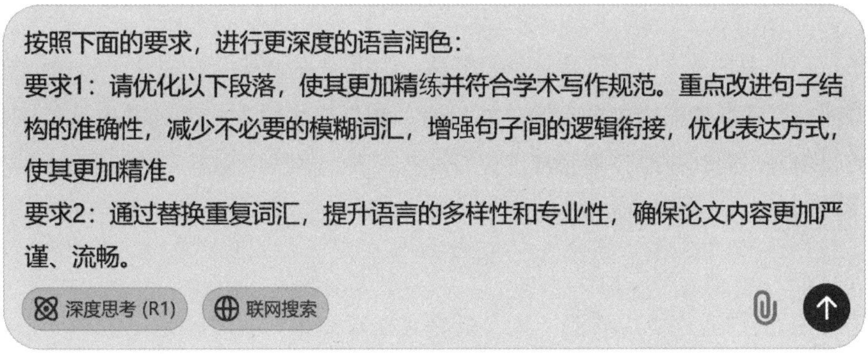

> 按照下面的要求，进行更深度的语言润色：
> 要求1：请优化以下段落，使其更加精练并符合学术写作规范。重点改进句子结构的准确性，减少不必要的模糊词汇，增强句子间的逻辑衔接，优化表达方式，使其更加精准。
> 要求2：通过替换重复词汇，提升语言的多样性和专业性，确保论文内容更加严谨、流畅。
>
> ⊗ 深度思考 (R1)　⊕ 联网搜索

图 7-6　优化时的提示词范例

第五步，稍等片刻，DeepSeek 就会给出修改后的新的文字内容，用户可以迭代优化有关内容。

> 优化后版本：在线学习平台为学生提供了根据个体需求选择学习内容的灵活性，从而提高了学习的自主性和效率。然而，缺乏面对面的互动使得部分学生可能体验到社交孤立，进而影响学习动机。因此，尽管在线学习模式具有灵活性和便利性，但其互动性和社交支持的不足也限制了其效果。

7.4 写作中常见问题与解决方案

在论文写作的过程中，写作者除了需要关注论点构建、逻辑连贯性以及语言润色与修改之外，还可能遇到许多其他问题，这些问题会影响论文的整体质量，并且可能导致读者理解困难或产生误解。尤其是以下三种常见问题，往往会削弱论文的学术严谨性和表达清晰度。

一、文章风格不一致

（一）文章风格不一致的常见情况

文章风格不一致指的是论文中不同部分的语言表达或写作风格存在明显差异，导致整篇文章在学术性、正式性、连贯性等方面出现不协调的情况。风格不一致不仅会影响文章的专业性，还可能让读者产生困惑或不适感，从而影响读者对论文的整体评价和理解。

在学术写作中，风格应该保持一致且规范，尤其是在语言的正式性、句式结构、表达方式等方面，要确保整篇论文具有统一的风格。如果论文中某些部分的表达过于口语化、非正式或者随意，而其他部分则非常正式、规范，就会导致风格不一致问题的出现。

1. 口语化表达与学术语言混用

例如：

口语化表达："我们可以看到，这个问题其实很简单，答案就是……"

学术语言："本研究旨在探讨……"

在这个例子中，第一句使用了"其实很简单"等口语化表达，显得文章不够正式和学术化，而第二句则采用了学术写作中常用的表达方式。这样的不一致会影响文章的整体风格，可能会让读者认为论文缺乏严谨性。

2. 不一致的语气或语调

例如：

非正式语气："我们知道，……"

正式语气："根据研究结果，我们可以推断……"

在论文中，正式语气应该是主导语气，应使用简洁、客观和精确的语言。若在不同段落中频繁出现非正式语气或主观语气，文章的专业性和权威性就会受到影响。

3. 句式结构不统一

例如：

复杂句式："尽管有许多因素可能影响学生的学习效果，但研究表明……"

简单句式："学习效果受多种因素影响，研究表明……"

这种差异可能会导致文章的阅读体验变得不连贯。一个段落如果句式结构不统一，可能会让读者在阅读时感觉混乱或断裂，影响文章的流畅性和可理解度。

4. 专业术语与非专业词汇混用

例如：

专业术语："本研究探讨了教育干预对学业成绩的影响"

非专业词汇："这项研究会帮你了解学生的学习效果"

学术论文应当使用正式、专业的术语，而非口语化、随意的词汇。混用这些风格不一致的词汇会导致论文显得不够专业，从而降低其可信度。

5. 不一致的引用方式或格式

例如：

引用格式不一致："Smith，J.（2020）"与"（Smith，2020）"

在一篇论文中，如果引用格式不一致，可能会给读者一种不专业、不细致的印象。因此，写作者在引用文献时应使用统一的格式，并根据期刊或学校等其他方的要求进行规范化处理。

（二）文章风格不一致的解决方案

为了确保论文风格的一致性，写作者需要采取有效的措施来检测和优化文章风格，而在这方面 AI 工具能提供便利。

1. 利用 AI 工具检测口语化表达

DeepSeek 可以帮助写作者识别文中的口语化用语，并提供替换建议，从而使文章更加正式和规范。DeepSeek 能够通过扫描文本识别出不符合学术写作规范的口语化表达，如其实、我觉得、很简单等，并提供更加正式的替代用语，如本研究认为、研究结果表明等。

2. 确保语气和语调的一致性

论文中的语气和语调应尽量保持一致，避免出现主观性过强的表达。AI 工具可以分析文章中的语气,并帮助写作者调整过于个人化或非学术的语气,使文章更加客观、中立。DeepSeek 可以自动检测文章中的语气变化,比如从正式的客观语气转变为主观语气或不够学术化的表达。同时,根据文章内容,DeepSeek 还会建议将过于主观或口语化的语气修改为更为客观、严谨的学术表达。

3. 规范引用格式

引用格式不一致也是一种常见的风格不一致问题,经常会出现写作者在不同段落或章节采用了不同的引用格式的问题。DeepSeek 可以分析论文中的所有引用,确保全文使用的是同一种引用格式(如 APA、MLA 等),并根据引用样式的要求进行调整或给出修改建议。

4. 生成风格一致性的报告

除了针对具体问题进行修正外,AI 工具还可以生成一份文章风格一致性报告,指出文章中的潜在风格不一致问题,并给出修改建议。这种报告能帮助写作者全面了解论文的风格状态,并根据 AI 提供的建议进行优化。

(三)案例实操

第一步,先梳理、明确需要进行优化的论文内容。

第二步,打开 DeepSeek,选择"深度思考(R1)"和"联网搜索",并在对话框中输入提示词,如图 7-7 所示。

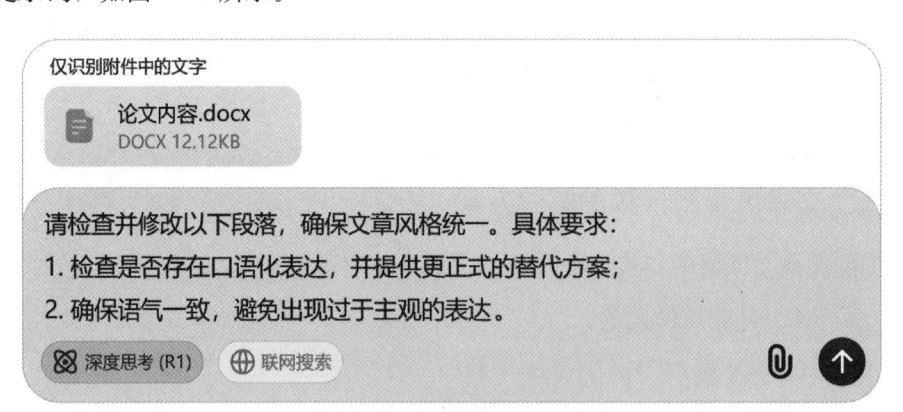

```
仅识别附件中的文字

论文内容.docx
DOCX 12.12KB

请检查并修改以下段落,确保文章风格统一。具体要求:
1. 检查是否存在口语化表达,并提供更正式的替代方案;
2. 确保语气一致,避免出现过于主观的表达。

深度思考(R1)  联网搜索
```

图 7-7 提示词范例

第三步,点击发送按钮,DeepSeek 就会给出优化后的版本。

原文:

在现代社会,教育系统的作用其实真是非常重要的。毕竟,我们可以说,教育对于每个人的未来都有很大的影响。教育的目的就是要为学生提供他们未来发展的机会,这样他们才有可能走得更远。但是，教育系统的现状却存在很多问题，尤其是当前的课堂教学方法，其实不太适应快速变化的社会需求。很多学生可能会因为这种原因而失去对学习的兴趣，导致成绩不理想。

此外，教师的教学风格也有很大的问题。有些教师可能太过于专注于理论教学，而忽视了实际应用能力的培养。事实上，理论和实践的结合才是最有效的学习方法，这样学生才能够真正掌握知识并应用于实际生活。比如，一些学科教师可能会过于注重讲解教材内容，却没有为学生提供足够的机会去实践和体验。

总体来看，教育问题的存在显然是对未来发展的一个挑战。如果我们能够解决这些问题，那么学生的学习效果就会大大提高。

优化后版本：

在现代社会，教育系统的作用至关重要。教育不仅能对个人未来的发展产生深远影响，而且是为学生提供成长机会的关键途径。然而，目前教育系统面临着诸多挑战，特别是现行课堂教学方法未能有效适应社会需求的快速变化。这种不适应性可能导致学生失去学习兴趣，从而影响他们的学业成绩。

此外，教师的教学风格也存在一定的问题。有些教师可能过于侧重于理论教学，而忽视了实际应用能力的培养。事实上，理论与实践的结合是最为有效的学习方式，这能够帮助学生不仅掌握知识，还能将其应用于实际生活中。例如，一些学科教师过于关注教材内容的讲解，却未能为学生提供充足的实践和体验机会。

综上所述，教育系统中存在的问题显然对未来的发展构成挑战。若能有效解决这些问题，学生的学习效果必将得到显著提升。

第四步，DeepSeek 生成的内容不一定全部都可直接使用，这时可以继续在上述的对话框中对其提出更多要求，DeepSeek 则会根据有关要求进行深度修改，如图 7-8 所示。

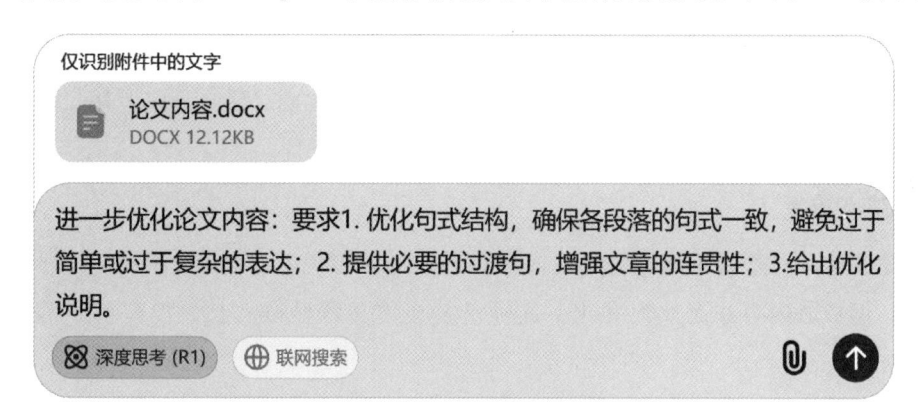

图 7-8 优化时的提示词范例

第五步，稍等片刻，DeepSeek 就会给出修改后的内容，大家可以迭代优化有关内容。

优化后版本:

在现代社会，教育系统的作用至关重要。教育不仅对个人的未来发展产生深远影响，而且在为学生提供成长机会方面发挥着关键作用。然而，当前的教育系统面临着一系列挑战，特别是在课堂教学方法上，它未能有效适应社会需求的快速变化。此种不适应性可能导致学生对学习产生兴趣的减退，从而影响他们的学业成绩。

此外，教师的教学风格也存在一定的问题。部分教师可能过于侧重理论教学，忽视了对学生实际应用能力的培养。实际上，理论与实践的结合才是最有效的学习方式，它不仅能帮助学生深入掌握知识，还能促进其将所学知识灵活运用到实际生活中。举例来说，某些学科教师可能在讲解教材内容时投入了大量精力，却未能为学生提供充足的实践和体验机会。

综上所述，教育系统中存在的种种问题显然对未来的发展构成了不小的挑战。解决这些问题，将有助于大幅提升学生的学习效果，并为其未来发展打下坚实的基础。

优化说明:

（1）句式结构得到优化，避免了过于简单的表达，同时也避免了过于复杂的句式，使文章内容更加简洁、清晰、正式。

（2）在段落之间加入了必要的过渡句，如"此外"与"实际上"，使段落之间的衔接更加自然，增强了文章的连贯性。

（3）通过调整表达方式，使文章的逻辑更加严密，内容更加流畅。

二、论文内容冗余

（一）论文内容冗余的常见情况

论文中的内容冗余是指在文章中反复出现相同或相似的观点、信息或描述，导致文章显得重复、冗长，降低了阅读的流畅性和论文的整体质量。冗余不仅占用了篇幅，还可能使论文显得缺乏深度，进而影响论文的逻辑性和学术性。

1. 观点重复

在论文中，写作者可能不自觉地多次提出相同的观点或论点，虽然使用了不同的表达方式，但核心内容并无太大变化。这种重复会使文章显得冗长，没有有效的推进思路。例如：

原文："教育在现代社会中扮演着重要角色，它帮助学生获得知识、技能和能力，为未来的发展奠定基础。"

重复表述："教育对于学生的未来有着至关重要的影响，它帮助学生掌握必要的知识，培养各项能力，从而为他们的职业生涯打下坚实基础。"

这两句话虽然表达了相似的意思，但本质上是重复了同一个观点，造成了内容的冗余。

2. 同义反复

在没有增加新信息的情况下，写作者使用了多个相似或同义的词语来表达相同的概念或意义。这种重复性表述会浪费篇幅，并使论文显得不简洁。例如："教育是培养学生全面素质的关键，教育对于学生的发展至关重要，是学生成长过程中不可或缺的一部分。"

在这个例子中，"教育"这一概念重复出现，且"至关重要"和"不可或缺"几乎是同义的，没有增加新的内容。

3. 冗长的解释或描述

在某些情况下，写作者为了确保论点清晰，可能会进行过度解释，重复地阐述相同的观点或信息。虽然这些解释是正确的，但过度的阐述导致内容变得冗长，影响了文章的简洁性和有效性。例如："学习的有效性不仅仅体现在学生掌握的知识量上，更重要的是学生是否能够将所学知识转化为实际能力。在当今社会，知识的积累固然重要，但更重要的是如何将知识应用于实际问题的解决上。"

这里的"知识的积累"和"知识应用"两者的区别和关联实际上已在前文中提及，重复强调这一点会导致冗余。

4. 过多的背景或定义

论文中如果提供过多的背景信息或对常见术语的过度定义，尤其是当这些信息对于论点的发展没有明显帮助时，也会产生内容冗余。例如："现代教育可以追溯到 20 世纪初期，当时，教育领域发生了许多重要的变革。特别是，教育理念经历了重大转型，旨在提高学生的全面素质。"如果这一背景信息已经在论文的前言部分提及，再次重复相似内容就会显得冗余。

（二）DeepSeek 改善论文内容冗余的解决方案

AI 工具可以为论文写作提供高效的冗余内容识别与修改解决方案，帮助写作者提高文章的精练度和逻辑性。

1. 检测重复内容

DeepSeek 能够自动识别论文中的重复内容，特别是观点、描述和同义词的反复使用。当 DeepSeek 分析到相似的句子或段落时，它能够标记出来，提示写作者进行调整。例如，如果论文中两次表达了"教育对学生未来有着深远的影响"这一观点，DeepSeek

就能够智能地检测到并提醒写作者进行精简，保留最精确的表达。

2. 识别冗长的解释

DeepSeek 能够分析论文中的句子结构和段落内容，识别出冗长的描述或解释，并给出简洁化建议。例如，某个段落中的句子重复表达了相同的意思，DeepSeek 就会提出建议，通过删除冗余的部分来简化表述。

3. 优化段落结构

DeepSeek 不仅可以发现冗余的内容，还可以帮助写作者优化段落结构，确保论文内容的紧凑性。DeepSeek 会根据逻辑关系分析段落间的衔接性，建议合并重复的段落或将其整合成更加简洁的表达。

（三）案例实操

第一步，先梳理明确需要进行优化的论文内容。

第二步，打开 DeepSeek，选择"深度思考（R1）"和"联网搜索"，并在对话框中输入提示词，如图 7-9 所示。

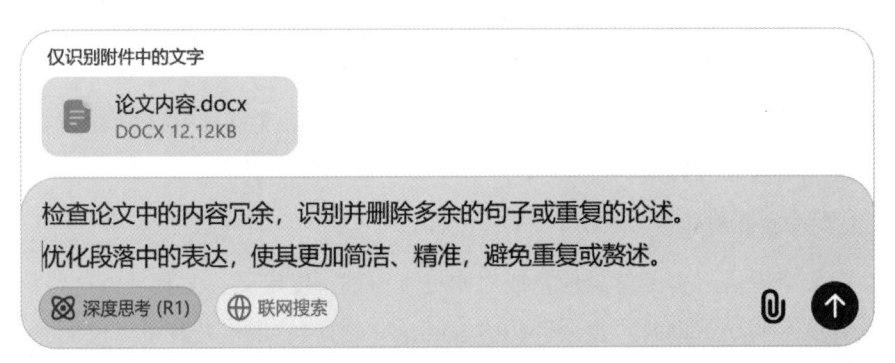

图 7-9 提示词范例

第三步，点击发送按钮，DeepSeek 就会给出相应的框架建议。

> 原文：
> 随着全球化的快速发展，互联网在我们日常生活中的作用越来越重要。互联网已经深深融入到各个方面，包括教育、商业、娱乐等领域。它不仅改变了我们的生活方式，也改变了我们的沟通方式。互联网使得信息的传播更加快捷，沟通变得更加便捷。网络的普及和发展促进了各个行业的变革。通过互联网，用户可以在全球范围内进行互动、分享和交流。这使得互联网成为了现代社会不可或缺的一部分。互联网在全球化过程中起着至关重要的作用，它极大地推动了全球信息交流和文化传播。

优化后版本：

随着全球化的快速发展，互联网已成为日常生活中不可或缺的一部分，深刻改变了教育、商业和娱乐等领域。它不仅加速了信息的传播，也优化了沟通方式，促进了全球范围内的互动和交流。因此，互联网在推动全球信息交流和文化传播中发挥了至关重要的作用。

第四步，DeepSeek 不一定能直接生成可用的内容，这时用户可以继续在上述的对话框中对其提出更多要求，DeepSeek 会根据有关要求提供更多方案，如图 7-10 所示。

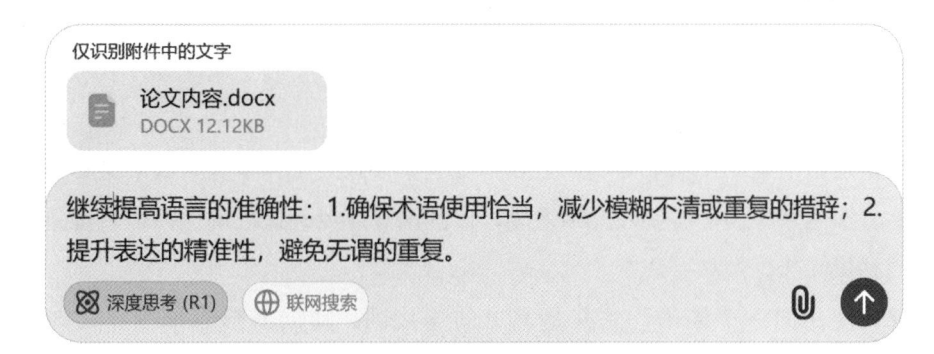

图 7-10 提示词范例

第五步，只须稍等片刻，DeepSeek 就会给出修改后的结构框架，用户可以反复迭代优化有关内容。

优化后版本：

随着全球化进程的加快，互联网已成为社会各领域的重要支柱，深刻改变了人们的生活方式和沟通方式。从教育到商业，再到娱乐，互联网的普及促进了信息传递的快速发展，并推动了各行业的变革。通过它，全球范围内的互动与分享变得更加便捷。互联网不仅在全球化过程中起到了关键作用，还显著加速了信息交流与文化传播，使其成为现代社会不可或缺的一部分。

三、词汇使用不当与重复

（一）词汇使用不当与重复的常见情况

日常写作中，词汇使用不当和重复是两个常见的语言问题，它们不仅影响文章的流畅性和可读性，也可能导致表达不准确或信息传递不清晰。

1. 词汇使用不当

词汇使用不当指的是写作者在选用词语时，未能准确地传达意图或未能恰当地表达意思。这种情况通常发生在对某个词语的含义理解不够清晰或错误时，导致文章的表达不准确，甚至引起读者误解。例如：

- 使用"重要"和"关键"作为同义词替换，虽然它们在某些情境下可互换，但两者语气略有不同。如果在某些严谨的学术讨论中，错误使用这两个词可能会造成语气不统一或表达不准确。
- 错误示例："教育在现代社会中扮演着关键的角色，它对个人的未来发展至关重要。"
- 问题：在此句中，"关键"与"重要"意思重叠，但它们的侧重点不同。改为"教育在现代社会中扮演着至关重要的角色"会更加严谨。

2. 词汇重复

词汇重复指的是在文章中同一词汇频繁出现，导致冗余和单调，影响文章的流畅性和可读性。虽然某些词汇需要在文中重复，以强调观点或确保准确性，但过度重复会使文章显得枯燥无味。例如：

- 重复使用同一个词语，尤其是常见的连接词、动词或形容词，导致句子过于单一。
- 错误示例："教育是非常重要的。教育不仅可以提高知识水平，还可以提高个人素质。"
- 问题："教育"一词重复使用，导致语句冗长且不流畅。可以使用同义词或重构句子来避免重复
- 优化示例："教育不仅能提高知识水平，还能培养个人素质，对个体的成长至关重要。"

（二）词汇使用不当与重复的解决方案

DeepSeek可以帮助写作者准确选择词汇，确保在不同的语境中使用恰当的词汇。AI可以提供替换建议，确保文章中的表达更精确、更符合学术语言的规范。同时，DeepSeek还可以帮助识别文章中不必要的重复，使语言更加多样化、简洁化。AI通过分析文中的词汇重复度，建议适时更换同义词，或调整句式结构，以提高写作的流畅性和可读性。

（三）案例实操

第一步，先梳理明确需要进行优化的论文内容。

第二步，打开DeepSeek，选择"深度思考（R1）"和"联网搜索"，并在对话框中

输入提示词，如图 7-11 所示。

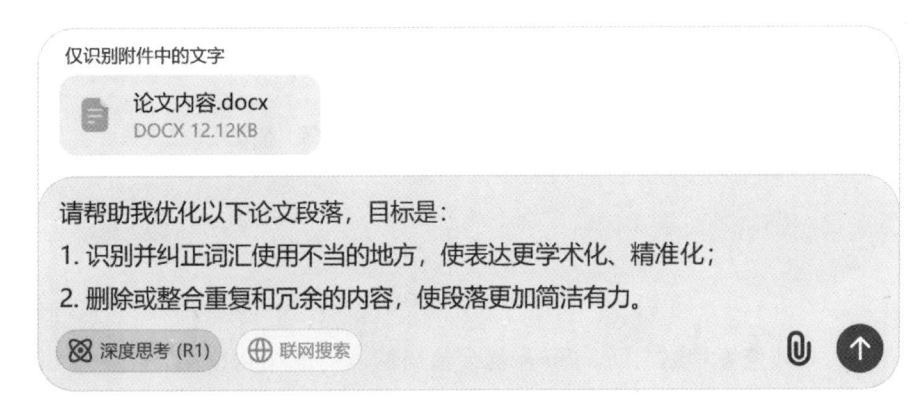

图 7-11 提示词范例

第三步，点击发送按钮，DeepSeek 就会给出相应的框架建议。

原文：

人工智能技术的发展已经发展到一个非常重要的阶段。这个阶段的重要性在于它重要地改变了人们的生活和工作方式。人工智能技术的快速发展让人工智能在各个领域都被大量使用，包括工业、医疗、教育、交通、金融等多个领域。在这些领域中，人工智能的使用带来了很多智能化的改进，也让效率变得更加高效。尤其是在医疗领域，人工智能的使用提高了诊断的准确性，而在教育领域，人工智能让教学变得更加智能和高效。现在很多企业也在积极使用人工智能来提升自己的竞争力。总之，人工智能的发展是非常重要的，它对社会的各个方面都产生了非常重要的重要影响。人们已经越来越多地依赖人工智能，因为人工智能让很多事情变得更加方便、更加快速和更加智能。

优化后版本：

人工智能技术的发展已经进入一个非常重要的阶段。这个阶段的重要性在于它显著地改变了人们的生活方式和工作方式。人工智能技术的快速发展使其在各个领域被大量使用，包括工业、医疗、教育、交通和金融等。在这些领域中，人工智能的应用带来了许多智能化的改进，也提高了工作效率。尤其是在医疗领域，人工智能提升了诊断的准确性；在教育领域，它让教学过程变得更加智能和高效。如今，许多企业也在积极使用人工智能提升竞争力。总之，人工智能的发展非常关键，它对社会各个方面产生了重要影响。人们日益依赖人工智能，因为它让许多事务变得更加方便、快捷和智能。

第四步，DeepSeek 不一定能直接生成可用的内容。这时用户可以继续在上述的对话框中对文本提出更多要求，DeepSeek 会根据有关要求提供更多方案，如图 7-12 所示。

图 7-12 提示词范例

第五步，只须稍等片刻，DeepSeek 就会给出修改后的结构框架，用户可以反复迭代优化有关内容。

> 优化后版本：
> 当前，人工智能技术已进入关键发展阶段，其影响正深刻改变着人类的生活方式与工作方式。随着技术的不断进步，人工智能在工业、医疗、教育、交通和金融等多个领域得到广泛应用，并推动着流程的智能化与效率的提升。以医疗为例，AI 辅助诊断提高了准确率；在教育领域，智能教学系统改善了教学效果与资源分配。企业也借助人工智能优化运营模式，提高市场竞争力。总体而言，人工智能不仅是科技变革的核心力量，更成为推动社会进步的重要引擎。随着人们对其依赖程度的日益加深，人工智能在现代社会中的地位将愈加显著。

总结

在论文结构优化方面，DeepSeek 通过智能生成思维导图，帮助研究者系统规划章节逻辑，确保各部分的对称性与连贯性。它能基于研究问题反推论文框架，实时校验每段内容对核心问题的贡献，避免偏离主题。此外，通过分析字数分布与章节平衡，提供动态调整建议，使论文结构更符合学术规范。在语言表达方面，DeepSeek 可优化语言表述，将口语化表述升级为严谨的学术语言，并自动修正语法与格式问题。其段落衔接建议和批判性分析功能，能增强论证的流畅性与说服力。总之，DeepSeek 作为高效的 AI 助手，既能优化论文的框架结构，又能提升微观表达水平，使学术写作更加精准、高效，但仍须研究者保持主导权，确保内容的原创性与深度。

第 8 章
数据分析与可视化呈现

8.1 定性数据的整理与分析

在研究与公文写作实践中，定性数据是一种重要的信息来源。它以文字、图像、语音等形式存在，关注人们的经验、态度与动机，能够揭示复杂社会现象背后的深层含义。相较于定量数据，定性数据具有非结构化、语义丰富、情境依赖等特征，往往更难以整理与分析。但恰恰是这些特征，使得它在解释社会现象、理解政策效果和洞察组织行为等方面，具有不可替代的价值。

一、定性数据的基本特征

定性数据常以访谈内容、观察记录、会议纪要、政策文件、开放式问卷答案等形式出现。它们通常具备以下几个显著特征：

（1）主观性强：受访者的语言、情感、态度会直接影响数据内容。
（2）结构松散：没有统一格式，信息量大但结构松散。
（3）语境敏感：语义理解须结合背景、说话对象与社会情境。
（4）信息层次丰富：除了表层信息，还包含隐含意义、社会价值等深层因素。

这些特征决定了定性数据不能像数值一样直接套入模型分析，而是需要研究者投入更多认知与理解。

二、定性数据的整理流程

定性数据通常来源广泛、内容复杂，若不经过系统整理，极易导致信息冗杂、主次不清，从而影响分析的深度与准确性。因此，在正式分析之前，研究者必须对原始资料进行清晰、有序的整理。这一过程不仅是"打扫现场"，更是对研究对象的首次深入接触，往往能初步形成研究者对数据的直觉理解与初步判断。

整个整理流程可大致划分为以下四个阶段：

1. 资料转录与初步清洗

首先，需要将访谈录音、现场观察、非结构化文档等原始资料转化为文字形式。这一环节不仅仅是"抄写",更涉及内容的整合与格式的统一。例如,在访谈转录时,应标明说话者身份、时间节点、语气变化等细节,确保信息的可追溯性。同时,应进行必要的清洗操作,如删除重复语句、修正明显错别字、统一专有名词的表述方式等。这一阶段虽然烦琐,但决定了后续分析数据的质量,是整个定性研究的"地基"。

2. 数据编码与标注

编码是将杂乱无章的文本信息提炼成可分析结构的核心步骤。研究者须反复阅读文本,挖掘出具有研究价值的信息单元,并为其贴上代表性标签。编码方式可大致分为以下三类:

(1)开放编码:在无预设前提下,对文本中的关键词、观点或事件进行自由标注,识别出初步概念。

(2)轴心编码:将开放编码中得到的标签进行归类与整合,识别它们之间的因果关系、背景条件或作用机制。

(3)选择编码:从前期编码中提炼出核心类别,围绕核心概念构建理论主轴。

这个阶段不仅是个技术活,更是研究者理论敏感性与分析能力的体现,决定了后续分析框架的深度与广度。

3. 主题归纳与逻辑建构

在完成编码后,研究者需要将大量碎片化的标签进行进一步整合,归纳出反复出现的主题与关键议题。这一过程有助于从微观表述中抽象出宏观命题,形成对现象的初步解释框架。例如,在分析教师教学观念时,可以归纳出"知识传授型""能力培养型""学生中心型"等核心主题,并分析其背后所映射的教学理念、制度逻辑或文化背景。此阶段的目标,是从数据中"读出"结构性意义,形成可以用于理论推演的中介变量或因果路径。

4. 结果呈现与研究成果沉淀

定性研究的成果往往不止于文本的描述,更需要结构化的展示与逻辑性的输出。研究者可采用多种方式进行成果呈现,如:

(1)主题矩阵:将不同受访者对某一主题的观点整合成表格,便于横向比较。

(2)概念图或因果图:以图形方式展现不同概念之间的逻辑关系。

(3)词频统计与词云图:直观呈现某些关键词在数据中的出现频率。

(4)典型语句摘录:以受访者原话为论点佐证,增强论述的说服力。

在这一过程中,研究者还需要回顾研究目的,反思编码与主题是否贴切、解释是否充分,以确保分析结果具有扎实的逻辑基础和学术价值。

三、常用的定性分析方法

在实际的定性研究中，研究者会根据研究对象与目标的特点，灵活采用不同的分析方法，其中较为常见的包括内容分析法、扎根理论、叙事分析法与话语分析法等。

（1）内容分析法强调系统性与结构性，适用于对大量文本进行编码、统计与对比，通过识别关键词、主题频率或语义倾向来揭示隐藏在表层叙述下的规律。

（2）与之不同，扎根理论强调"从数据中生长出理论"，研究者不预设框架，而是借助持续的开放编码、概念归类和理论抽象，在反复比较中构建理论模型，是一种极具创造性的理论建构路径。

（3）对于涉及个体生命经历或群体故事的研究，则常采用叙事分析法，该方法关注时间序列、事件结构与意义建构，强调故事中的角色、冲突与转变如何映射出更深的社会或心理机制。

（4）而当研究关注语言的权力属性、社会规范或身份建构时，话语分析法便成为重要工具。该方法不仅关注文本内容，更注重语言如何在具体语境中运作、建构社会现实。

不同方法在理论取向、操作路径与解释深度上各有侧重，研究者可依据问题导向与资料性质，灵活选择或混合使用，以实现更为全面与深入的分析。

四、AI 辅助在定性分析中的角色

AI 技术，尤其是大语言模型，正在定性分析中展现出其强大的辅助能力。

（1）自动转录与摘要生成：AI 可以快速将语音资料转换为结构化文本，并提供精准摘要，帮助研究者初步把握内容。

（2）编码辅助：基于自然语言理解能力，AI 可以自动识别段落主旨，推荐关键词与标签，大大节省研究者初步标注的时间。

（3）主题提取与语义聚类：AI 具备跨文本比对和主题聚类功能，能将大量文本自动分类、生成主题结构。

（4）可视化支持：AI 还能输出关键词词云图、主题网络图、文本脉络流程图等，为研究成果的展示提供图形支持。

（5）团队协同与版本管理：支持多人协作、批注与版本控制，尤其适合多成员参与的大型研究项目。

通过与人工分析互补，AI 不仅提升了定性研究的效率，也帮助研究者更系统、更精确地捕捉复杂语义信息。

五、案例实操

我们以一次医学访谈为例。医生对患者进行了访谈，同时在访谈时进行了录音，形成了 MP3 格式的文件，需要借助 AI 工具，将这份 MP3 格式的文件转换为相关的研究报告。

第一步，整理自己的 MP3 录音文件，将开头和结尾的无关内容去掉。对于噪音较大的，还需要通过 Adobe Audition 等软件进行降噪处理，如图 8-1 所示。

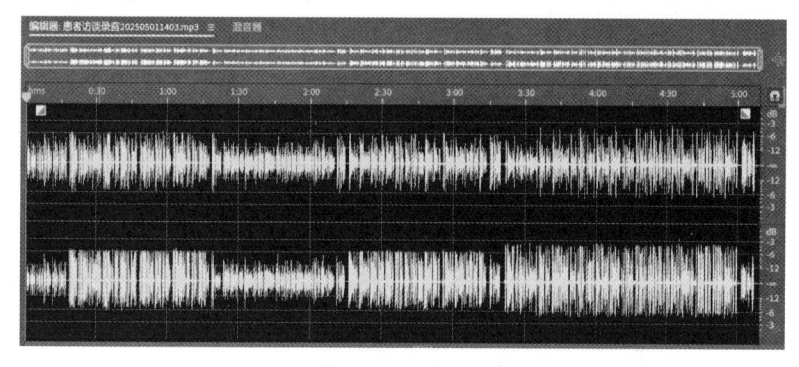

图 8-1　处理医学访谈 MP3 文件

第二步，在浏览器中输入"http：//tingwu.aliyun.com/home"，打开通义听悟官网，我们可以通过这个平台免费将音频转换为文字稿，且准确度极高。我们在首页中选择上传音视频，如图 8-2 所示。

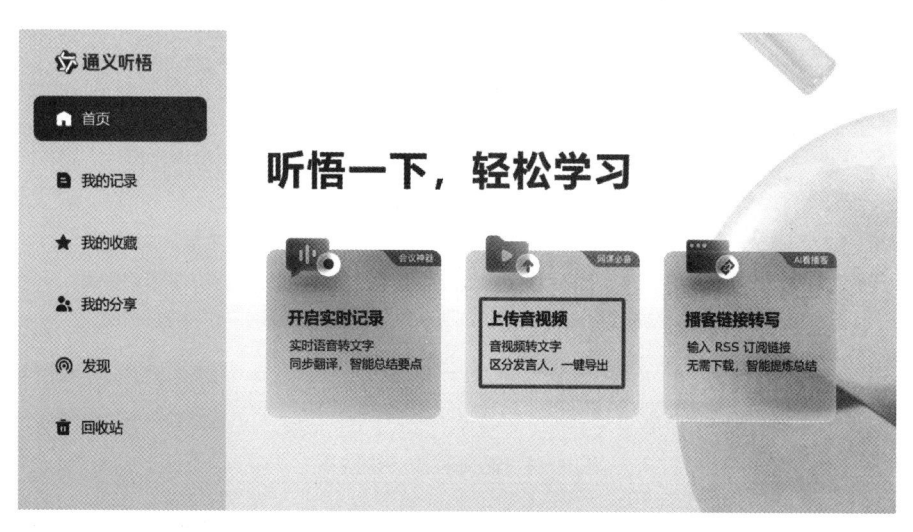

图 8-2　通义听悟首页

第三步，在音频上传页面中，我们可以选择音视频中的语言，包括中文、英语、日语、中英文自由说等。可以选择是否翻译。可以区分发言人，包括单人、两人和多人，如图 8-3 所示。

图 8-3　上传音视频

第四步，片刻，通义听悟就能把录音转换为文字稿并区分发言人，如图 8-4 所示。

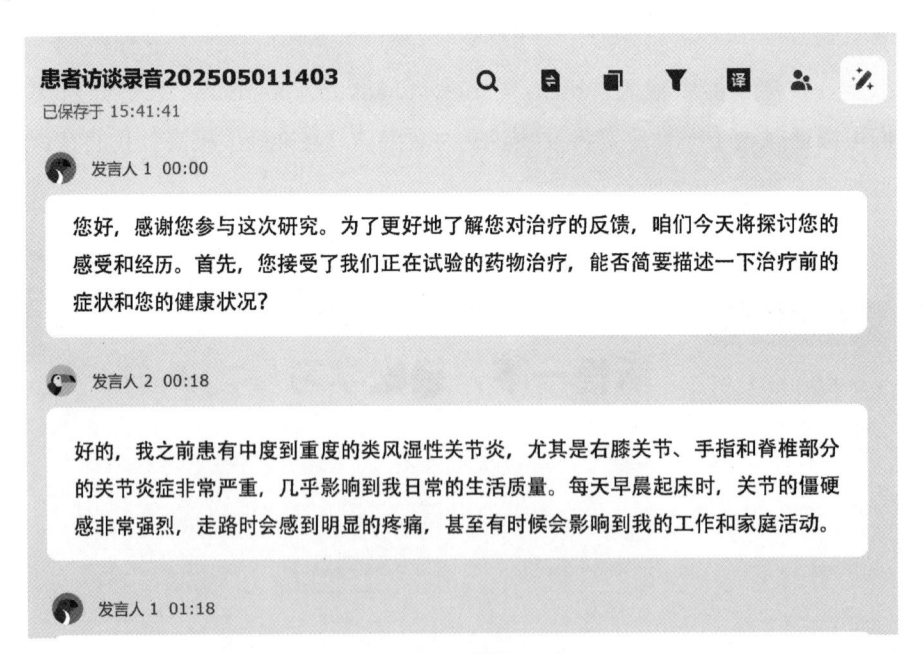

图 8-4　通义听悟转换结果

第五步，将访谈论文文字稿存储为 word 版本，将 word 版本的文稿上传至 DeepSeek，选择"深度思考（R1）"和"联网搜索"，输入提示词，如图 8-5 所示。

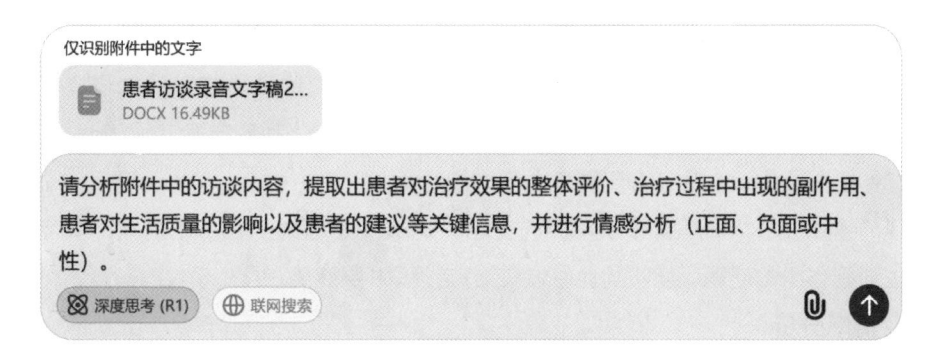

图 8-5 提示词范例

第六步，点击发送按钮，稍等片刻，DeepSeek 就会生成分析报告。

根据提示词，DeepSeek 将对这段患者访谈进行分析，提取出关键的信息，并进行情感分析。

分析结果如下：

1. 患者对治疗效果的整体评价

- 正面评价：患者对治疗效果表示满意，特别是治疗后膝盖和手指的活动范围有所改善，关节的僵硬和疼痛感明显减少了。治疗使得患者恢复独立生活能力，甚至不再需要依赖拐杖走路。

- 改善程度：尽管治疗过程中仍有轻微的副作用，但整体效果比之前使用的其他药物要好。患者特别提到，在第二周后便能感觉到膝盖和手指的灵活度提升，甚至在第三周便能恢复正常活动。

2. 治疗过程中出现的副作用

- 轻微副作用：患者在治疗初期经历了轻微的头晕和消化不良，特别是在站立和走动时的眩晕和胃部不适。胃部不适较轻，但仍对患者产生一定的困扰。

- 免疫系统影响：患者担心免疫系统受到一定影响，尤其容易感冒和喉咙痛。这是患者关注的一个问题，尽管免疫系统问题相较于以往药物的副作用要轻微，但依然存在一定的健康风险。

3. 对生活质量的影响

- 正面影响：患者提到治疗显著改善了日常生活质量。以前起床后的关节僵硬和疼痛使得她几乎无法进行日常活动，但治疗后，患者能迅速恢复状态，开始正常工作。治疗使她能够重新参与家庭活动，并带着孩子去公园散步，这为患者带来了极大的精神满足感。

- 提高独立性：患者指出，治疗恢复了她的独立性，不再需要家人或他人帮助，重新获得了日常活动的自由。

4. 患者的建议和后续使用意向

- 愿意继续使用：患者对治疗效果表示认可，认为这种治疗帮助她恢复了生活质量。她表示如果副作用能够进一步控制，她会继续使用这种治疗方案。
- 推荐给他人：患者表示愿意推荐给其他类似病症的患者，但也强调了与医生充分沟通的重要性，特别是监控副作用的变化。这表明患者对药物的潜力表示肯定，但也关注到副作用的问题，建议其他患者在治疗过程中要谨慎。

情感分析：

- 正面情感：患者对治疗的效果总体持积极态度，尤其是在减轻疼痛、改善活动性和提升生活质量方面。治疗改善了她的健康状况，并使她重新获得了独立的生活能力。
- 中性情感：患者对副作用的描述较为中立，尽管有一些不适感，但并不认为这些副作用足以影响总体治疗效果。她也提出了免疫系统问题，但主要是出于谨慎的考虑，而非明显的负面情绪。
- 负面情感：患者对免疫力下降和消化不良表示担忧，但这种负面情感较轻微，并且患者已采取措施缓解副作用。

总结：

这段访谈展示了患者对治疗效果的高度评价，尤其是在疼痛缓解、关节活动性提升以及生活质量恢复方面。尽管治疗有一些轻微副作用，患者仍然认为这些副作用是可以接受的。患者表现出了较强的积极情绪，并表达了继续使用和推荐该治疗的意愿。副作用虽然存在，但未对治疗效果产生严重负面影响。

8.2 DeepSeek 辅助文本挖掘

文本挖掘（text mining）是从非结构化文本中提取有价值信息的过程，它综合了自然语言处理、信息检索、统计分析与机器学习等技术，广泛应用于政策分析、舆情监测、用户研究与社会科学等领域。传统的文本挖掘往往依赖人工阅读与归纳，面对海量语料时极易力不从心。而如今，随着人工智能，尤其是大规模语言模型的迅猛发展，文本挖掘已步入自动化与智能化的新阶段。借助如 DeepSeek 等先进工具，研究者不再需要从零开始"啃"文本，而是能够进行更高效、更深入的文本信息提取与解构。

一、文本挖掘的基本概念与流程

文本挖掘的目标，是将大量自然语言文本转化为可理解、可分析、可操作的知识。其基本流程通常包括以下几个步骤：

1. 文本预处理

对原始文本进行清洗和标准化处理，包括去除停用词、符号清理、词形还原、拼写纠正等，使文本具备可分析性。

2. 特征抽取

将文本转化为数值特征形式，如词袋模型（Bag of Words）、TF-IDF、词向量（word 2 vec、BERT embedding）等，为机器学习或可视化提供基础。

3. 关键词与主题识别

通过算法识别文本中频繁出现的关键词、核心短语或隐含主题，如 LDA 主题模型、Text Rank 等。

4. 情感与立场分析

判断文本中表达的情绪、态度或观点倾向，常见于舆情分析与社会心理研究。

5. 实体识别与关系挖掘

提取文本中涉及的关键实体（如人名、地名、机构等）及其之间的逻辑或语义联系。

这些步骤并非线性的，而是一个可以迭代优化的闭环过程，研究者可根据目标灵活调整方法与工具。

二、DeepSeek 如何赋能文本挖掘

传统文本挖掘技术虽已较为成熟，但其在语义理解、上下文处理、跨语料对比等方面存在天然短板。而以 DeepSeek 为代表的大规模语言模型，正好填补了这一空白。

1. 高效的语料处理能力

AI 工具具备处理长文本与海量语料的能力。以 DeepSeek 为例，它可以在数秒钟内完成上万字文献的摘要提取、关键词提炼、语言归类等工作，极大地提升了文本处理的效率。同时，它支持多轮对话式分析，研究者可通过对话不断"逼近"文本核心含义。

2. 语义层面的理解与聚类

不同于传统模型依赖关键词匹配，DeepSeek 等大模型基于上下文的语义理解能力更强。在处理如"教育公平""治理能力""绿色转型"等政策性文本时，AI 不仅能识别表层用词，还能挖掘其隐含含义与价值导向，进行更高维度的语义聚类。这种能力在政策解读与社会议题分析中尤为重要。

3. 自动化主题分析与可视化输出

借助如 Manus、纳米 AI 等工具，研究者可以一键生成主题结构图、语义网络图、共现词分析等结果。这不仅节省了数据整理时间，还增强了分析结果的直观性和展示力。例如，在分析多篇报告中的"乡村振兴"话语时，AI 可以自动聚合高频主题、归类观点走向，并输出主题演变路径图，极大地助力文献综述与趋势研究。

4. 个性化文本问答与细节提取

AI 工具还能支持基于语料的智能问答。研究者可上传多篇文献或调研材料，然后直接向 AI 提问，如"这些报告中关于教育评价机制的共识有哪些？""政策文件中对'数智赋能'的表述是否一致？"AI 不仅能在多文本中快速检索，还能生成跨文献对比结果，为研究提供关键证据。

5. 支持定性与定量的融合分析

许多 AI 工具还能将文本分析结果与量化数据联动，例如，将主题热度与发布时间形成时间序列图，将情绪分析结果转化为柱状图等，为"定性＋定量"的融合研究提供基础工具。这使得传统以"讲故事"为主的文本研究，也具备了更强的说服力和传播力。

三、实际应用场景举例

AI 辅助文本挖掘已在多个实际领域中展现出强大的适应性和实用性，尤其在处理信息密集、结构复杂的非结构化文本时，能够有效弥补人工处理的不足。

1. 用户研究与深度访谈分析

在品牌调研或社会科学研究中，大量来自受访者的文本（如开放式问卷、深度访谈记录等）往往难以快速梳理。AI 工具如纳米 AI 可自动将访谈内容按主题分类，如将关于"高校在线教育"的访谈内容自动归入"教学互动""学习平台""学习成效"三大类，并进一步聚合观点方向（支持、质疑、中立），同时摘录典型语句，为撰写分析报告或构建理论模型打下基础。比起人工逐句阅读，AI 分析不仅节省大量时间，还提高了信息结构化的程度。

2. 学术文献综述撰写与主题追踪

研究者在撰写综述类文章时，常需查阅几十甚至上百篇文献。AI工具（如DeepSeek＋ChatGPT组合）可以帮助提取文献核心观点、研究方法与争议点。例如，在撰写关于"城市更新研究"的综述时，AI可对不同文献中的理论基础进行对比，如"城市复兴理论""新城市主义""空间正义视角"等，并自动归纳各自应用的研究方法（质性访谈、GIS分析、政策文本分析等），为研究者提供一份结构化的知识地图，便于进一步写作。

3. 高校教学材料的智能分析与知识图谱构建

一些高校教师开始利用文本挖掘技术对历年教学大纲、课程反馈、论文题目等内容进行分析，以优化教学内容设计。通过ChatGPT和DeepSeek，教师可分析学生最常提交的论文主题、常见的疑难点、学生对课程的反馈用词等，自动生成知识图谱或教学重点热力图，从而实现以学生为中心的教学内容动态调整。这种方式也逐渐被用于"课程画像"的构建，以提升高校的教学管理水平。

4. 社会舆情监测与事件脉络重构

在社会热点事件频发的背景下，掌握公众情绪和观点分布已成为决策的重要依据。借助Manus等AI工具，可以对社交媒体、新闻评论、论坛帖子等进行情绪倾向分析（如积极、中立、消极），并根据词频共现构建热点话题图谱。例如，在"某城市限电事件"中，AI不仅能识别出用户最关注的关键词（如"居民生活""用电指标""企业影响"），还可通过时间序列图反映用户情绪变化趋势，辅助判断事件发展的关键转折点及舆情拐点。

5. 政府公文与政策解读

政府文件往往语言严谨、信息密集、逻辑复杂，人工解读耗时且容易遗漏关键信息。借助DeepSeek或ChatGPT等工具，研究者可以批量上传多份政府公文，通过关键词提取与主题建模，快速识别出某一议题（如"数智治理"或"高质量发展"）在不同时期的表述方式、频次演变与政策重点的迁移。例如，分析2016—2024年的政府工作报告中关于"创新驱动"的论述变化，AI可自动生成主题演化时间线图，并给出每个阶段的代表性语句，帮助研究者理解政策发展的逻辑路径。

四、案例实操

在社会科学研究中，政策文本的分析是一个常见的应用场景。假设研究者正在分析某个国家的年度经济政策报告，目的是了解政策变化的趋势及其对不同社会群体的影响。传统的文本分析方法需要人工阅读大量文献，提取关键信息，费时且容易忽视潜在的细节。

借助 AI 辅助的文本挖掘工具，研究者可以通过自然语言处理（NLP）技术，自动提取报告中的关键主题、政策关键词和情感倾向。AI 工具（如 Manus、DeepSeek）可以识别出政策中涉及的关键概念，例如"税收改革""基础设施建设"，并将这些信息与历史数据进行对比，生成可视化趋势图，帮助研究者快速了解政策的变化方向和影响。此外，AI 还能进行情感分析，评估政策文献中的情感倾向，判断政策的潜在支持度或反对声浪。通过 DeepSeek 进行政策文本分析的具体步骤如下：

第一步，确定论文的相关信息。我们以联合国《变革我们的世界：2030 年可持续发展议程》（Transforming Our World：The 2030 Agenda for Sustainable Development）为例。这是联合国于 2015 年通过的重要全球政策性文件，报告长达 35 页，提出了 17 个可持续发展目标（SDGs），涉及贫困、教育、性别平等、气候变化、经济发展等多个社会科学研究热点，是全球治理、政策评估和发展研究中被广泛使用的文本，如图 8-6 所示。

图 8-6　联合国《变革我们的世界：2030 年可持续发展议程》（英文版）

第二步，将文档的 PDF 版以附件形式上传至 DeepSeek，选择"深度思考（R1）"和"联网搜索"，在 DeepSeek 中输入相应提示词，如图 8-7 所示。

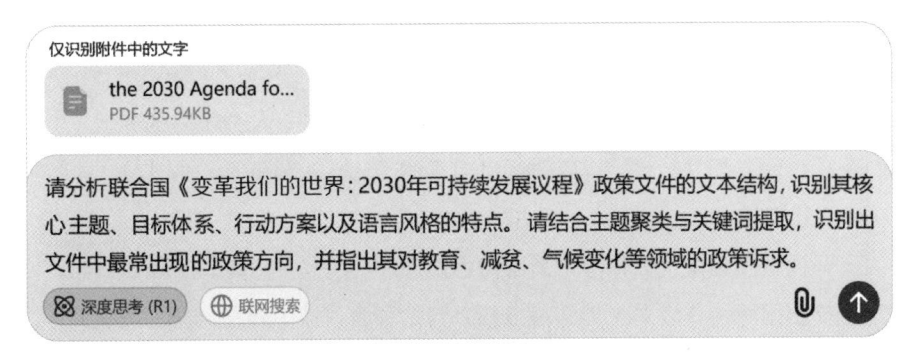

图 8-7　提示词范例

第三步，点击发送按钮，稍等片刻，DeepSeek 就会完成对文本内容进行挖掘：

联合国《变革我们的世界：2030 年可持续发展议程》
一、文本结构分析

该政策文件包含以下几个主要结构部分：

（1）序言与引言：提出全球发展面临的挑战，强调"共同发展、包容性增长"的原则。

（2）可持续发展目标（SDGs）框架：提出 17 个目标与 169 项具体指标，构成文件的核心。

（3）实施与监督机制：强调国家责任、多边协作及定期评估机制。

（4）承诺与呼吁：对联合国成员、私营部门、社会组织发出共同努力的号召。

二、关键词提取与主题聚类

经过关键词提取与主题聚类，文本可被划分为以下四个高频主题领域：

主题	关键词（Top 5）	涉及目标
减贫与不平等	poverty, inequality, inclusion, vulnerable, dignity	SDG 1、10
教育与性别	education, women, gender, empowerment, equal	SDG 4、5
健康与福祉	health, well-being, access, care, services	SDG 3
环境与气候	climate, sustainability, energy, biodiversity, emissions	SDG 7、13、15

这些关键词与 SDGs 关系紧密，显示出文件在语言层面强化了发展导向与政策落实的逻辑联系。

三、核心政策方向分析

根据主题聚类与语义分析，可提取出以下政策诉求与行动方向：

1. 教育
- 呼吁普及公平优质教育，特别强调弱势群体（如残障儿童、女童等）的教育机会
- 鼓励终身学习与技术培训，回应未来劳动市场的变化

2. 减贫
- 关注极端贫困的消除，强调收入增长、社会保护、公共服务的覆盖
- 提出建立韧性社会，以应对经济与气候冲击

3. 气候变化
- 强调减少温室气体排放、发展绿色能源
- 提出国际协作应对全球环境危机，包括资金、技术转移与能力建设

4. 性别平等
- 主张消除一切形式的性别歧视，特别是在教育、就业、政治参与等方面
- 倡导"性别主流化"策略，融入所有发展议题中

四、语言风格与传播特点
- 价值导向强：常用词汇如"inclusive""dignity""sustainable""empower"等，体现出道义感召力
- 目标导向清晰：使用明确的数据指标和量化目标，方便跟踪与评估
- 全球适应性：用语中性化，避免文化/政治偏差，便于不同国家解读与本地化传播

总结与应用建议

该议程是一个结构清晰、主题鲜明、语义系统化的政策文本，非常适合作为 AI 文本挖掘的研究对象。通过主题提取与语义分析，不仅可以揭示其核心政策诉求，还能为未来的政策比较研究、发展趋势预测与量化评估提供语料支持。

8.3 数据可视化

数据可视化（data visualization）是一种通过图形化的方式展示数据背后信息的技术。随着数据量的激增与信息复杂度的提高，单纯依靠文字或数字对数据的呈现已不再能够有效传递关键信息。而通过图表、地图、动态图等形式展现数据，不仅能直观地帮助用户理解数据的趋势与关系，还能提高决策效率，增强论点说服力。尤其在研究报告、政策建议、学术论文以及企业决策等场景中，数据可视化已成为不可或缺的工具。

随着 AI 技术的快速发展，AI 工具不仅能够帮助研究者更高效地处理与分析数据，

还能大幅提升数据可视化的质量与深度。从数据清洗到图表生成，AI 工具的参与，使得这一过程更加自动化与智能化。在本节中，我们将探讨数据可视化的核心技术及其与 AI 工具的结合，如何帮助我们提升数据呈现的效果与质量。

一、数据可视化的基本原则与流程

数据可视化的基本目标是让复杂数据变得易于理解、分析和沟通，其设计过程通常包括以下几个步骤：

（1）数据预处理。对原始数据进行清洗与格式化，去除噪声、修正异常值，从而确保数据的准确性和完整性。

（2）选择合适的可视化形式。根据数据特征选择合适的图表类型，如柱状图、折线图、散点图、热力图、词云图等。每种图表都有其适用的情境，选择时需要根据数据的维度、分布、趋势等因素来决策。

（3）数据展示与图表生成。通过专业的数据可视化工具或 AI 工具自动生成图表。此过程不仅是技术操作，更是艺术创作，涉及图表的布局、色彩搭配、标签设计等方面的考虑。

（4）交互性与动态展示。通过互动图表（如动态地图、交互式图表），观众能够根据需要筛选数据、放大特定区域或进行详细查看。这一方式使得可视化呈现不仅仅是静态展示，更是一种探索数据的过程。

（5）讲述故事与结论传达。数据可视化的核心不仅在于数据的呈现，更在于通过数据讲述一个清晰的故事。通过图表展示趋势、对比、分布等信息，帮助观众得出结论，做出决策。

二、AI 工具如何增强数据可视化的效果

随着技术的发展，传统的数据可视化方式逐渐被 AI 驱动的自动化工具所替代，这使数据呈现得更为直观、高效且富有深度。

1. 数据自动清洗与标准化

AI 工具能够自动化地完成数据清洗、去噪和标准化等任务。比如，DeepSeek 和纳米 AI 等工具可以在处理庞大的原始数据时，自动识别数据中的错误或不一致处，并进行修正。与此同时，它们还能根据用户的需求，智能选择合适的数据格式、量化标准和单位转换，确保后续可视化工作能够顺利进行。

这种清洗与标准化的工作原本需要人工进行大量的逐步检查与修正，然而 AI 工具的介入使得整个过程更加快速且精准。例如，AI 工具可以识别缺失值，自动进行填充或去除；它还能通过智能算法识别数据中的异常值，并提出调整建议，帮助研究者确保数据的质量。

2. 自适应图表生成与推荐

在传统的数据可视化工作中，研究者通常需要根据数据的特征选择合适的图表形式，然而，AI 工具则能够自动分析数据，并智能地推荐最适合的图表类型。例如，ChatGPT 和 Manus 可以根据数据的维度、类别以及分布状况，自动建议使用柱状图、散点图、堆积图等进行展示。此外，AI 工具还能在图表生成过程中自动调整图表的细节，包括色彩搭配、标签优化和图例设计等，使图表不仅美观，而且具备高度的可读性。

3. 动态与交互式数据可视化

AI 工具的强大之处在于其不仅能够处理静态数据，还能基于动态变化的数据提供实时更新。借助 DeepSeek 或纳米 AI，研究者可以将时间序列数据转化为动态变化的图表，帮助用户观察数据的变化趋势。例如，在实时监测企业销售数据的变化时，AI 工具可以生成动态折线图或柱状图，自动显示数据随时间变化的波动趋势。此外，AI 工具还可以生成交互式数据可视化，允许用户通过点击、拖动、缩放等方式与数据进行互动，深入分析各个维度的信息。

这种交互式的图表不仅能帮助用户从多个角度探究数据，还能极大提高展示和报告的互动性，使观众能够根据自身需求定制数据展示内容。

4. 生成多样化的可视化形式

AI 还能够根据不同的需求自动生成多种可视化形式，如词云图、地理信息图、热力图等。这些图表能够将复杂的数据抽象为更为直观和易于理解的图形，从而帮助研究者呈现出更为深刻的结论。例如，AI 工具可以基于社交媒体文本数据生成词云图，展示公众对于某一主题的关注热点和高频关键词。此外，在进行空间数据分析时，AI 工具能够自动生成地图热力图，帮助用户识别出数据分布的空间模式。

5. 数据预测与趋势分析

基于机器学习算法的 AI 工具还可以在数据可视化的基础上，进行数据趋势预测和未来情境的模拟。例如，在处理气候变化、市场分析等数据时，AI 工具可以通过分析历史数据，自动生成未来趋势的预测图，并为用户提供可能的未来变化场景。这种预测不仅能帮助决策者更好地制定未来政策，也能为商业分析和市场布局提供数据支持。

三、AI 工具驱动的数据可视化应用实例

AI 工具驱动的数据可视化在科学研究、问卷分析等领域的应用，能够帮助研究者和分析人员从海量数据中提取有价值的信息，并通过直观的方式进行呈现。通过 AI 工具，复杂的研究结果、数据趋势以及样本分析变得更加清晰易懂，为科学研究的决策和问卷分析的结论提供支持。以下是几个与这些领域相关的应用实例，展示 AI 工具在数据可视化中的强大潜力。

1. 科研数据分析与趋势预测

在科学研究中，尤其是生命科学、物理学等领域，实验数据的收集与分析常常涉及复杂的统计计算与大规模数据处理。AI 工具驱动的数据可视化工具，如 DeepSeek 和 Manus，能够帮助研究人员处理大量实验数据，并自动生成趋势预测图、回归分析图、相关性热力图等，帮助研究者快速识别数据中的关键模式和关系。

例如，在基因组学研究中，AI 工具可以帮助科学家分析 DNA 测序数据，通过热力图和散点图呈现不同基因在不同环境下的表达情况，揭示潜在的基因-环境相互作用模式。AI 工具还能基于历史数据，生成未来实验趋势预测图，帮助研究人员进行实验设计和结果预测。这不仅提高了科研数据分析的效率，还帮助研究者更好地理解数据背后的生物学意义。

2. 问卷数据分析与情感倾向展示

问卷调查作为社会科学研究中常用的研究工具，涉及大量的文本与数值数据。在传统方法中，研究人员需要耗费大量时间和精力来进行手动数据整理与分析。借助 AI 工具，研究人员可以快速对问卷中的开放式问题的回答进行情感分析，自动提取其中的主要观点与情感倾向，并通过图表进行可视化展示。

例如，在进行"消费者满意度调查"时，AI 工具可以自动将来自不同受访者的回答进行情感分类（如正面、负面、中立），并生成情感分布图。通过生成交互式的热力图，研究人员能够直观地看到哪些问题或产品特性在受访者中引发了强烈的情绪反应。此外，AI 工具还能根据问卷数据的类别，自动选择合适的可视化图表（如柱状图、饼图、雷达图等），呈现出不同群体的差异性和倾向。

3. 学术文献分析与趋势可视化

在学术研究中，文献回顾与趋势分析是一个关键环节。通过 AI 工具驱动的文本挖掘与可视化工具，研究者可以高效地整理大量文献，提取出其中的关键研究方向、方法和理论框架。AI 工具不仅能帮助研究者分类整理文献，还能通过数据可视化展示不同

领域的研究热点与演变趋势。

举例来说，AI工具可以对某一学术领域（如"气候变化研究"）中的相关文献进行主题建模，提取文献中的主要关键词，并通过词云图展示这些关键词的频次变化。此外，AI工具还能够生成趋势图，显示某些研究主题或方法在过去几十年中的发展轨迹。这种数据可视化不仅帮助学者快速理解某个领域的研究发展现状，还能揭示未被充分研究的潜在领域，为未来的研究提供新的方向。

4. 临床试验数据分析与患者群体研究

在医学研究与临床试验中，数据的分析不仅涉及大量的样本数据，还需要根据不同患者群体的特征（如年龄、性别、病史等）进行细分。AI工具驱动的数据可视化，能够帮助临床研究者快速识别不同患者群体之间的差异性与治疗效果的关系，从而提供有针对性的治疗方案。

例如，在研究某种药物的疗效时，AI工具可以自动将试验数据按患者的年龄、性别、病史等进行分类，生成相关性分析图，展示药物对不同群体的疗效差异。此外，AI工具还可以基于患者的基因数据、临床参数等，生成动态趋势图，预测药物治疗效果在未来的变化趋势，为医生和研究人员提供决策支持。

5. 教育数据分析与学生表现评估

在教育领域，AI工具可以帮助教师和教育管理者分析学生的学习表现，并生成可视化的报告。通过对学生成绩、作业提交情况、课堂参与度等数据进行分析，AI工具能够识别出学生的学习模式与潜在问题，从而帮助制定个性化的学习计划。

例如，在大规模在线教育平台中，AI工具可以对学生的学习数据进行实时监控，生成学生学习曲线图，展示学生在学习过程中的进展趋势。通过这种数据可视化，教师可以更好地识别哪些学生在某一知识点上存在困难，从而及时调整教学策略。此外，AI工具还可以通过情感分析对学生的在线讨论进行评估，以帮助教师了解学生在学习过程中的情感波动，从而改进教学设计。

6. 社会调查与趋势分析

社会学研究中的大规模问卷调查和访谈数据，通常涉及大量复杂的信息。AI工具可以通过情感分析、文本挖掘等技术，自动提取潜在的趋势和模式，帮助研究者理解社会现象的变化及其背后的驱动因素。

例如，某社会调查研究团队通过问卷收集了大量关于社会保障政策的公众意见，AI工具可以根据问卷回答自动提取社会群体的主要观点，并通过热力图展示不同地区或社会阶层对政策的不同态度。同时，AI工具还能通过主题建模技术，识别公众关注的热点问题，并动态展示这些问题在不同时期的讨论热度，从而帮助政策制定者了解公众情绪变化，为政策调整提供数据支持。

四、案例实操

在数据可视化方面，我们建议使用 Manus 进行数据分析。我们可以直接引用相关的 Excel 表格、PDF 报告、相关数据文档，在此基础上只需要一个大致的研究方向，即可实现数据可视化。

第一步，确定自己的研究方向。例如，我们想以"中国人口分布及人口变动情况"为主题，生成数据可视化的分析报告。我们需要明确：报告涵盖的时间范围为最近 10 年，人口分布的关注点为省级区域分布，人口变动的关注点为人口迁移趋势，报告篇幅为中等篇幅。

第二步，在 Manus 中输入提示词，如图 8-8 所示。

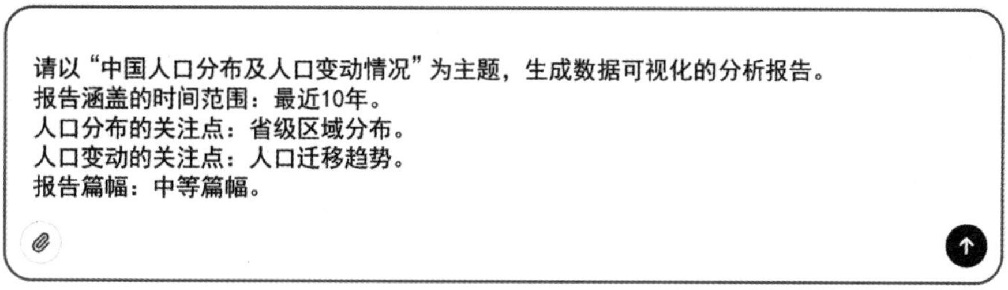

> 请以"中国人口分布及人口变动情况"为主题，生成数据可视化的分析报告。
> 报告涵盖的时间范围：最近10年。
> 人口分布的关注点：省级区域分布。
> 人口变动的关注点：人口迁移趋势。
> 报告篇幅：中等篇幅。

图 8-8 提示词范例

第三步，点击发送按钮，稍等片刻，Manus 就会给出数据可视化的分析报告：

我已经完成了中国人口分布及人口变动情况的数据可视化分析报告。这份报告全面分析了中国最近 10 年的人口分布特点和人口迁移趋势，特别关注了省级区域人口分布和人口迁移流向。

报告主要包括以下几个部分：

（1）引言：介绍研究背景、目的和报告结构。

（2）数据来源与方法论：说明数据收集和分析方法。

（3）中国省级人口分布分析：详细分析了省级人口总量分布、区域人口分布、人口密度分布和人口分布的不均衡性。

（4）中国人口迁移趋势分析：分析了全国人口变化趋势、区域人口变化趋势、省际人口迁移流量和人口迁移与经济发展的关系。

（5）结论与展望：总结主要发现，提出政策启示，并对未来人口变动趋势进行展望。

报告包含了 15 个精心制作的可视化图表，直观展示了中国人口分布和变动的复杂性。主要发现包括：

□ 中国人口分布呈现显著的区域不平衡特征，东部和中部地区人口密集，西部和东北地区人口稀疏

□ 人口迁移呈现明显的"孔雀东南飞"模式，主要从东北和中西部向东部沿海地区流动

□ 经济发展水平是影响人口分布和迁移的最主要因素

□ 2015—2023年，中国总人口增长速度逐渐放缓

请查看附件中的完整报告和可视化图表。

下载后，可以看到Manus已经为我们生成了多个数据可视化图表，如图8-9、图8-10所示。

2020年中国主要省份人口迁移流量（万人）

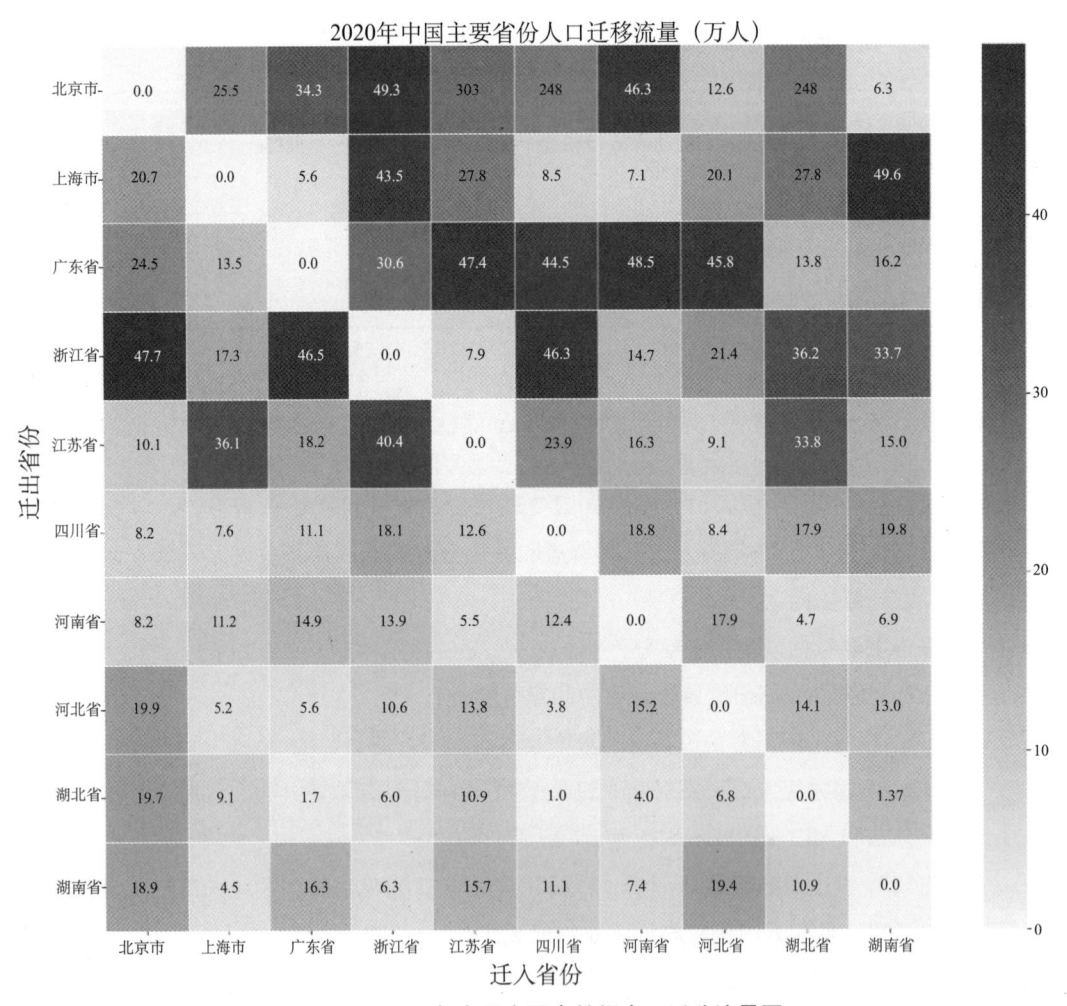

迁出省份\迁入省份	北京市	上海市	广东省	浙江省	江苏省	四川省	河南省	河北省	湖北省	湖南省
北京市	0.0	25.5	34.3	49.3	303	248	46.3	12.6	248	6.3
上海市	20.7	0.0	5.6	43.5	27.8	8.5	7.1	20.1	27.8	49.6
广东省	24.5	13.5	0.0	30.6	47.4	44.5	48.5	45.8	13.8	16.2
浙江省	47.7	17.3	46.5	0.0	7.9	46.3	14.7	21.4	36.2	33.7
江苏省	10.1	36.1	18.2	40.4	0.0	23.9	16.3	9.1	33.8	15.0
四川省	8.2	7.6	11.1	18.1	12.6	0.0	18.8	8.4	17.9	19.8
河南省	8.2	11.2	14.9	13.9	5.5	12.4	0.0	17.9	4.7	6.9
河北省	19.9	5.2	5.6	10.6	13.8	3.8	15.2	0.0	14.1	13.0
湖北省	19.7	9.1	1.7	6.0	10.9	4.0	6.8	0.0	1.37	
湖南省	18.9	4.5	16.3	6.3	15.7	11.1	7.4	19.4	10.9	0.0

图8-9　2020年中国主要省份间人口迁移流量图

2020年中国区域间人口迁移流量（万人）

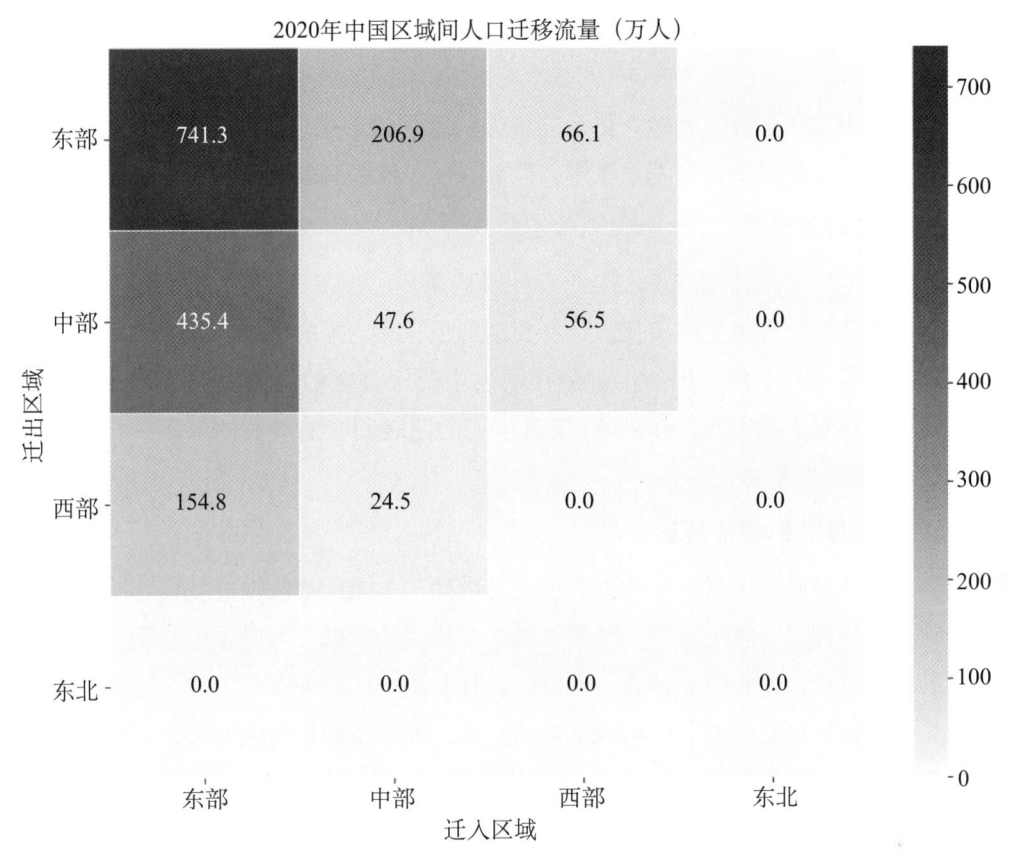

迁出区域＼迁入区域	东部	中部	西部	东北
东部	741.3	206.9	66.1	0.0
中部	435.4	47.6	56.5	0.0
西部	154.8	24.5	0.0	0.0
东北	0.0	0.0	0.0	0.0

图 8-10　2020 年中国区域间人口迁移流量图

8.4　图表设计与成果展示技巧

图表设计和成果展示是数据可视化中至关重要的一部分。一个好的图表不仅能直观地呈现数据中的规律与趋势，还能够增强论证的说服力，让观众更容易理解复杂的数据。随着 AI 工具的发展，图表的设计与展示过程不仅变得更加高效，还能通过智能优化，提高图表的质量与效果。在这一节中，我们将深入探讨图表设计的基本原则，AI 工具如何在图表优化中发挥作用，以及在科研报告和学术成果展示中，如何将图表与结论结合起来，增强论证的表达力。

一、图表设计的基本原则

图表设计不仅仅是技术问题,更是艺术与信息传达的结合。在使用 AI 工具辅助设计图表时,需要遵循以下几个基本原则,以确保图表能够有效地传达数据背后的信息。

1. 简洁性与清晰性

图表的核心目的是传递信息,因此设计时应避免过度复杂的元素。尽量简化图表,去除不必要的装饰,突出关键信息。选择简洁的色彩和清晰的字体,确保图表的每一个部分都能让读者一目了然。例如,避免在图表中使用过多的颜色,避免让图表过于拥挤,以免造成视觉上的困扰。如果 AI 工具生成的图表和我们需要的并不一样,我们可以继续让 AI 工具迭代修改。

2. 数据与信息的精确传达

图表的设计应确保所展示的数据和信息是准确的。无论是数据的规模、单位还是数据的变化趋势,都应清晰地标明。特别是对于多维度的数据,应确保每一层信息都能通过清晰的图表展示,避免误导读者。例如,在柱状图中,应确保每个柱子之间的间隔均匀,数据标签清晰可见,避免任何视觉上的扭曲。如果我们想借助 DeepSeek 生成图表,可以给它提供一些模板范例,并明确提出相关要求,或要求直接生成 HTML 格式的图表,方便我们调整。

3. 一致性与可比性

在展示多个数据系列时,确保使用一致的设计风格,以便读者能轻松进行对比。例如,使用相同的色彩方案、相同的标尺和坐标系,确保各个图表之间的一致性。如果展示的是不同时间点的数据变化,保持图表的设计风格一致,可以帮助读者更容易地对比不同数据间的变化。

4. 引导性和可操作性

图表不仅仅是静态的数据展示工具。特别是在报告和学术论文中,交互式图表的设计能够帮助用户更深入地探索数据。为图表添加交互功能,例如鼠标悬停提示、数据筛选和放大缩小功能,能够使读者在不同时期或不同条件下查看数据,增加图表的可操作性。

二、AI 工具在图表设计中的应用

随着 AI 技术的不断发展,图表设计的优化和展示变得更加智能化和自动化。AI 工具可以通过智能分析数据特征,自动选择合适的图表类型,并进行优化调整,帮助用户高效设计出高质量的图表。

1. 智能推荐图表类型

AI工具能够根据数据的性质和结构,自动推荐最合适的图表类型。例如,在分析时间序列数据时,AI工具会推荐折线图;在对比多个类别数据时,会推荐柱状图或堆积图;在展示数据分布时,会推荐直方图或散点图。AI工具不仅可以提高图表类型选择的精准度,还能根据数据的趋势智能调整图表的轴标签、刻度范围和数据标签,从而避免人工调试时容易发生的失误。

2. 自动调整图表元素

AI工具可以自动调整图表的视觉元素,包括图表的颜色、字体、布局等。通过自动优化颜色的对比度,确保图表在不同设备上的可读性;AI工具还可以根据数据的特征智能选择图表的颜色主题,使图表既符合美学,又有助于信息传达。此外,AI工具能够自动调整图表的大小和排版,使得图表在报告、论文或演示中得到最佳呈现。

3. 数据分析与图表动态展示

AI的动态分析功能使得图表不再局限于静态数据展示,而是可以根据实时数据自动更新。例如,在科研过程中,AI能够根据最新的实验数据,自动调整图表显示内容,实时更新趋势线、预测值和结果,帮助研究人员跟踪数据变化,快速做出响应。这种动态图表特别适用于实时数据监控、实验研究和市场分析等领域。

4. 自动生成复杂图表

对于某些复杂的数据集,传统的图表设计往往需要大量人工调整,而AI工具则能够通过智能化的算法自动生成复杂图表。例如,对于大规模的调查数据或实验数据集,AI工具可以自动生成多维度的热力图、散点图矩阵等,帮助研究人员从多个角度深入理解数据之间的关系。此外,AI工具还能根据数据的多样性,自动生成交互式图表,允许用户在图表上进行筛选、放大或数据分组,以便进一步分析。

三、成果展示中的图表整合技巧

图表不仅是数据的呈现工具,而且在学术成果的展示中起着至关重要的作用。在论文撰写、科研报告、学术演讲中,如何将图表与分析结果相结合,进行有效的成果展示,是一项关键技能。以下是几种常见的运用图表展示成果的技巧,可帮助提升图表的表达力和说服力。

1. 图表与文字的有机结合

图表在成果展示中的作用是为文字提供直观支持。因此，在展示图表时，确保文字内容和图表内容相辅相成，但要避免重复。可以通过图表来展示数据趋势或对比结果，再通过文字对其进行解释和分析，指出图表中未能直观表达的细节。例如，在展示某一药物疗效的图表时，除了展示不同组别的治疗效果，还应通过文字分析不同治疗方法的优缺点，结合图表揭示哪些数据结果具有统计学意义。

2. 突出关键发现与结论

在科研报告中，通过图表清晰地呈现出关键发现至关重要。在设计图表时，应重点突出研究的核心结论，避免在图表中展示过多无关数据。例如，在展示一项研究的统计结果时，可以用不同颜色标记出最关键的实验组数据，确保这些数据在图表中一目了然，这样可以帮助读者快速把握研究的主要结论。

3. 清晰的图表标题与标签

图表的标题和标签是图表的重要组成部分，它们直接影响观众对图表的理解。要确保每个图表都有简洁明了的标题，并标注清晰的坐标轴和数据标签。AI 工具能自动优化标签的布局，避免标签重叠或位置不当，从而提高图表的可读性和美观度。

四、案例实操

第一步，确定自己想展示的图表数据，我们以 2025 年第一季度中国智能手机市场情况为例，如图 8-11 所示：

2025年第一季度中国智能手机市场情况（百万台）				
公司	2025Q1 出货量	2025Q1 市场份额	2024Q1 出货量	2024Q1 市场份额	同比增长
小米	13.3	18.60%	9.5	13.80%	39.90%
华为	12.9	18.00%	11.7	17.00%	10.00%
OPPO	11.2	15.70%	10.9	15.70%	3.30%
vivo	10.3	14.40%	10.1	14.60%	2.30%
Apple	9.8	13.70%	10.8	15.60%	-9.00%
其他	14	19.50%	16.3	23.50%	-14.00%
总计	71.6	99.90%	69.3	100.20%	3.30%

图 8-11 2025 年第一季度中国智能手机市场情况

第二步，在 DeepSeek 中输入提示词，并点击"深度思考（R1）"和"联网搜索"，如图 8-12 所示。

第 8 章　数据分析与可视化呈现

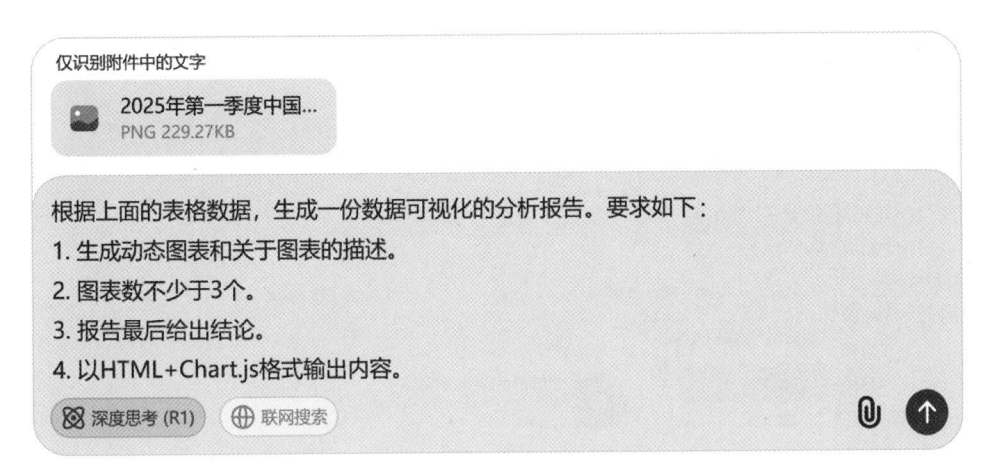

```
仅识别附件中的文字

  2025年第一季度中国...
  PNG 229.27KB

根据上面的表格数据，生成一份数据可视化的分析报告。要求如下：
1. 生成动态图表和关于图表的描述。
2. 图表数不少于3个。
3. 报告最后给出结论。
4. 以HTML+Chart.js格式输出内容。

 深度思考 (R1)    联网搜索
```

图 8 - 12　提示词范例

第三步，点击发送按钮，稍等片刻，DeepSeek 就会给出一个 HTML 代码，如图 8 - 13 所示。

```html
Html                                                           复制

<!DOCTYPE html>
<html lang="zh - CN">

<head>
  <meta charset="UTF - 8">
  <meta name="viewport" content="width=device-width, initial - scale = 1.0">
  <title>中国智能手机市场分析报告</title>
  <script src="https://cdn.jsdelivr.net/npm/chart.js"></script>
  <style>
    canvas {
      max-width: 300px;
      max-height: 300px;
    }
  </style>
</head>

<body>
  <h1>中国智能手机市场分析报告（2025年第一季度初步结果）</h1>

  <!-- 图表1: 2025Q1各公司出货量柱状图 -->
  <canvas id="shipmentsChart"></canvas>
  <h2>2025年第一季度各公司智能手机出货量</h2>
  <p>此图表展示了2025年第一季度中国智能手机市场前五名公司以及其他公司的出货量情况。可以看到，Xiaomi以1330万部的出货量位居榜首，领先于其他竞争对手。</p>
```

图 8 - 13　生成的 HTML 代码

第四步，打开记事本，将 DeepSeek 生成的 HTML 代码复制进去，依次选择"文件"、"另存为"，保存类型选择"所有文件"，文件名命名为"中国智能手机市场分析报告.html",如图 8-14 所示。

图 8-14 将 HTML 代码复制到记事本中

第五步,打开文件,即可看到报告已生成。图 8-15、图 8-16、图 8-17 展示的是报告详情,包含三个图表。

中国智能手机市场分析报告(2025 年第一季度初步结果)

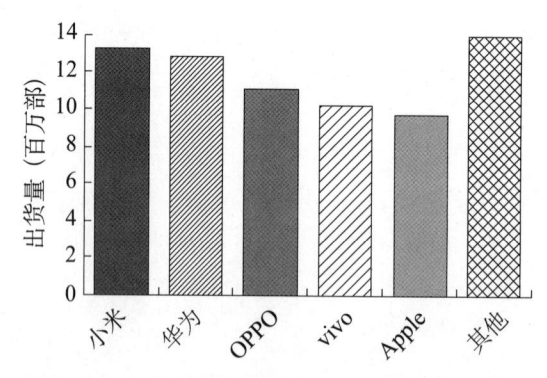

图 8-15 2025 年第一季度各公司智能手机出货量

图 8-15 展示了 2025 年第一季度中国智能手机市场前五名的公司以及其他公司的出货量情况。可以看到,小米以 1 330 万部的出货量位居榜首,领先于其他竞争对手。

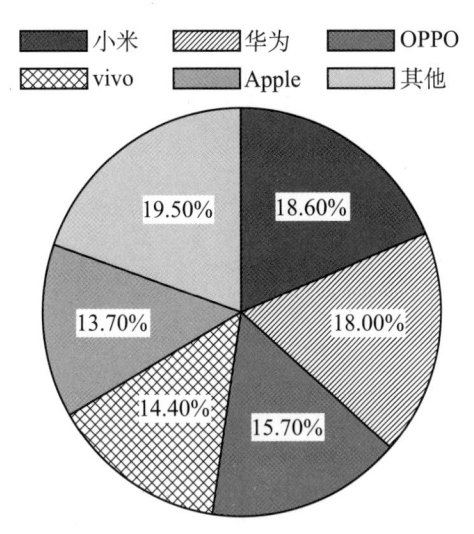

图 8-16　2025 年第一季度各公司智能手机市场份额

图 8-16 显示了 2025 年第一季度各公司在市场中的份额。小米和华为市场份额较为接近，分别为 18.60% 和 18.00%，前五名公司占据了较大的市场份额。

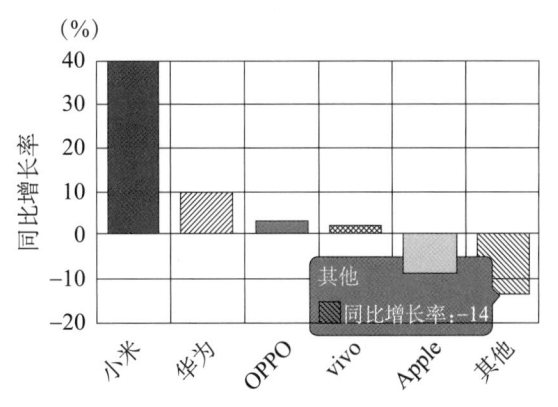

图 8-17　各公司智能手机同比增长率

图 8-17 展示了各公司 2025 年第一季度相对 2024 年第一季度的出货量同比增长率。小米的同比增长率最高，达到 39.90%，而 Apple 则出现了 9.00% 的同比下滑。

从 2025 年第一季度的数据来看，小米在出货量和同比增长率方面表现出色，位居市场第一，显示出强劲的增长势头。华为紧随其后，在市场上也占据了较大份额。OPPO 和 vivo 的出货量和市场份额相对稳定。Apple 的市场份额则有所下降。整体上，前五名公司占据了主要市场份额，但其他公司也占据了 19.50% 的市场份额。

第 9 章
降重与查重

9.1 降重的重要性与理论基础

一、学术降重的本质与内涵

在学术写作中,"降重"这一概念常被提及,尤其是在论文查重制度日益严格的背景下,降重更是成为撰写过程中的关键环节。许多初学者误以为降重只是"换个说法"或者"改几个词"的机械操作,甚至将其与"洗稿"混为一谈。然而,从学术的角度出发,降重远不止于此。

本质上,降重是指对已有观点或研究成果进行重新组织和表达的过程。这种重构并非简单的表层语言变动,而是要求写作者在真正理解原文的基础上,以自身的语言逻辑重新组织信息,从而形成具有独立表达形式的内容。也就是说,降重的过程不仅关乎语言的转化,更反映了思维的转化和知识的内化。

在学术实践中,有效的降重体现了一种"学术再表述"(academic restatement)的能力。当一个人能够在准确理解原文的基础上,用不同的词语、结构和表达方式表述同一观点,这种再表述的能力本身就体现出对知识内容的掌握程度。因此,降重不是避免被识别为抄袭,而是展示理解力与表达力的方式。

举例而言,原句为:"教育公平是实现社会正义的基本前提。"如果表面改写为:"社会正义的实现离不开教育公平。"虽然语序和部分词语发生变化,但结构与语言特征仍高度相似,实质上属于形式变化,未触及表达方式的本质调整。而一个更符合降重要求的表述可能是:"只有确保教育资源的均衡分配,社会公平正义才能逐步实现。"这种表达在结构、语词和句意上都做出了实质调整,更能体现出作者对原意的理解与再建构能力。

真正的理解不应停留在对语言形式的模仿,而应体现在对意义的重构。在这一视角下,降重不仅是写作技术的体现,更是一种思维训练。它引导作者摆脱对原文语言的依赖,从而在学术表达中形成更高水平的原创性。

因此,降重的核心在于理解、内化与再表达,是写作者学术成长过程中不可或缺的基本能力之一。通过降重,写作者不仅能够提升语言表达的灵活性,也能在不断的思维演练中逐步构建属于自己的学术风格。

二、降重的重要性

在当今学术写作中，降重已经成为一个至关重要的步骤。随着学术界对原创性的要求日益严格，越来越多的学术机构和出版平台采用查重系统来确保文章的独创性。降重，即通过合适的方式修改和重构文本，减少与他人作品重复的部分，已成为学术写作过程中不可或缺的一环。它不仅关乎论文的质量和学术诚信，也直接影响到学术研究的评审与发表。

1. 避免抄袭与维护学术诚信

降重是避免抄袭的有效手段。抄袭不仅仅是指直接复制他人的文字，还包括未标注引用或对他人观点简单照搬。如果一篇论文与他人作品的相似度过高，不仅会被查重系统标记为"抄袭"，更严重的，可能会影响写作者的学术声誉。学术界对抄袭有着明确的规定，任何形式的抄袭行为都可能导致论文发表被拒绝，甚至影响个人的学术生涯。因此，通过降重来确保文章的原创性，是每位学者在写作中应当遵循的基本原则。

2. 提升语言表达与学术思维能力

降重对提升写作者的语言表达能力至关重要。降重不仅仅是对已写文本的修改，它实际上还是一个再创作的过程。在这个过程中，写作者需要用自己的语言去重新表达原有的思想和观点，这要求写作者不仅具备良好的语言能力，还具备一定的学术思维能力。通过降重，写作者能够在不断转述和改写的过程中，提升自己对语言的掌控力，同时也能更加清晰地表达自己的想法。

3. 提高学术论文的质量

降重直接影响论文的学术质量。每篇高质量的学术论文，都是经过深思熟虑和多次修改的成果。通过降重，写作者可以更加准确地表达自己的研究发现，同时避免内容重复和冗余。通过对内容的提炼和结构调整，论文的逻辑性和连贯性也会得到显著提高。有效的降重能让论文更加简洁、条理更清晰、论点更加鲜明，从而大大提高文章的整体质量。

4. 适应学术评价体系

降重与学术评价体系紧密相连。许多学术期刊和会议会使用查重系统来评估稿件的原创性，查重结果往往直接决定论文是否能通过审稿。因此，进行合理的降重，不仅可以帮助论文避免高重复率，还能助其通过学术审核，提高被接受的概率。同时，降重使得论文符合学术规范，能够提升其学术价值。

三、降重系统的基本原理

在实际写作中,不少写作者将"降重"等同于"替换关键词""改写语序",认为只要把原句中的词换掉、顺序打乱,就完成了降重的任务。还有一些写作者更倾向于依赖网络上的"自动改写工具",希望用机械化手段快速生成"全新"的文字。然而,将降重简化为"改词"或"洗稿",不仅违背了学术规范,也极易导致表达混乱、内容失真,甚至触碰学术不端的边界。

所谓"改词",通常是指将原句中的词语替换为近义词,或将被动语态改为主动语态等语言层面的浅层变动。这种处理方式虽然使文字内容在形式上看似"变了",实则仍保留了原句的大部分结构与语义特征,极易被查重系统识别。而"洗稿"则更具误导性,其通过大量词语堆砌、语序颠倒、句式拼接来伪装原创,虽暂时躲过查重系统,但其结果往往逻辑混乱、表达生硬,甚至扭曲原意,严重损害了学术表达的严谨性与可信度。

从学术伦理的角度来看,降重的核心不在于"回避查重",而在于通过再组织与再表达,将已有知识转化为个人理解的一部分。这一过程要求写作者不仅理解原始材料,还应在尊重原意的基础上进行合理转换,使之融入自身的研究逻辑与表达体系中。真正的降重,是一种建立在深度理解与语言掌握之上的再表达行为,而不是语句层面的机械"修改"。

当前主流的查重系统,如中国知网、万方、维普等,通常采用指纹算法(fingerprint algorithm)、句子级匹配算法和语义识别技术的综合机制来判断文本的相似度。其核心目标不是判断两段话的"意思是否相同",而是对比文字在词语、句式、语序等方面的表层相似性。也就是说,哪怕两段话表达的内容完全一致,只要语言表述方式足够不同,系统也可能识别为"非重复";反之,如果语言相似度高,即便表达的内容略有不同,也可能被判定为"重复"。

以"指纹算法"为例,它会对文本进行分词处理,然后抽取特定位置的关键词或短语作为"指纹",再与数据库中的已有文献比对。当两个文本拥有较多相同的"指纹"时,就会被判定为存在重复。同样地,长句中关键词顺序、语法结构的重复度越高,查重结果也越容易超标。

正因如此,有效降重不仅需要更换关键词,更需要重构句式、拆解长句、转换表达逻辑。例如:

- 原句:"高等教育的发展水平直接影响国家的科技竞争力。"
- 不佳改写:"国家科技竞争力与高等教育发展密切相关。"

● 有效重构："一个国家持续提升高等教育质量，其科研产出能力和创新水平往往也随之提高，从而增强国际竞争力。"

可以看到，第三种表述不再拘泥于原句的结构和词语，而是扩展逻辑链条、改变句式结构，既保留了原意，又有效规避了查重系统的识别机制。

此外，查重系统对于"连续重复"格外敏感。通常，五字以上连续重复便可能被系统标红。因此，写作者应尽量避免直接照搬原文句式，应在理解原句后，自行组织语言进行表述。同时，系统对于"引用格式"的识别也在不断完善，规范引用来源、使用引号和参考文献标注同样是降低重复率的有效方法。

9.2 利用 DeepSeek 进行重复内容检测

一、DeepSeek 查重的功能优势

在现代学术写作中，确保论文的原创性已成为一个非常重要的任务。随着学术查重技术的进步，写作者需要更加高效、精准地检测自己文章中的重复内容。DeepSeek 作为一款先进的重复内容检测工具，提供了强大的功能和技术支持，能够帮助写作者快速识别论文中的潜在抄袭或过度引用问题，从而提升文章的原创性。

DeepSeek 的核心优势在于其超强的匹配精度和灵活的应用场景。与传统的查重工具相比，DeepSeek 不仅能够检测到表面上的直接复制，还能识别那些经过轻微修改、同义词替换的间接抄袭。另外，DeepSeek 的一个重要优势是多层次、多维度的检测方式。它不仅仅进行文字层面的比对，还能从句子结构、语义深度等多个角度分析重复内容。这种全面的检测方式能更好地保障论文的原创性，帮助写作者在不同程度上调整文章，避免不必要的相似情况。

二、DeepSeek 查重原理

DeepSeek 使用的是基于深度学习的查重技术，它能够处理复杂的语法结构和语义关联。这种技术使得 DeepSeek 不仅能够识别文本的表面重复，还能深入分析句子之间

的潜在相似性。例如，在查重过程中，DeepSeek 会自动提取文本中的关键语义信息，并与数据库中的文章进行比对，比对过程不局限于单一的词语和短语，还会对文章内容的整体逻辑进行分析。

此外，DeepSeek 的查重技术还能够识别同义词替换、词序调整以及语法结构变化等非直接抄袭形式的内容。这种技术使得 DeepSeek 可以识别那些传统查重工具可能忽视的细节，提供更为精准的检测结果。因此，写作者能够借此在更早的阶段发现潜在的重复内容，及时进行修改。

三、使用 DeepSeek 进行内容检测

使用 DeepSeek 进行重复内容检测非常简便。

步骤1：写作者需要将论文文件上传至 DeepSeek 平台，支持的文件格式包括 PDF 和 Word 等，只需确保文件格式符合要求即可。

步骤2：上传完成后，系统会自动对文档进行内容分析和比对。比对过程会逐段逐句地将论文内容与数据库中的大量学术资源进行匹配，确保每一处潜在的重复都能被准确识别。检测结果会以详细报告的形式呈现，其中包含重复率、重复部分的标注以及相似度等信息。

步骤3：检测完成后，系统会生成一份可视化报告，帮助写作者快速了解文本中存在重复的部分。报告通常包括以下几个关键要素：

（1）重复率总览：报告首页会标注整体重复率的百分比，是评估文本独创性的基本指标。

（2）重复片段标注：系统将文本中与数据库内容相似的句段高亮显示，常以不同颜色表示相似程度。

（3）来源链接或来源文本：提供检测出相似内容的出处，有助于写作者判断该段落是否需要重写、改写或加注引用。

（4）修改建议：部分平台版本甚至提供智能修改建议，指出改写方向或替代表达方式。

以下是一个示例：

第一步，先梳理明确需要查重的内容，包括关键段落、查重重点、修改目标等。

第二步，打开 DeepSeek，选择"深度思考（R1）"和"联网搜索"，并在对话框中输入提示词，如图 9-1 所示。

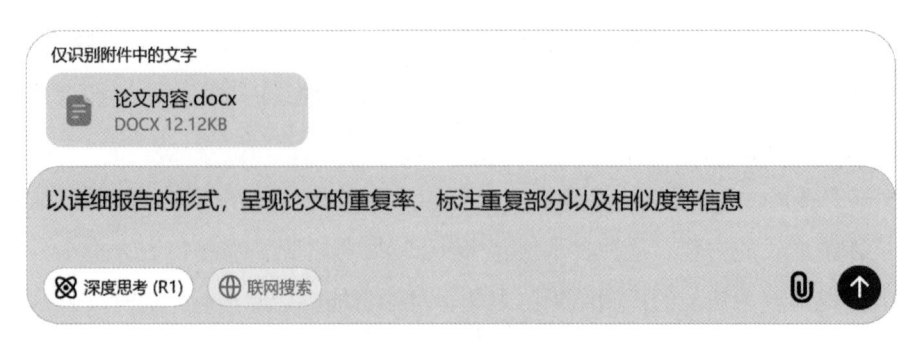

```
仅识别附件中的文字
    📄 论文内容.docx
       DOCX 12.12KB

以详细报告的形式，呈现论文的重复率、标注重复部分以及相似度等信息

⊗ 深度思考（R1）  ⊕ 联网搜索                    🔗  ⬆
```

图 9-1 提示词范例

第三步，点击"发送"按钮，DeepSeek 就会给出相应的框架建议。

检测报告概览

- 检测系统：DeepSeek 模拟结果
- 总体重复率：32.5%

重复内容详解

1. 段落一（相似度：40%）

- 教育系统在当今社会中扮演着关键角色，对个人未来的成长和发展具有深远的影响。
- 相似来源：[知网期刊]《基础教育发展趋势分析》段落 1
- 相似句："教育系统在当代社会中起着不可替代的作用，它关系到个人成长与国家发展。"
- 修改建议：可将句式改写为"当代社会中，教育体系在塑造个体成长与推动社会前行方面具有决定性意义。"

2. 段落二（相似度：55%）

- 然而，当前教育系统面临诸多问题，尤其是课堂教学方法未能与快速变化的社会需求相适应。
- 相似来源：[硕士论文]《课堂教学创新路径研究》段落 2
- 相似句："现有教学方式难以满足快速变化的社会发展需求，教育系统必须作出改革。"
- 修改建议：尝试将表达改为"面对社会节奏的加快，传统的教学方式逐渐暴露出适应性不足的问题，亟须重新设计。"

3. 段落三（相似度：37%）

- 教师的教学方式也存在一定问题，某些教师可能过度强调理论知识的讲解，忽视了学生实践能力的培养。
- 相似来源：[百度文库]《理论教学与实践教学平衡问题研究》段落 4

- 相似句："有些教师在教学中偏重理论传授,实践能力培养被严重忽略。"
- 修改建议:建议重组句式,如"在部分课堂教学中,理论传授常常被置于首位,导致学生在实践方面经验不足。"

4. 段落四(相似度:23%,轻微相似)
- 总体来看,教育系统存在的问题无疑对未来发展构成挑战。
- 相似来源:[期刊论文]《未来教育改革趋势》段落5
- 相似句:"教育系统的问题将成为影响国家未来发展的一项重要因素。"
- 修改建议:可改为"教育体系的短板若得不到改善,或将成为制约未来进步的关键障碍。"

总结与建议
- 当前文本存在多个来源的中度相似内容,需对表达方式、句式结构进行重组和改写。
- 建议通过主动表达变化、语义拓展、加入个人见解等方式,提升文本原创度。
- 深度改写和融入作者视角,将有效降低重复率至10%以下。

第四步,DeepSeek 不一定可以直接生成可用的内容。这时可以继续在上述的对话框中对其提出更多要求,DeepSeek 会根据有关要求进行迭代优化,如图 9-2 所示。

图 9-2 提示词范例

第五步,稍等片刻,DeepSeek 就会给出修改后的结构框架,大家可以迭代优化有关内容。

原文第一段:
在现代社会,教育系统的作用其实真是非常重要的。毕竟,我们可以说,教育对于每个人的未来都有很大的影响。教育的目的就是要为学生提供他们未来发展的机会,这样他们才有可能走得更远。但是,教育系统的现状却存在很多问题,尤其是当前的课堂教学方法,其实不太适应快速变化的社会需求。很多学生可能会因为这种原因而失去对学习的兴趣,导致成绩不理想。

修改后：

教育系统在当今社会中扮演着关键角色，对个人未来的成长和发展具有深远的影响。教育的核心目标是为学生打开通往未来的道路，从而帮助他们实现长远发展。然而，当前教育系统面临诸多问题，尤其是课堂教学方法未能与快速变化的社会需求相适应。这种情况可能导致部分学生失去学习的兴趣，进而影响他们的学业成绩。

原文第二段：

此外，教师的教学风格也有很大的问题。有些教师可能太过于专注于理论教学，而忽视了实际应用能力的培养。事实上，理论和实践的结合才是最有效的学习方法，这样学生才能够真正掌握知识并应用于实际生活。比如，一些学科教师可能会过于注重讲解教材内容，却没有为学生提供足够的机会去实践和体验。

修改后：

教师的教学方式也存在一定问题，某些教师可能过度强调理论知识的讲解，忽视了学生实践能力的培养。有效的学习方法应当是理论与实践相结合，这样学生才能真正理解并应用所学知识。例如，一些学科教师可能专注于教材内容的讲解，而未能为学生提供足够的实践机会，这限制了学生的实际操作和体验。

原文第三段：

总体来看，教育问题的存在显然是对未来发展的一个挑战。如果我们能够解决这些问题，那么学生的学习效果就会大大提高。

修改后：

总体来看，教育系统存在的问题无疑对未来发展构成挑战。如果能够有效解决这些问题，学生的学习效果和整体教育质量将得到显著提升。

四、从查重报告中读懂风险信号

许多写作者在第一次接触查重系统时，往往被一个总重复率的百分比所吸引，误以为只要整体比例"过线"，论文就万无一失。然而，真正有经验的写作者知道，查重报告的价值远不止于一个数字，它更像是一份"风险体检表"，提醒写作者哪部分存在潜在问题、哪些表达需要改进，甚至可能预警学术不端的边缘行为。因此，学会解读查重报告，是确保论文质量、避免学术风险的关键一步。

要理解不同颜色标注所代表的风险等级。以常用查重系统为例，红色往往代表高度重复，橙色代表中等重复，黄色和绿色则表示轻微重复或相似。红色部分是需要优先处理的"高危地带"，通常意味着该段落与公开发表的文献有高度重合，或与他人已提交的论文内容相似度极高。这部分如果不加处理，极有可能被判为抄袭。

要关注重复来源与引用格式是否规范。不少写作者会因为引用格式不规范而导致查重误判。比如，在引用他人观点时没有使用引号或注释，或者参考文献未按照学术标准标明出处，这些细节问题都会被系统判定为"未注明来源的相似内容"。这类问题虽非主观抄袭，但若未及时修改，仍可能在正式评审中被认定为学术不端。

要分析重复内容的分布位置和集中程度。如果一篇论文在引言、文献综述部分出现重复率较高的情况，是可以理解的，因为这部分需要大量引用他人的观点。但若正文分析、研究结果部分的重复率偏高，就必须警惕是否存在表达不清、拼接写作甚至"偷懒照搬"的问题。通过定位这些重复段落，写作者可以对症下药，进行内容重构或语言转换，确保所表达内容的原创性。

例如，某篇论文的查重报告显示，总重复率为16％，但"第3章理论分析"部分单独的重复率高达35％，并集中出现大量红色标记。进一步追踪后发现，该章节内容大量照搬教材段落，未加改写也未注明来源。虽然整篇论文表面看起来合格，但若忽视这一局部高重复的风险，在最终答辩或发表时，极有可能被追责。因此，查重报告不仅要看"总分"，更要细读"分项"，抓住高风险内容的根源。

最后，还应注意查重系统的局限性。不同查重系统对比库不同，识别算法各异，因此报告结果具有一定偏差。写作者可将主流系统作为首选，如中国知网、维普、DeepSeek等，并结合人工复查判断，不盲信、不依赖，才能真正提升写作质量。

9.3 实用改写策略与技巧

一、词语替换是最基础的技巧

在论文降重的众多策略中，词语替换无疑是最容易掌握、最常被写作者使用的手段。它操作简便，不需要复杂的语法重组，也无需改变句子的主干逻辑。但正因为其"入门级"的特点，效果有限，所以更适合作为降重过程中的第一步，为后续更深层的修改打下基础。

词语替换的核心，在于使用近义表达来传递相同的信息内容。例如，在学术写作中，"影响"可以替换为"作用"或"促进"，"体现"可以替换为"反映"或"表现"。这些替换不会破坏原句的逻辑结构，却能有效降低查重系统对相似表述的识别概率。

来看一个具体的例子：

原句："大数据技术对教育管理产生了深远影响。"

替换后："大数据技术在教育管理中发挥了重要作用。"

虽然句子的意思没有改变，但通过词语替换，"产生影响"变为"发挥作用"，"深远"变为"重要"，系统就会将其识别为不同的句子结构，从而降低相似度。

但需要注意的是，机械地替换词语往往会导致语义模糊或表达不准确。例如，将"支持"替换为"鼓励"，虽然这两个词在某些语境中类似，但含义仍有细微差别。"支持"强调的是提供帮助和资源，"鼓励"更偏向于情感或态度的表达。如果不根据上下文语义判断，盲目替换很容易影响句意的清晰度，甚至造成逻辑错误。

此外，写作者在进行词语替换时应当具备一定的词语积累和语境感知能力。不仅要掌握近义词的多样性，更要理解它们在不同学术语境下的适用范围。例如，在社会学论文中，"群体"可以替换为"集体"或"群落"，但"群落"多用于生态学语境，滥用会显得不专业。类似地，虽然"优化"可以替换为"改善"或"调整"，但前者更具技术性，后者则偏向策略性，替换需斟酌语境。

值得强调的是，词语替换更像是"减法"，即对原句进行微调以规避重复；而句式变化和内容重组更像"加法"或"乘法"，能够对原文进行结构性重构。因此，在整个降重过程里，词语替换只是起点，而不是终点。它的价值，在于为写作者提供一个相对安全、风险较低的起步策略，帮助其建立语言变换的初步感知。

综上所述，词语替换作为降重的基础工具，虽然效果有限，但在初步处理重复内容时依然发挥着不可替代的作用。写作者应在扎实掌握近义词的基础上，灵活调整用词结构，为进一步优化文章打下坚实的语言基础。

二、句式变化增添语言活力

在论文写作中，重复内容不仅影响整体的原创度，也影响阅读体验。很多写作者在面对重复率过高的问题时，往往倾向于简单地替换关键词或插入一些无实质意义的连接词。然而，这种做法效果有限。真正有效的降重方法之一，是在保留原意的基础上，通过句式变化来重塑语言结构，使文字焕然一新，同时增强语言表现力。

句式变化的本质，是在不改变原始信息的前提下，对语法结构进行重组。通过改变语序、转换语态、调整主谓结构、加入修辞手法等方式，写作者不仅能够避开查重系统的识别逻辑，更能提升文字的多样性和感染力。例如，原句"科学技术的发展推动了社会变革"，看似简洁明确，但换一种表达方式，如"社会变革的脚步，正由科技不断加快"，不仅语义清晰，而且语言节奏更富变化，具有更强的表达张力。

很多时候，写作者使用的是中性甚至有些呆板的句型，导致文本呈现出单一的语感。

此时，适度引入反问、设问、感叹句等句式，不但能够有效调整句子结构，还能激发读者思考。例如，"是否可以忽视教育在社会进步中的作用？"这样的表达，不但比"教育对社会进步至关重要"更具思辨色彩，也更容易吸引评审老师的注意力。在学术写作中，保持严谨并不等于语言必须单调，句式的灵活运用正是实现理性与文采相结合的关键路径。

主动语态与被动语态的转换也是句式变化中非常实用的一种技巧。查重系统通常更容易识别标准化表达中的固定结构，而通过语态调整，可以有效打破这种"识别公式"。例如，"研究者发现了新的模型结构"，可以转化为"这一新的模型结构被研究者所发现"。语序和主语的变化，虽然信息内容不变，但结构发生了根本转化，从而有效降低相似度。

写作者还可以尝试将单句扩展为复句，或将长句拆分为多个简短句，借此改变句子节奏，打乱固定句型。例如，原句"随着数字经济的发展，传统产业面临着巨大的转型压力"，可以改为"数字经济迅速发展，这一趋势正在改变传统产业的生态，许多企业因此承受着转型的重压"。这样的改写既增强了语义的层次感，也使句式更自然多变，避免了重复句型带来的僵硬感。

值得强调的是，句式变化并非一味地追求"看起来不同"，而应在逻辑清晰、表达准确的前提下实现语言的重构。真正成功的降重，是能够在不削弱学术内容的同时，通过语言组织的巧妙安排，提升文章的整体质感。

句式变化是一种兼具技巧性与创造性的降重方式。它不仅能有效降低重复率，还能为文章注入活力，使其在语言表达上更加丰富多彩。写作者应当将其视为写作训练的重要组成部分，持续练习，提高对语言变化的敏感度，从而在学术写作中游刃有余，真正做到"换一种方式说同一个道理"。

三、案例实操

第一步，先梳理明确优化内容，包括段落内容、优化需求和输出需求等。

第二步，打开 DeepSeek，选择"深度思考（R1）"和"联网搜索"，并在对话框中输入提示词，如图 9-3 所示。

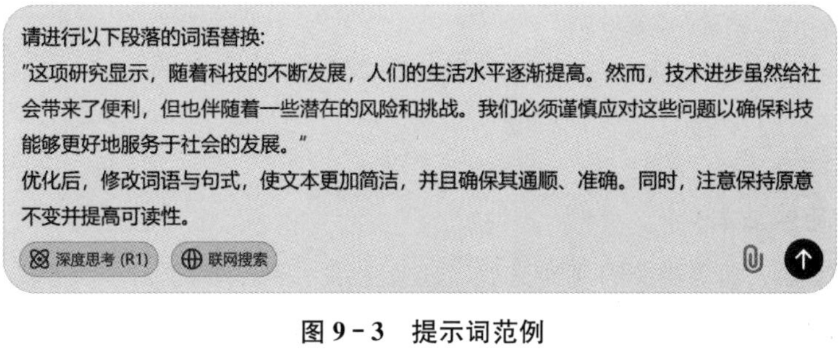

图 9-3 提示词范例

第三步，点击"发送"按钮，DeepSeek 就会给出相应的框架建议。

优化前：

"这项研究显示，随着科技的不断发展，人们的生活水平逐渐提高。然而，技术进步虽然给社会带来了便利，但也伴随着一些潜在的风险和挑战。我们必须谨慎应对这些问题，以确保科技能够更好地服务于社会的发展。"

优化后：

"研究表明，随着科技的飞速发展，公众的生活质量显著提升。然而，尽管技术的进步为社会带来了诸多便利，它也带来了不可忽视的风险与挑战。因此，我们需要谨慎地处理这些问题，确保科技能够有效地促进社会的持续发展。"

说明：

- "这项研究显示"替换为"研究表明"，使表述更加简洁。
- "人们的生活水平逐渐提高"替换为"公众的生活质量显著提升"，增强了表述的精确性和流畅性。
- "技术进步虽然给社会带来了便利"替换为"尽管技术的进步为社会带来了诸多便利"，更加紧凑且语气更符合正式文献。
- "我们必须谨慎应对这些问题"替换为"因此，我们需要谨慎地处理这些问题"，更加自然且具有逻辑过渡。
- "以确保科技能够更好地服务于社会的发展"替换为"确保科技能够有效地促进社会的持续发展"，提升了表达的流畅度和清晰度。

第四步，DeepSeek 不一定可以直接生成可用的内容。这时可以继续在上述的对话框中对其提出更多要求，DeepSeek 会根据有关要求提供迭代结果，如图 9-4 所示。

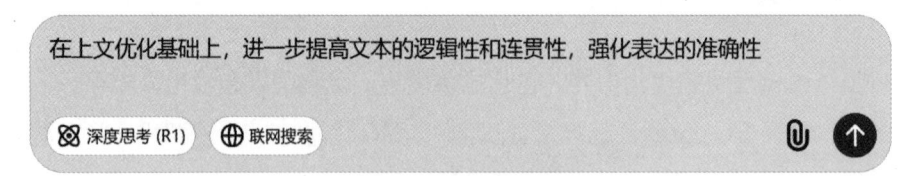

> 在上文优化基础上，进一步提高文本的逻辑性和连贯性，强化表达的准确性
>
> 深度思考 (R1)　　联网搜索

图 9-4　提示词范例

第五步，稍等片刻，DeepSeek 就会给出修改后的结构框架，大家可以迭代优化有关内容。

优化后的文本：

研究表明，随着科技的飞速进展，社会生活水平显著提升。尽管技术进步为社会带来了前所未有的便利，但它也伴随着不可忽视的风险与挑战，尤其是在数据安全、隐私保护和社会公平等方面。这些潜在问题可能影响科技进步的正面效果，并给社会带来深远的负面影响。因此，为了确保科技能够持续推动社会发展，我们需要保持警觉，并采取必要的预防措施，如制定相关政策和加强伦理审视，以最大化其正面贡献。

修改说明：

1. 明确因果关系：优化后的文本更明确地指出了"潜在问题"对社会的"负面影响"，并与"科技进步的正面效果"之间建立了更清晰的因果关系，增强了逻辑性。

2. 简洁性提升：删除了重复的表达，改为"为社会带来了前所未有的便利"，避免了冗余，同时保留了文章的核心信息。

3. 自然过渡：通过引入"因此"这个过渡词，顺畅地衔接了科技带来的好处与潜在风险的讨论，增强了段落的连贯性。

四、内容重组使文本焕然一新

对于写作者而言，虽然词语替换和句式变化是常见的降重方式，但要真正从根本上避开查重系统的识别，提升表达的原创性与专业性，更深层次的内容重组策略显得尤为关键。所谓内容重组，指的是在不改变原有学术逻辑和观点的前提下，重新组织语句顺序、调整信息结构乃至段落安排，使文本展现出全新的叙述面貌。

重组的实质，是对信息表达逻辑的再构建。以一个较为简单的句子为例：

原句："互联网技术的快速发展推动了在线教育平台的兴起。"

写作者可以将其重组为："随着互联网技术不断进步，越来越多的在线教育平台应运而生，推动了教育模式的转型。"

前后相较，虽然核心信息保持一致，但语序和句型都发生了显著变化。这种调整不但有助于规避重复问题，更能增强语言的流动感和逻辑性，使表达更为自然、细腻。可见，重组并不只是为了"改写"，更是为了优化表达。

内容重组也常体现在段落层面。例如，一段学术描述可能围绕"原因—过程—结果"的结构展开，写作者可以尝试以"结果—原因—过程"或"案例—分析—总结"的顺序来重新组织，既保留了学术严谨性，又提升了语言的新鲜感。这种结构的再编排，有助于形成新的语篇结构单元，从而有效降低文本整体的重复率。

在具体操作中，内容重组对写作者的表达能力提出了更高的要求。它不仅要求写作者具备足够的信息整合能力，还要求其在逻辑清晰的前提下合理变换表达方式。尤其是在处理文献综述或理论分析等高重复率内容时，写作者若能掌握"换角度—调语序—重组织"的重组三步法，往往能使文章内容脱胎换骨，避免让读者产生堆砌拼接的感觉。

此外，内容重组还有助于写作者深化对原文的理解。很多时候，写作者在降重的过程中，不得不重新思考每一句话的内在逻辑和上下文联系。这个过程本身就是学术思维训练的一部分。通过主动调整结构，写作者能够更精准地掌握材料的核心含义，同时提升自己的语言运用能力和学术表达能力。

总而言之，内容重组不仅是一种降重技巧，更是一种提升写作质量的路径。它能帮助写作者打破语言模板的束缚，形成独立、个性化的表达体系。在实际写作中，如果能够合理使用词语替换、句式变化与内容重组三种策略，写作者将能大幅提升文本的新颖度与可读性，从而在论文写作中展现更高水平的学术能力。

五、案例实操

第一步，先梳理明确研究主题、关键问题、文献范围、已有基础、输出需求等。

第二步，打开 DeepSeek，选择"深度思考（R1）"和"联网搜索"，并在对话框中输入提示词，如图 9-5 所示。

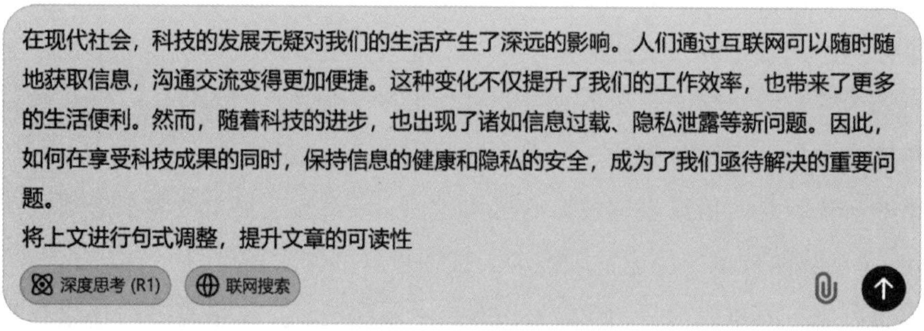

> 在现代社会，科技的发展无疑对我们的生活产生了深远的影响。人们通过互联网可以随时随地获取信息，沟通交流变得更加便捷。这种变化不仅提升了我们的工作效率，也带来了更多的生活便利。然而，随着科技的进步，也出现了诸如信息过载、隐私泄露等新问题。因此，如何在享受科技成果的同时，保持信息的健康和隐私的安全，成为了我们亟待解决的重要问题。
>
> 将上文进行句式调整，提升文章的可读性
>
> 深度思考（R1）　　联网搜索

图 9-5　提示词范例

第三步，点击"发送"按钮，DeepSeek 就会给出相应的框架建议。

优化后的语句：

现代社会中，科技的发展对我们的生活产生了深远的影响。借助互联网，人们能够随时随地获取信息，沟通交流变得前所未有的便捷。这种变革不仅提升了我们的工作效率，也为生活带来了诸多便利。然而，随着科技进步的同时，也引发了信息过载、隐私泄露等一系列新问题。因此，如何在享受科技成果的同时，保障信息健康与隐私安全，已成为我们迫切需要解决的关键问题。

第四步，DeepSeek 不一定可以直接生成可用的内容。这时可以继续在上述的对话框中对其提出更多要求，DeepSeek 会根据有关要求提供更多迭代内容，如图 9-6 所示。

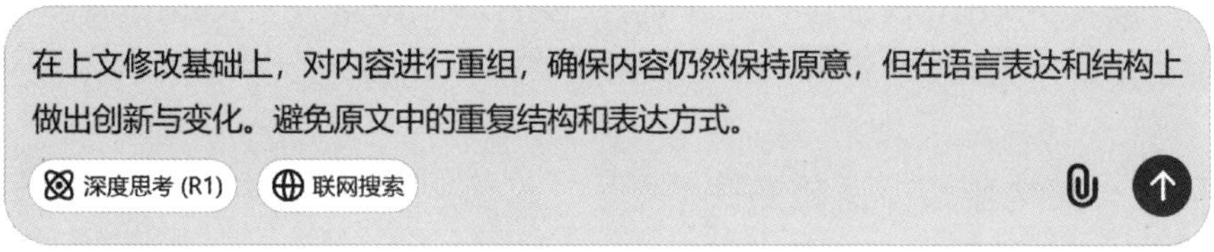

> 在上文修改基础上，对内容进行重组，确保内容仍然保持原意，但在语言表达和结构上做出创新与变化。避免原文中的重复结构和表达方式。
>
> ⊗ 深度思考（R1） ⊕ 联网搜索

图 9-6　提示词范例

第五步，稍等片刻，DeepSeek 就会给出修改后的结构框架，大家可以迭代优化有关内容。

> **优化后的语句：**
> 在当今社会，科技的发展无疑改变了我们的生活方式。借助互联网，信息获取变得异常迅速与便捷，我们几乎可以随时随地与他人沟通、分享。科技不仅提高了我们的工作效率，还带来了许多生活上的便利，使得许多日常任务变得更加高效。然而，科技的进步并非没有挑战。与此同时，信息过载和隐私泄露等问题逐渐显现出来，给个人和社会带来了新的困扰。如何在享受科技带来的便利的同时，有效保护我们的信息安全与隐私，已成为一个亟待解决的重要课题。

9.4　风险防控与案例解析

一、常见的降重误区

在学术写作中，降重是提升文本原创性、规避查重风险的重要一环。然而，许多写作者在实际操作中，往往因为对查重系统的认识不够清晰，或者对语言表达缺乏系统训练，容易陷入一些常见的降重误区，不仅影响降重效果，甚至可能损害文章的学术质量。要真正掌握高效而安全的降重方法，首先需要识别并避免这些容易被忽视的问题。

误区一：机械替换词语

不少写作者误以为，只要将关键词改成相应的近义词，就能有效降低重复率。比如，将"推动""促进""发展"这类高频词反复替换成"推进""拉动""前进"，看似有所变化，实则改动幅度极小，不仅难以避开查重系统，还可能因用词不当而造成语义不清。更有甚者，使用在线翻译工具进行"中英互译式降重"，不仅语感奇怪，常常还会破坏原文逻辑，得不偿失。

误区二：结构割裂，逻辑丧失

有些写作者试图通过拆分句子、重组段落的方式来"打散原文痕迹"，却没有考虑语义连贯性和逻辑完整性。原本一句精练的表达，变成了数句散乱堆砌的文字，不仅不易理解，还容易在审稿过程中被认为缺乏严谨性。例如，一句表达清晰的论述"数字经济的发展促进了产业结构的升级"，被拆解为"数字经济在发展，产业结构也有变化"，看似拆分成功，实则失去了"促进"这一关键逻辑关系，使核心论点变得模糊。

误区三：忽略对原意的把握

在降重过程中，一些写作者片面强调"文字的新颖性"，却忽略了"内容的准确性"，结果往往是"词变了，意思却走偏了"。这种情况下，即便重复率降低了，文章的学术质量也大打折扣。尤其在引用权威观点或描述复杂理论时，更应在忠于原意的基础上进行表达重构，而不是盲目求异。

误区四：忽视查重范围的全面性

查重系统并不仅限于正文部分，若摘要、引言、致谢、参考文献、图表说明等内容处理不当，同样可能成为重复率的"高地"。尤其在学位论文评审和论文正式发表过程中，任何部分的高重复率都可能带来整体评估的负面影响。因此，降重不应只对正文动刀，更要从整篇文章的角度出发，做系统性的优化。

总而言之，降重是一项需要逻辑思维、语言能力与文本敏感度共同配合的工作。写作者应当秉持"改写不改义，表达有新意"的基本原则，既注重查重指标的改善，也不牺牲文章本身的学术表达质量。唯有如此，才能真正实现写作质量与原创水平的双重提升。

二、典型风险

在学术写作中，降重和查重常常是写作者面临的重要挑战。许多写作者在应对查重时，由于缺乏对学术规范的深刻理解，往往会犯一些常见的错误，导致查重失败，甚至引发学术不端行为。通过案例解析，结合常见的降重误区，我们可以更好地了解查重失败的原因与后果，增强写作的风险意识。

案例一：直接摘抄未加修改

1. 案例背景

小张是一名硕士研究生，在撰写毕业论文时，由于时间紧张，他直接从一篇核心期刊文章中摘取了几段已有的结论并加以使用。虽然他改动了部分词语和句式，但整体结构和核心观点没有发生太大变化。

2. 查重结果

查重系统显示其重复率达到40%以上，查重报告显示，某些段落的重复率接近100%。这一部分内容直接来源于他参考的核心期刊文章，存在高度重复。

3. 失败原因

这种"摘抄未改"的做法是最常见的降重误区之一。很多写作者误认为只要稍微改动词语或句式，就能够避开查重系统的检测。然而，查重系统不仅对词语的重复进行检测，还会识别语句结构和思想内容的相似性。即便修改了部分词语，但未进行彻底的改写和创新，仍然会被判定为抄袭。

4. 建议

学术写作中的降重，不仅仅是对词语的简单替换和变化句式，而是要通过深度重组内容，确保论文的原创性。在借鉴他人研究时，应通过自己的理解和总结进行重新表达，而非简单地摘抄或拼凑原文。

案例二：拼凑式写作

1. 案例背景

小李在撰写论文时，面对大量的文献，他选择将几篇经典论文中的核心内容拼接在一起，形成自己论文的文献综述部分。这些文献之间并无明显关联，且小李并未对内容进行深入分析和整合，只是简单地将各个部分拼接到一起。

2. 查重结果

查重系统显示，小李的论文中多处内容与他所引用的参考文献高度相似，重复率接近30%。这主要是由于他拼接段落时，许多段落的结构和语言与原文过于相似。

3. 失败原因

拼凑式写作是一种常见的学术不端行为。尽管每个段落的内容可能都经过了修改，但由于整体结构和表述方式依然模仿了原文，因此查重系统将其识别为重复。拼凑式写作的最大问题在于，写作者未能真正进行独立思考和原创表达，而只是通过拼接已有的观点来完成论文。

4. 建议

写作者应避免拼凑式写作，而应努力整合多个来源的信息，提出新的视角和观点。在引用文献时，要进行深度分析和创造性总结，使文献综述部分具有独立性和原创性。

案例三：引用不当

1. 案例背景

小王在撰写论文时，参考了一些领域的经典文献。然而，他在整合这些文献时，没有按照学术规范进行正确引用，甚至有些地方根本没有注明出处。小王认为，只要这些文献不是大段复制，就没有必要在论文中做详细的引用说明。

2. 查重结果

虽然小王没有完全抄袭他人的论文，但由于引用不当和未标注出处，查重系统认为他在某些段落中故意隐瞒引用，重复率较高，最终论文的查重结果达到了50%以上。

3. 失败原因

引用不当是学术写作中最常见的错误之一。许多写作者在借鉴他人观点时，未能正确注明出处，导致查重系统无法判断这些内容是引用的，反而将其视为无源之水。即便是合适的引用，如果未按照规范标注，也会被视为学术不端。

4. 建议

正确的引用方式是保障学术诚信的基础。在撰写论文时，写作者必须确保所有引用的内容都有清晰的出处，无论是直接引用还是间接引用，都应严格遵循学术规范。此外，写作者还应了解不同引用格式的要求，确保所有文献引用格式一致、准确。

案例四：依赖同义词替换

1. 案例背景

小赵在撰写论文时，发现自己论文的重复率较高，于是决定通过同义词替换来降低重复率。她将论文中的许多关键词和术语用同义词替换，以为这样可以避免查重系统的检测。

2. 查重结果

尽管小赵替换了大量的同义词，但查重报告显示，她的论文仍然存在较高的重复率。因为同义词替换只能改变词语的形式，但句式结构和逻辑框架依然是原始的，所以论文中的思想和内容仍然非常接近原文。

3. 失败原因

同义词替换是许多写作者在降重时常犯的错误。这种方法虽然在短期内可能有效，但并未真正改变论文的核心内容和结构。查重系统通过语义分析能够识别出内容的本质相似性，因此同义词替换并不能完全规避查重系统的判定。

4. 建议

降重的关键在于内容重组和创新表达，而非单纯依靠同义词替换。写作者应通过深入分析和系统整合，用自己的语言重新表达观点，而不仅仅是用不同的词语替换原文中的内容。真正的创新和原创性来自对知识的独立理解和思考。

第 10 章
参考文献管理与生成

10.1 参考文献在学术写作中的作用

一、参考文献的重要性

参考文献在科研写作中扮演着至关重要的角色。它不仅体现出对前人工作的尊重与承认,也是确保科研工作真实性、可靠性和有效性的核心元素。引用他人的研究成果能够帮助我们构建自己的研究框架,并且在学术界中形成一个相互验证、相互支持的研究环境。具体来说,参考文献的重要性体现在以下几个方面:

1. 证明研究的可靠性与有效性

通过引用已有的文献,研究者能够向读者展示自己的研究建立在坚实的前人工作基础上,增强研究的可信度。每一个科学发现或理论的发展,都离不开对前期研究成果的引用与验证。

2. 体现学术诚信与引用规范

正确引用他人文献不仅能避免抄袭问题,也是对他人知识成果的合法认可。在学术界,参考文献的规范性直接体现了研究者的学术道德和诚信度,遵循统一的引用规范是学术规范的一部分。

3. 为读者提供进一步阅读的依据

参考文献为读者提供了进一步了解研究背景和深度阅读的途径。它们不仅能帮助读者快速获取相关信息,还能启发读者对研究领域的更深层次思考。

二、参考文献的类型

参考文献的类型多种多样,涵盖了几乎所有学术领域中的知识源泉。不同类型的文献对学术研究的贡献有所不同,了解这些文献的类型有助于正确选择和引用。以下是常见的几种参考文献类型:

1. 期刊文章

期刊文章通常是科研领域最常引用的文献类型,它们包含了最新的科研成果、方法论、实验数据等。期刊文章的引用需要特别注意期刊名称、卷号、期号、页码以及数字对象唯一识别符（DOI）等信息，以确保文献的准确性。

2. 书籍

书籍是系统性的学术著作，涵盖经典理论或特定领域的深度研究，常作为研究的基础文献或理论依据。引用时需注明作者、书名、出版社、出版年份及页码等详细信息，以确保学术规范性。

3. 学位论文

学位论文是获得学位的学生所写的详细研究报告，通常会包含较为深入的研究数据和创新性成果。引用学位论文时，需要标明作者、论文题目、学位授予单位和年份等信息。

4. 会议论文

会议论文通常是一些学术会议上展示的最新研究成果，尤其在新兴领域中，会议论文常常比期刊文章更早发布。会议论文的引用需要注明会议名称、时间、地点和相关出版信息。

5. 专利与技术报告

专利和技术报告一般呈现出一些独特的技术发明、方法或研究工具。专利引用需包括专利号、发明人和申请日期，而技术报告引用则需注明报告的编号、发布单位等信息。

6. 网络资源与电子文献

随着互联网的发展，网络资源和电子文献成为学术研究中越来越重要的参考资料。电子文献的引用包括网页、电子书籍、在线期刊等内容，需要标明访问日期、统一资源定位符（URL）和网页作者等信息。

了解参考文献的类型并准确地引用相关文献，能够确保文献引用的准确性和学术规范，同时提升学术作品的质量和可信度。

三、常见的引用格式

在科研写作中，采用统一且规范的引用格式至关重要。不同学科和地区通常使用不同的引用风格。以下是三种常见的引用格式：

1.《信息与文献 参考文献著录规则》（GB/T 7714—2015，中国国家标准）

该规则是我国广泛采用的参考文献格式标准，适用于中文学术论文、学位论文、科技报告等。该规则详细规定了文献类型、著录项目和格式要求。常见的文献类型包括：专著（如图书、学位论文、会议文集）、连续出版物（如期刊、报纸）、析出文献（如专著中的章节或期刊中的文章）、专利文献、电子文献（如电子书、数据库、网页）。著录格式通常包括：主要责任者（作者）、文献题名、文献类型标识（如［M］表示图书）、出版地、出版者、出版年、引文页码、获取路径（对于电子资源）。

例如：

余敏．出版集体研究［M］．北京：中国书籍出版社，2001：179-193．

2. MLA（现代语言协会）格式

MLA格式主要用于人文学科领域，尤其在文学、语言学和文化研究中应用广泛。该格式强调作者－页面的引用方式，即在文中引用时标明作者姓氏和引用页码。在文末的Works Cited（参考文献）部分，列出完整的参考文献条目。

书籍引用格式：

作者．书名（斜体）．出版社，出版年份．

例如：

Gleick，James．*Chaos：Making a New Science*．Penguin，1987．

期刊文章引用格式：

作者．"文章标题．"期刊名（斜体），卷号，期号，年份，页码范围．

例如：

Bagchi，Alaknanda．"Conflicting Nationalisms：The Voice of the Subaltern in Mahasweta Devi's Bashai Tudu．"*Tulsa Studies in Women's Literature*，vol. 15，no. 1，1996，pp. 41-50．

3. APA（美国心理学会）格式

APA格式广泛应用于社会科学领域，特别是在心理学、教育学和社会学等领域中。该格式采用作者－日期的引用方式，即在文中引用时标明作者姓氏和出版年份。在文末的References（参考文献）部分，列出完整的参考文献条目。

书籍引用格式：

作者姓，名首字母．（出版年份）．书名（斜体）．出版社．

例如：

Gleick，J．（1987）．*Chaos：Making a New Science*．Penguin．

期刊文章引用格式：

作者姓，名首字母．（出版年份）．文章标题．期刊名（斜体），卷号（期号），页码范围．

例如：

Bagchi, A. (1996). Conflicting nationalisms: The voice of the subaltern in Mahasweta Devi's Bashai Tudu. *Tulsa Studies in Women's Literature*, 15 (1), 41-50.

此外，还有一些其他格式。

(1) Chicago（芝加哥风格）格式。Chicago 格式在历史、艺术、文学等学科领域使用较广。它提供了两种引用方式：一种是作者—日期系统，另一种是脚注和尾注系统。Chicago 格式对于文献管理的灵活性较强，适合多种研究需求。

(2) IEEE（电气电子工程师学会）格式。IEEE 格式广泛应用于工程学、计算机科学等领域。它的特点是采用数字编号的引用方式，即文献按出现顺序编号。

掌握不同的引用格式，并根据学科需求选择合适的格式，是科研写作的重要一环。使用统一的引用风格不仅能提升文章的专业性，还能增强学术交流的效果。

四、引用的基本原则

正确引用参考文献不仅关乎学术规范，也是确保学术研究可信度的基本要求。以下是引用时应遵循的基本原则：

1. 精确引用，准确标明来源

引用他人研究成果时，必须确保引用的内容和来源完全准确，避免篡改或断章取义。无论是直接引用还是间接引用，都应当清楚地标明原作者、出版年份和相关细节，以便读者可以核查源文献。

2. 全篇统一引用格式

在文章中使用统一的引用格式至关重要。无论是文中引用还是参考文献列表，都应当遵循相同的格式，以免造成混乱。在撰写科研论文时，特别是在多次引用相同文献时，格式的一致性更加重要。

3. 注重引用的时效性与相关性

在进行科研写作时，引用的文献应当具有时效性，特别是在快速发展的学科领域。引用过时或无关的文献会影响研究的可信度和前瞻性。引用时应确保文献与研究主题的高度相关性，并关注引用文献的最新版本和版本更新。

4. 避免过度引用

引用文献应适度，过度引用同一文献或引用大量不相关文献，都会使文章显得冗长且缺乏深度。科研写作中的引用应精确、有针对性，确保每一条引用都能为研究增值。

5. 尊重原文，避免自我抄袭

在引用自己过去的研究成果时，也应当遵循相同的引用规范，避免未经标明的自我抄袭。科研工作者在复用自己的早期研究时，必须清楚标明引用源并避免重复发表。

遵循这些基本原则，有助于提升科研论文的质量，确保文献引用的准确性与学术规范性，进一步提升研究的学术价值。

五、传统参考文献管理工具概述

在科研写作中，参考文献管理工具是提高工作效率、确保引用规范性和准确性的关键助手。这些工具不仅能帮助研究者高效地收集、整理、引用和共享文献资源，还能在多人协作和跨平台使用中提供便利。常见的参考文献管理工具包括：

（1）EndNote：一款功能强大的参考文献管理软件，支持多种引用格式，适用于 Windows 和 Mac 系统。

（2）Zotero：一款免费、开源的参考文献管理工具，支持自动抓取网页上的文献信息，适用于 Windows、Mac 和 Linux 系统。

（3）Mendeley：一款集文献管理和学术社交于一体的工具，支持 PDF 注释和团队协作，适用于 Windows、Mac 和 Linux 系统。

（4）Citavi：一款功能全面的参考文献管理工具，支持知识组织和任务管理，适用于 Windows 系统。

（5）BibDesk：一款专为 Mac 用户设计的参考文献管理工具，适用于 LaTeX 用户。

这些工具各有特色，研究者可以根据自身需求选择合适的工具。

六、选择合适的参考文献管理工具

选择合适的参考文献管理工具需要综合考虑多个因素，包括学科领域、操作系统、功能需求和团队协作等。

（1）学科领域：不同学科可能偏好使用不同的工具。例如，社会科学领域的研究者可能更倾向于使用 EndNote，而人文学科的研究者可能更喜欢使用 Zotero。

（2）操作系统：确保所选工具与自己的操作系统兼容。例如，Zotero 和 Mendeley 支持多平台，而 Citavi 主要支持 Windows 系统。

（3）功能需求：根据自身需求选择工具的功能。例如，如果需要团队协作和 PDF 注释功能，Mendeley 可能更合适；如果需要强大的引用格式支持，EndNote 可能更合适。

（4）团队协作：如果与他人共同进行研究，选择支持团队协作功能的工具，如 Mendeley 和 Zotero。

在选择参考文献管理工具时，建议先了解各工具的特点和功能，结合自身需求做出选择。

10.2 自动生成格式规范的参考文献

一、人工智能在参考文献自动生成中的应用

在学术写作中，准确和规范的参考文献管理至关重要。无论是向期刊投稿、进行学位论文写作，还是进行科研报告的撰写，引用文献不仅关系到学术诚信，还直接影响到文章的专业性和规范性。然而，随着科研文献数量的激增，手动管理和生成参考文献已经变得极为烦琐且易出错。为此，越来越多的学者和研究人员开始借助人工智能（AI）技术来自动化这一过程，从而提高写作效率，确保引用的准确性。

DeepSeek 作为一种智能化工具，凭借其强大的 AI 技术，能够帮助用户自动生成符合标准规范的参考文献。通过 DeepSeek，用户无需手动输入烦琐的参考文献信息，AI 系统能够自动识别文献的基本数据，并根据用户所需的格式生成标准化的引用条目。这不仅能节省大量时间，还能有效避免人为错误，确保参考文献格式的一致性和正确性。

在本节中，我们将深入探讨如何利用 DeepSeek 自动生成引用条目，并确保其符合不同的引用格式规范。通过对 DeepSeek 的工作原理、支持的引用格式以及使用步骤的详细讲解，读者将能快速掌握如何利用 AI 工具来提升科研写作的效率和质量。

二、DeepSeek 在引用条目生成中的工作原理

DeepSeek 的引用条目生成过程依赖于其强大的 AI 和自然语言处理技术。当用户提

供文献资料或直接上传文献文件时，DeepSeek 首先会自动抓取文献的元数据信息。这些元数据信息包括文献的标题、作者、出版年、期刊名称（若为期刊文章）等关键信息。基于这些信息，DeepSeek 能够生成标准化的引用条目。

具体来说，DeepSeek 的工作流程包括以下几个关键步骤：

（1）文献抓取与元数据解析：用户输入文献相关信息或上传文献文件后，DeepSeek 会自动提取文献的元数据。对于书籍、期刊文章、会议论文等不同类型的文献，DeepSeek 能够精确抓取所需的细节，例如作者、出版年、出版社、期刊名、卷号、页码等。

（2）格式化引擎：DeepSeek 内置了一套强大的格式化引擎，能够识别并根据所选格式应用合适的引用格式。支持多种学术引用格式，如 GB/T 7714—2015、APA 格式、MLA 格式等。用户只需选择需要的引用格式，DeepSeek 会自动将抓取到的文献信息转换为对应格式的引用条目。

（3）智能校验功能：为了确保生成的引用条目符合目标规范，DeepSeek 还具备智能校验功能。在生成引用条目后，DeepSeek 会对引用格式进行实时校验，检查格式是否符合选定的引用格式。若有任何不符合规范的地方，系统会进行标注，并提供修改建议。

三、DeepSeek 支持的引用格式

DeepSeek 能够支持多种常见的引用格式，满足不同学科和出版物的需求。在科研写作中，正确选择引用格式对论文的质量至关重要。不同领域、不同类型的出版物可能需要不同的引用格式。以下是 DeepSeek 支持的几种主要引用格式：

（1）GB/T 7714—2015：这一格式是中国国家标准，用于学术论文、研究报告、技术文献等中文文献的引用。GB/T 7714—2015 的格式要求较为严格，包括对文献类型、作者排序、文献各项信息的标注都做出了详细规定。DeepSeek 能够准确识别并生成符合 GB/T 7714—2015 标准的中文文献引用条目，确保用户的引用格式符合国内学术期刊的要求。

（2）APA 格式：APA 格式主要应用于社会科学领域。APA 格式强调作者—日期的引用方式，即在文中引用时突出作者的姓氏和出版年份。DeepSeek 能够根据 APA 格式自动生成符合规范的引用条目，并支持各种文献类型，如期刊文章、书籍、网页等。

（3）MLA 格式：MLA 格式主要应用于人文学科，尤其是文学、语言学等领域。与 APA 格式不同，MLA 格式更注重作者—页面的引用方式，即在文中引用时标注作者和引用的具体页码。DeepSeek 同样支持 MLA 格式，能够自动生成符合要求的引用条目，方便文学研究者和语言学家的写作。

通过 DeepSeek，用户无需手动调整烦琐的引用格式，可以快速、准确地生成符合各种格式的文献引用条目。这能大大提高科研写作的效率，同时保证引用的规范性和准确性。

四、DeepSeek 引用条目生成的优势

DeepSeek 在引用条目生成方面的优势不仅体现在它能够支持多种格式和高效生成，还表现在它的高效性、准确性和一致性。这些优势在科研写作过程中起着至关重要的作用，能够帮助用户解决烦琐的手动操作和人为错误问题。具体优势包括：

（1）高效性：在学术写作中，引用文献的管理和格式化是耗时且重复性高的工作。尤其在撰写需要大量引用的文献综述、研究论文或学位论文时，手动输入引用信息和调整格式非常耗时。DeepSeek 通过自动化流程，能够大大节省文献处理所用的时间，用户只需输入文献基本信息或上传文献文件，系统便可迅速完成引用条目生成。

（2）准确性：DeepSeek 利用自然语言处理和机器学习技术，从文献中提取关键数据并自动生成引用条目，这一过程减少了手动操作的失误。通过智能校验系统，DeepSeek 确保每一条引用条目都符合选定的标准格式，避免了常见的格式错误或信息缺失问题。

（3）格式一致性：无论是处理单一文献还是大量文献，DeepSeek 都能确保生成的所有引用条目格式一致。这对于严格要求引用格式的学术写作尤为重要。尤其在需要为整篇论文或多个研究项目准备参考文献时，DeepSeek 能够保证各个引用条目格式的一致性，从而提高文章的专业性。

（4）灵活性与可扩展性：随着 AI 技术的进步，DeepSeek 还在不断扩展其支持的引用格式和文献类型，未来可能会涵盖更多领域和更多标准，从而满足全球范围内不同学科和出版物的需求。

五、使用 DeepSeek 生成引用条目的步骤

使用 DeepSeek 生成引用条目的过程非常简单，用户只需遵循几个基本步骤，就可以自动生成符合要求的文献引用条目。具体步骤如下：

（1）文献输入与选择：用户首先需要在 DeepSeek 中输入文献相关信息或上传文献文件。对于已经有电子版的文献（如 PDF 或 Word 文档），用户可以直接上传文件；对于没有文献文件的情况，用户可以手动输入文献的基本信息（如标题、作者、出版年等）。DeepSeek 能够自动从文献中提取元数据。

（2）自动识别与生成：DeepSeek 会自动识别上传文献或输入信息中的元数据，并根据选定的引用格式（如 GB/T 7714—2015、APA 格式、MLA 格式等）生成对应的引用条目。用户只需选择所需的引用格式，DeepSeek 会自动应用标准格式。

通过这一简单的操作，用户能够迅速完成引用条目生成的任务，尤其在处理大量文献时，DeepSeek 能够展现出其巨大的效率优势。

六、DeepSeek 引用条目生成中的常见问题及其解决方案

尽管 DeepSeek 在引用条目生成方面表现出色，但在实际使用过程中，也可能会出现一些问题。以下是一些常见问题及其解决方案：

（1）格式不符合要求：尽管 DeepSeek 会根据用户的选择自动生成引用条目，但在某些情况下，生成的引用条目格式可能会与用户的实际需求有所偏差。此时，用户可以手动调整格式选项，或重新选择格式标准，确保生成的引用条目符合要求。

（2）文献信息缺失或错误：当 DeepSeek 在抓取文献信息时，如果文献的元数据不完整（如缺失作者、出版年份或期刊名等），生成的引用条目也可能不完整或不准确。在这种情况下，用户可以手动补充缺失的文献信息，并重新生成引用条目。

（3）特殊文献类型的处理：某些类型的文献（如未发表的会议论文、个人博客等）可能无法完全匹配某些格式标准的要求。针对这一问题，DeepSeek 会提供相关提示，用户可以选择手动输入或通过其他方式处理这些特殊类型的文献。

（4）多语种文献的引用：对于多语种的文献（如中英文混合文献），DeepSeek 能够智能识别文献的语言并自动应用合适的格式标准，但用户如果希望使用特定语言的引用格式（如以英文引用格式生成中文文献的引用条目），则需要手动调整格式或提供更多的语言指示。

通过对这些常见问题的及时解决，DeepSeek 能够提供更加精准和高效的引用条目生成服务，确保用户在科研写作中产生的需求得到满足。

七、案例实操

我们需要给 DeepSeek 输入提示词，以下是一个提示词模板：

请根据我提供的 PDF 论文生成参考文献条目，要求如下：
（1）引用格式（如 APA 格式、MLA 格式、GB/T 7714—2015 等）
（2）输出形式（如纯文本、BibTeX、EndNote 等）

(3) 需包含信息：

作者（全名/首字母）

出版年份

文章标题

期刊名称（含卷期号）

DOI/ISBN/ISSN

页码范围

(4) 特殊要求（如补充缺失信息、标注［需核实］、按出现顺序编号等）

第一步，将论文上传至 DeepSeek，选择"深度思考（R1）"，并输入提示词，如图 10-1 所示。

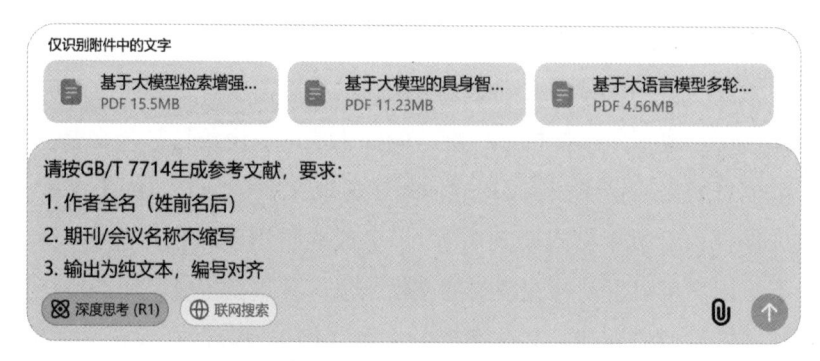

图 10-1 提示词范例

第二步，点击"发送"按钮，稍等片刻，DeepSeek 就会生成规范的参考文献。

［1］常保发，车超，梁艳．基于大语言模型多轮对话的推荐模型研究［J］．计算机科学与探索，2025，19（2）：385-395. DOI: 10.3778/j. issn. 1673-9418. 2407087.

［2］王文晟，谭宁，黄凯，等．基于大模型的具身智能系统综述［J］．自动化学报，2025，51（1）：1-19. DOI: 10.16383/j. aas. c240542.

［3］江双五，张嘉玮，华连生，等．基于大模型检索增强生成的气象数据库问答模型实现［J］．计算机工程与应用，2025，61（5）：113-121. DOI: 10.3778/j. issn. 1002-8331. 2406-0230.

10.3 校核参考文献引用是否规范

许多研究人员和写作者在引用参考文献时，会出现引用错误、引用不清和遗漏重要引用等问题。为了帮助写作者更好地应对这些问题，纳米 AI 提供了强大的支持。通过将相关论文上传至纳米 AI，建立知识库并进行校核，研究人员可以高效、精准地管理和校核参考文献，确保学术写作过程中的引用准确无误。

一、上传论文与建立知识库

论文写作往往涉及大量的文献引用，这些文献的内容可能非常复杂，且往往来源于多个不同的领域。当写作者在论文中插入参考文献时，可能并不会记住每一篇文献的具体内容或引用的精确位置。因此，非常重要的第一步是将论文上传至纳米 AI，创建一份专属的知识库。

纳米 AI 支持多种文档格式的上传，包括 PDF、Word 等。通过上传文档，纳米 AI 能够自动读取和解析论文的每一个部分，提取出文中的关键词、重要概念、数据支持、实验细节等信息。这一过程不仅仅是简单的文本提取，纳米 AI 还会识别出文中的引用内容，分析文献与论文的关联，标记出文献的引用位置。这样一来，纳米 AI 就能够根据已解析的文献内容，建立一个包含所有相关数据和信息的知识库。纳米 AI 支持多种语言的文献分析，可以帮助写作者处理涉及外文文献的情况，确保在多语言环境下的引用都能得到有效管理。

二、校核引用的准确性

上传论文并建立知识库后，纳米 AI 便可以开始对论文中的引用进行校核。学术写作中，常常会有引用错误的情况发生，尤其是在处理大量文献时，写作者可能会不小心混淆文献、错误引用或者引用了过时的文献。

纳米 AI 通过其智能校核功能，能够检查每一处引用是否准确，并与知识库中的相关文献进行对比。如果发现某一处引用与实际信息不一致，纳米 AI 会立即向写作者发出警告。例如，如果文中的某一引用与实际内容不符，或者引用的是一篇已被撤回的文章，纳米 AI 会及时告知写作者，并提供详细的修正建议。

更重要的是，纳米 AI 能够检查文献的具体内容是否符合论文的实际需求。如果文献的某一部分被错误引用，纳米 AI 会指出该文献内容与论文主题不符，建议更换为相关性更强的文献，从而保证论文的引用与理论依据严谨、合适。

三、检查是否需要引用

除了校核引用的准确性，许多写作者在写作过程中也会遇到是否需要引用某些内容的问题。例如，有时我们会写下一个观点或介绍一个实验结果，但又不确定是否需要为其引用参考文献。这种情况下，纳米 AI 可以提供非常实用的帮助。

纳米 AI 通过深度分析论文中的内容，结合已有的知识库，能够判断出哪些内容是普遍公认的学术理论或是已被大量研究确认的事实，哪些内容是需要引用的。如果某个段落或观点属于已知的公共知识，纳米 AI 会提示写作者可以不引用；如果某个部分应该引用相关文献，纳米 AI 则会主动标记出该部分，提醒写作者补充相关的文献引用。

这种智能判断既能够大大减少写作者在写作过程中不确定性的时间消耗，也能够帮助写作者避免遗漏重要的引用。特别是在高强度的科研写作中，纳米 AI 可以为研究人员提供一个可靠的参考依据，减少无效的引用，确保论文的学术性和严谨性。

四、自动生成参考文献列表

校核和管理参考文献是学术写作中一个持续的过程，而参考文献的格式规范性则是另一个常见的难题。不同的期刊或学术会议对参考文献格式有不同的要求，例如 APA 格式、MLA 格式、Chicago 格式等，写作者往往需要根据期刊要求进行复杂的格式调整。这不仅耗费时间，而且容易出错。

通过使用纳米 AI 进行参考文献的校核，学术写作中的文献管理问题能够得到有效解决。从上传论文、建立知识库，到校核引用的准确性、判断是否需要引用，再到自动生成参考文献列表，纳米 AI 为研究人员提供了全方位的支持。无论是避免引用错误、减少文献混乱，还是提高引用的准确性和规范性，纳米 AI 都能为学术写作提供强有力的帮助。借助纳米 AI，研究人员可以更加专注于学术内容的创新和表达，而无需为烦琐的文献管理工作而分心。

五、案例实操

第一步，整理自己撰写的论文。我们以一篇天体物理学论文的片段为例。苏小文在撰写论文后，存在如下问题：一是不知道自己引用的对不对，二是不知道自己在这里引用的是哪一篇文章。如图 10-2 所示。

论文正文

脉冲星作为高速自转的中子星,其辐射机制与演化特性是天体物理领域的重要研究方向。近年来,基于 FAST 等大型射电望远镜的巡天观测显著推动了脉冲星发现效率。FAST 通过 19 波束漂移扫描模式,在 1.25 GHz 频段预测可探测超过 1,600 颗正常脉冲星及 238 颗毫秒脉冲星,为研究银河系中子星分布提供了新样本[1]。在应用领域,X 射线脉冲星导航技术因其自主性成为深空探测的研究热点,通过补偿高速飞行引起的多普勒效应,可提升脉冲到达时间(TOA)测量精度,为航天器提供厘米级定位能力[?]。北斗卫星导航系统的仿真研究表明,30 颗 X 射线脉冲星在近地轨道中受天体遮挡的影响呈现周期性变化,需结合可见性分析优化选星策略[?]。

特殊类型脉冲星的研究进一步揭示了中子星的多样性,例如旋转射电暂现源(RRATs)和磁星(Magnetars)的间歇辐射特性,为探索极端物理条件提供了观测依据[?]。此外,脉冲星计时阵(如 PPTA)与原子时比对技术的结合,可能为检验原子时系统的微小波动提供新方法[2]。

参考文献

[1] Liu, P., et al. (2018). FAST 19 波束脉冲星漂移扫描巡天模拟 [FAST 19-beam pulsar drift scan survey simulation]. 天文学进展, 36(2), 185-198.

[2] Xu, Y., et al. (2018). 脉冲星 MCP 探测器设计与在轨验证 [Design and in-orbit verification of pulsar MCP detector]. 航天器工程, 27(4), 45-52.

[3] Yao, Y., et al. (2020). 北斗卫星导航系统 X 射线脉冲星可见性分析 [Visibility analysis of X-ray pulsars for BeiDou satellite navigation system]. 空间控制技术与应用, 46(6), 9-14.

[4] Wang, S., et al. (2018). 特殊类型脉冲星的研究进展 [Research progress on special types of pulsars]. 天文学进展, 36(1), 12-23.

图 10-2 论文正文及参考文献

第二步,打开纳米 AI,将该论文涉及的相关参考文献均放在一个知识库中,如图 10-3 所示。

图 10-3 添加参考文献

第三步，完成相关参考文献的添加，纳米 AI 会自动整理分析这些论文的要点，如图 10-4 所示。

图 10-4　参考文献库

第四步，在纳米 AI 中选择自己想要的大模型，如 DeepSeek，选择"深度思考（R1）"，选择论文参考文献知识库，如图 10-5 所示。

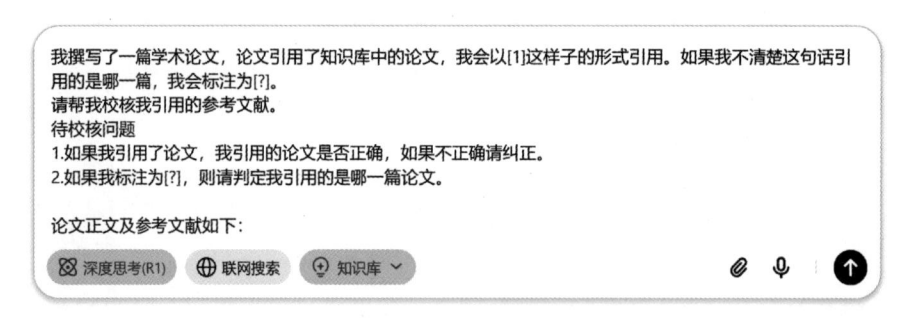

图 10-5　提示词范例

第五步，点击"发送"按钮，稍等片刻，DeepSeek 就会自动校核参考文献引用情况。

校核结果及修正建议

1. 已有引用的校核与纠正

1. 引用 [1]

□ 论文内容：FAST 19 波束漂移扫描巡天预测探测脉冲星数量（1 600 颗正常脉冲星+238 颗毫秒脉冲星）。

□ 参考文献［1］：Liu et al.（2018）的《FAST 19 波束脉冲星漂移扫描巡天模拟》直接对应巡天模拟与探测预测。

□ 结论：引用正确，无须修正。

2. 引用［2］

□ 论文内容：脉冲星计时阵（PPTA）与原子时比对技术结合，用于检验原子时系统的波动。

□ 参考文献［2］：Xu et al.（2018）的《脉冲星 MCP 探测器设计与在轨验证》聚焦探测器硬件，未涉及计时阵或原子时比对。

□ 问题：引用内容与文献主题不符，属于错误引用。

□ 建议：删除［2］标注，或补充相关文献（如原子时与脉冲星计时阵结合的论文）。

2. 未明确引用［？］的判定

1. 第一个［？］

□ 论文内容：X 射线脉冲星导航技术（多普勒效应补偿、厘米级定位）。

□ 匹配分析：参考文献中无直接讨论导航技术或多普勒补偿的文献。

□ 建议：补充相关论文（例如：X 射线脉冲星导航系统设计的实证研究），或标注为研究空白。

2. 第二个［？］

□ 论文内容：北斗系统仿真中 X 射线脉冲星可见性分析与选星策略优化。

□ 匹配文献：Yao et al.（2020）的《北斗卫星导航系统 X 射线脉冲星可见性分析》（参考文献［3］）。

□ 修正：将［？］更正为［3］。

3. 第三个［？］

□ 论文内容：特殊类型脉冲星（RRATs、磁星）的间歇辐射特性。

□ 匹配文献：Wang et al.（2018）的《特殊类型脉冲星的研究进展》（参考文献［4］）。

□ 修正：将［？］更正为［4］。

修正后引用标注示例

脉冲星作为高速自转的中子星…［1］。X 射线脉冲星导航技术…［需补充文献］。北斗卫星导航系统的仿真研究…［3］。特殊类型脉冲星的研究…［4］。脉冲星计时阵…［需补充文献］。

补充建议

1. 新增文献推荐：

□ 关于 X 射线脉冲星导航技术，建议引用：

Zhang, L., et al.（2021）.基于多普勒补偿的 X 射线脉冲星导航算法［Doppler compensation-based X-ray pulsar navigation algorithm］.宇航学报, 42（5），78-89.

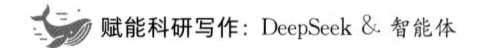

□ 关于脉冲星计时阵与原子时比对，建议引用：

Hobbs, G., et al. (2020).Pulsar timing arrays and atomic clock stability. Nature Astronomy, 4(9), 443-450.

2. 参考文献格式统一性：

□ 确保文献标题中英文混合时格式一致（例如：FAST 19 波束巡天模拟是否需全称"Five-hundred-meter Aperture Spherical Telescope"）。

以上修正可提升论文引用的准确性和学术严谨性。

第 11 章
格式规范与投稿准备

在学术写作中，不同期刊和会议往往会有各自独特的格式要求。这些格式要求不仅包括论文的结构、引用方式、参考文献的排版、图表的展示等细节，还涉及诸如字体大小、行距、页边距等较为细致的规范。这些格式要求看似烦琐，但对学术交流至关重要，因为规范的格式能确保论文的专业性和清晰度，有助于同行评审和读者理解研究成果。随着人工智能技术的飞速发展，人工智能工具正在成为帮助学生和研究人员应对这些格式要求的重要助手，能够极大提升写作的效率与准确性。

11.1 学术格式

学术格式在学术写作中具有极其重要的作用。它不仅是论文外在的排版要求，更是确保学术研究能够准确、清晰地传达给读者的工具。无论是期刊论文、会议论文还是学位论文，格式化的写作都能够帮助读者更好地理解研究内容，同时也提升了论文的专业性和学术性。掌握正确的格式要求，不仅能提高投稿的成功率，也有助于展示写作者的学术素养。

首先，规范的学术格式有助于提升论文的专业性。学术写作通常涉及大量的理论、数据和复杂的研究方法，而格式化的结构可以使论文的内容更加清晰和条理化。例如，标准的摘要格式能帮助读者在短时间内了解论文的研究目的、方法和结论；清晰的章节划分能帮助读者快速找到感兴趣的部分，避免在信息量庞大的论文中迷失。图表的规范排版同样能够让数据呈现更加直观和专业。总之，良好的学术格式能让论文更具专业感，使其在被同行评审时更加容易获得认可。

其次，规范的学术格式是学术交流的重要工具。学术界的每个研究领域都有自己独特的写作规范和结构要求。通过统一的格式，不同领域的研究者能够方便地进行交流。例如，社会科学类期刊通常要求较详细的文献综述和理论框架，而自然科学类期刊则偏重数据的呈现和实验过程的描述。遵循这些格式要求，不仅能帮助写作者与领域内的同行有效沟通，还能帮助评审人员快速理解论文的核心内容。可以说，格式化的论文结构帮助写作者传递研究思想，而统一的格式要求让学术交流更加高效。

再次，规范的学术格式还是学术诚信的体现。在学术写作中，规范的引用格式能够帮助写作者准确标明研究中所引用的文献来源。这不仅是对前人研究的尊重，也是对自己研究成果的保护。规范的引用和参考文献排版使得论文中的观点、数据和结论都能够追溯到相应的来源，避免了抄袭和学术不端的风险。而不同期刊对引用格式的严格要求，往往反映了期刊对学术诚信的重视。正确引用文献不仅仅是技术性要求，也是学术写作过程中不可忽视的责任。

最后，规范的学术格式还能提高论文的可读性和可操作性。学术论文的读者往往是专家或同行，他们希望能够高效地获取论文的核心信息。格式化的论文结构能够帮助读者快速定位摘要、引言、方法、结果和讨论等关键部分。阅读规范排版的论文，读者不需要花费太多时间去寻找重要信息，从而能够更快、更准确地理解论文的研究内容。无论是图表、公式，还是参考文献，规范的排版都能帮助读者更直观地获取信息，减少因格式混乱而造成的理解障碍。

总的来说，学术格式并非单纯的外在规范，它深刻影响着学术论文的质量。通过规范学术格式，写作者可以更加高效地进行学术表达，也能确保研究成果得到恰当的呈现和传播。掌握和运用规范的学术格式，不仅有助于提升论文的学术价值和专业性，更能够提高投稿的成功率，让研究成果能够顺利地进入学术交流的舞台。因此，每个学术写作者都应当重视格式要求的学习和实践，以确保自己的学术写作达到高标准、高水平。

11.2 期刊的格式要求

一、期刊论文的基本格式

撰写期刊论文时，遵循期刊的格式要求是确保论文顺利被接受的重要步骤。不同的期刊可能会有各自的具体要求，但大多数期刊论文格式都包含一些基本要素，这些要素有助于提高论文的清晰度、专业性和学术性。总的来说，期刊论文格式的基本要素包括标题、摘要和关键词、引言、方法、结果、讨论、结论、参考文献、附录和致谢、图表和插图，以及可能的投稿信和版权声明等。每个期刊对这些要素的要求可能略有不同，因此了解并严格遵循期刊的论文格式要求是学术写作中至关重要的一步。

1. 标题

标题是论文的第一印象，它需要简洁明了地概括研究的核心内容。大多数期刊要求标题既准确反映论文的主题，又具有吸引力，能够激发读者的兴趣。通常，期刊对论文标题的字数有明确规定，避免使用冗长或模糊的表达。

2. 摘要和关键词

摘要是论文的重要组成部分，它通常位于论文的开头。摘要需要简明扼要地总结研究的目的、方法、主要发现和结论，字数一般限制在 150 到 300 字之间。关键词则是用于学术检索的核心词语，帮助其他学者在数据库中快速查找相关研究。每个期刊对摘要的具体要求可能有所不同，因此应仔细阅读期刊的投稿指南。

3. 引言

引言部分介绍研究的背景、目的和研究问题。它通常需要回答"为什么进行这项研究？"以及"该研究填补了什么学术空白？"引言应该简洁明了、逻辑清晰，并为后续的研究方法和结果奠定基础。引言的长度和深度根据期刊的要求可能有所不同。

4. 方法

方法部分详细描述进行研究所用的设计、数据收集和分析方式。它应确保其他研究者能够复制实验或研究过程，因此该部分应具备详细性和可操作性。不同学科的期刊可能会有不同的要求，某些期刊可能要求方法部分使用小节标题，清晰划分每个步骤。

5. 结果

结果部分是论文的核心内容之一，主要呈现研究的发现。这部分通常包括数据分析、表格和图形，并对其进行简要的文字说明。期刊通常要求图表格式统一，且数据清晰、精确。每一张图表都应有标题和编号，并根据期刊的要求提供相应的注解或图例。

6. 讨论

讨论部分对研究结果进行解读，解释其意义并与已有文献进行对比。这里是论文中展现写作者学术思考和创新的地方。写作者需要讨论研究结果的局限性、应用前景以及未来研究的方向。一些期刊还要求讨论部分对不同研究方法或结论进行比较分析。

7. 结论

结论部分应简洁明了地总结研究的主要发现和贡献。部分期刊要求在结论中重申研究的实际意义，并指出研究对学术领域、政策制定或实际应用的影响。

8. 参考文献

参考文献是学术写作中的重要组成部分，它展示了写作者研究的基础和对前人工作的尊重。期刊对引用文献的格式通常有严格要求，常见的引用风格有 APA、MLA、Chicago 等，具体格式根据期刊的规定执行。参考文献应按照规定的格式列出，包含作者、标题、出版信息等详细资料。

9. 附录和致谢

部分期刊还要求包括附录和致谢部分。附录通常包括论文中未详细呈现的材料，如调查问卷、实验数据等。致谢部分则用于感谢对研究有贡献的个人或机构，如导师、资助机构等。虽然这些部分不一定是每篇论文的必需项，但根据期刊的要求，可能需要提供。

10. 图表和插图

图表和插图是论文中不可或缺的部分，它们帮助读者更直观地理解数据和结论。期刊通常要求图表清晰、简洁，且每张图表附上标题和编号。不同期刊对图表的排版、格式以及图表的数量和类型可能有不同的要求，因此在投稿前需要仔细查看期刊的格式指南。

11. 投稿信和版权声明

有些期刊要求写作者在投稿时附上一封投稿信，简要说明论文的研究背景、贡献和与期刊的匹配性。此外，期刊通常要求写作者提交版权声明，确认所提交的论文没有被同时投递到其他期刊，也没有涉及抄袭或版权问题。

二、期刊和会议论文的格式差异

在学术写作中，不同期刊和会议论文在格式上存在显著差异，包括论文结构、引用格式、排版要求、篇幅和语言风格等方面。期刊论文通常要求更为详细的研究内容和格式规范，而会议论文则更加注重简洁性和创新性。学者在撰写学术论文时，应仔细查阅目标期刊或会议的投稿指南，确保论文符合其格式要求，从而提高论文的接受率。

1. 论文结构的差异

不同的期刊和会议对论文结构的要求可能存在显著差异。大多数学术论文通常包含引言、文献综述、方法、结果、讨论、结论等部分，但这些部分在不同出版物中的具体安排和要求可能有所不同。

期刊论文结构：以社会科学、教育学和心理学领域的期刊为例，期刊论文通常要求包括标题、摘要和关键词、引言、方法、结果、讨论、结论、参考文献等部分。例如，《心理学期刊》对每个部分有严格的字数限制或特定的写作格式要求。在该期刊中，摘要部分通常在150到250字之间，简洁明了，重点突出研究问题和主要结论；关键词应列出3到5个，并与论文内容紧密相关；标题页要求包含论文标题，作者姓名、所属机构和联系方式。

会议论文结构：与期刊论文相比，会议论文的结构通常更为简洁、篇幅较短，且往往更加注重论文的创新性和方法性。会议论文通常不需要像期刊论文那样有详细的文献综述和方法部分，重点会放在研究的新颖性和应用前景上。例如，在国际计算机学会

(ACM）的会议论文中，通常要求作者在1～2页内呈现研究的动机、研究的方法、实验结果和总结。摘要通常较为简短，不超过150字，写作者在引言中直接切入研究的动机和方法，减少对文献综述的展开。会议论文的格式要求可能涉及使用特定的模板，其中包括字体大小、页边距、行距等具体要求。

2. 引用格式的差异

不同期刊和会议对论文引用格式的要求各不相同。通常，期刊论文会要求写作者使用某种标准的引用格式（如APA、MLA、Chicago等），而会议论文可能根据会议主题和学科的不同，要求使用特定的引用风格。

期刊论文引用格式：例如，《经济学期刊》可能要求使用APA格式进行引用，强调作者—日期格式，且要求参考文献按字母顺序排列。对于引文的标注，APA格式要求在文中以作者和出版年标出，如"（Smith，2020）"。《经济学期刊》要求引用的格式可能是：Smith, J. A. (2020). Economic theories in the 21st century. New York：Economic Press.

会议论文引用格式：会议论文的引用格式可能更加灵活，尤其是在技术领域和工程领域。例如，电气电子工程师学会（IEEE）的会议论文会使用编号制，即文献在文中以方括号数字标注，并按出现顺序编号，而不是作者—日期格式。在IEEE的会议论文中，引用格式通常为："As noted in previous studies[1], the performance of the system can be improved…"。

3. 排版要求的差异

期刊和会议对论文的排版要求有所不同，尤其是在页面布局、字体、行距、页边距和段落设置上。期刊通常对排版有更严格的规定，要求论文按照模板来提交，而会议论文的排版要求通常较为简单。

期刊论文排版要求：许多期刊要求写作者按照指定的模板提交论文，这些模板规定了论文的格式，包括字体、字号、行距、页边距等。比如，《社会学研究》期刊可能要求使用12号Times New Roman字体，2倍行距，页边距设置为2.54厘米。期刊论文的图表也要按照特定的格式进行呈现，需要标明标题和图例，并附有相关的数据来源。例如，在《社会学研究》期刊中，图表通常位于正文的最后一页，每个图表需要写明"图1"或"表1"以及简短标题，图例说明放在图表的下方。

会议论文排版要求：会议论文的排版要求较为简单，通常会要求使用特定的会议模板。IEEE的会议论文通常要求使用10号Times New Roman字体，单倍行距，页边距为2.54厘米，且文章长度不得超过6页。所有图表需要紧跟在相关文本之后，且字体大小和格式必须符合会议论文的标准。例如，在IEEE的会议论文中，图表与正文的排版要求非常明确,图表必须按照模板进行插入,且每个图表需要附上标题。

4. 篇幅和语言风格的差异

期刊论文通常篇幅较长,需要较为详细的研究背景、文献综述、方法分析和数据讨论。相比之下,会议论文篇幅较短,通常要求简洁明了,强调研究的创新性和实践价值。

期刊论文篇幅和语言风格:例如,《教育研究》期刊可能要求论文的篇幅在6 000到8 000字之间,涵盖详细的理论框架、数据分析和讨论部分。语言风格应保持学术性,重点突出研究的广度和深度。若准备投稿《教育研究》期刊,写作者可能会详细讨论多种研究方法,并提供对比分析。每个部分都需要用规范的学术语言进行表述,以确保论文的严谨性。

会议论文篇幅和语言风格:以ACM为例,其会议论文的篇幅通常为4到6页,要求重点突出研究的核心问题和创新性,语言简洁明了,不需要过多的文献综述和背景讨论。写作者会直接介绍研究问题、方法和实验结果,并在结论部分简要总结论文的创新之处,避免过长的背景描述。

三、不同学科论文的格式差异

在学术写作中,不同学科论文的格式要求各有差异,这些差异反映了学科的研究内容、研究方法以及学术传统的不同。以下将以哲学、社会学、教育学和经济学等学科为例,帮助学者们学会根据不同学科的要求调整自己的写作策略。

1. 哲学:重视理论阐释与逻辑严谨性

哲学论文通常要求严密的逻辑结构和深刻的理论分析。哲学论文往往以问题引入、理论背景、分析过程、结论为基本框架,强调写作者对哲学问题的深度思考与逻辑推理能力。

写作重点:哲学论文通常注重对经典哲学理论的解读与批判,尤其是在"文献综述"部分。学者在引入不同哲学流派的观点时,需要进行详细的分析和对比,阐明各自的立场与核心观点。

数据与实证分析:哲学论文较少依赖实验数据,更多的是围绕思想实验、理论推理和概念分析展开。图表和数据展示很少使用,重点在于清晰、严谨的文字表达和逻辑推理。

格式要求:哲学论文的引言部分通常直接切入核心问题,然后展开对已有文献的讨论与批判。结论部分不仅需要总结研究结果,还可能需要进行对未来研究的展望。

2. 社会学：强调社会现象分析与案例研究

社会学论文则更加关注对社会现象的分析与社会理论的应用。社会学论文往往要求对特定社会现象进行深度分析，并且结合实证研究或案例研究来支持论文中的论点。

写作重点：社会学论文的文献综述通常涉及大量的社会学理论，学者需要对不同社会学理论进行比较，找出适合自己研究的理论框架。研究方法部分会详细描述如何收集和分析社会数据，包括定量分析、定性研究等。

数据与实证分析：社会学论文对数据的要求较高，尤其是社会调查和案例分析中的数据处理。论文中常常包括大量的统计图表，如频率分布图、回归分析图等，数据的准确性和科学性是审稿人评审的重要标准。

格式要求：社会学论文通常按照标准的 IMRAD 结构（引言、方法、结果、讨论）进行撰写，且引用格式常使用 APA 格式，要求对每一项研究都进行详细的文献标注。

3. 教育学：注重实践与理论结合

教育学论文通常涉及教育实践与教育理论的结合。论文内容往往聚焦于教育方法、教学效果以及教育政策等方面，尤其是通过实证研究来探讨教育理论的实际应用。

写作重点：教育学论文的研究通常围绕教育实践问题展开，研究方法包括定量分析和定性研究。学者需要在论文中说明自己研究的教育背景、教学方法或教育改革的效果。文献综述部分通常涉及教育理论、教学法、教育政策等领域的讨论。

数据与实证分析：教育学论文通常采用实验设计或调查研究的方法，数据分析方法包括描述性统计分析、推断性统计分析等，论文中会结合大量的教学效果、学生反馈数据等来支持论文的研究结论。

格式要求：教育学论文在结构上通常较为规范，要求清晰展示研究的背景、问题、方法、分析过程及结论，参考文献部分通常使用 APA 格式。论文的图表和案例分析非常重要，帮助展示教育改革或教育实践的具体成果。

4. 经济学：重视理论建模与数据分析

经济学论文通常涉及理论建模与实证分析，注重通过数学模型和经济数据来验证或推翻经济理论。经济学学者在论文中往往依赖定量分析，使用大量的经济数据和统计方法来支持论文的论点。

写作重点：经济学论文的理论部分通常通过数学公式、经济模型来分析问题；文献综述部分需要回顾前人的研究成果，并指出自己研究的创新点；方法部分通常会涉及大量的经济模型推导和假设检验；研究结论部分则侧重于对数据结果的解释。

数据与实证分析：经济学论文的数据部分是核心，通常涉及宏观经济数据或微观调查数据，常用的方法包括回归分析、时间序列分析、面板数据分析等。图表的展示十分重要，尤其是回归结果表、数据分布图等，能够帮助读者直观理解研究结论。

格式要求：经济学论文通常要求使用 APA 格式或 Chicago 格式进行引用，特别注重数据表格的规范化。论文中应准确展示数据来源和模型假设，格式化要求非常严格。

四、案例实操

第一步，先梳理明确研究主题、关键问题、文献范围、已有基础、输出需求等相关内容。

第二步，打开 DeepSeek，上传参考文献目录，并在对话框中输入提示词，如图 11-1 所示。

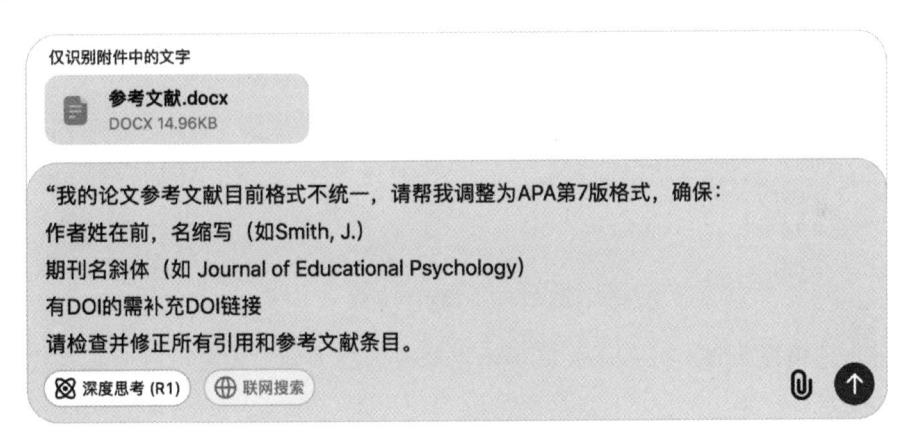

图 11-1 提示词范例

第三步，点击发送按钮，DeepSeek 就会给出相应的框架建议。

参考文献目录调整前：

1. 李华，张明发表于 2020 年的论文，探究在线教育的有效性［J］.教育技术研究，35（2）：45-52.

2. Johnson, R. 2021 年出版的著作，《教育心理学的新进展》. 出版社：学术出版社.

3. 王红、赵刚. 论素质教育的重要性［J］.教育研究，2022，40（3）：22-28

4. Smith, A. &Brown, B. 教育公平问题探讨［J］.2023 年的《教育评论》，18（4）：60-67.

5. 陈丽 2019 年的研究成果，如何提升学生学习动力［J］.教学与管理，25（1）：33－38.

参考文献目录调整后：

1. 李华，张明．（2020）.探究在线教育的有效性．教育技术研究，35（2），45－52.

2. Johnson, R.（2021）.The new progress of educational psychology. Academic Press.

3. 王红，赵刚．（2022）.论素质教育的重要性．教育研究，40（3），22－28.

4. Smith, A., & Brown, B.（2023）.教育公平问题探讨．教育评论，18（4），60－67.

5. 陈丽．（2019）.如何提升学生学习动力．教学与管理，25（1），33－38.

第四步，DeepSeek 不一定可以直接生成可用的内容。这时可以继续在上述的对话框中对其提出更多要求，DeepSeek 会根据有关要求提供更多迭代内容，如图 11－2 所示。

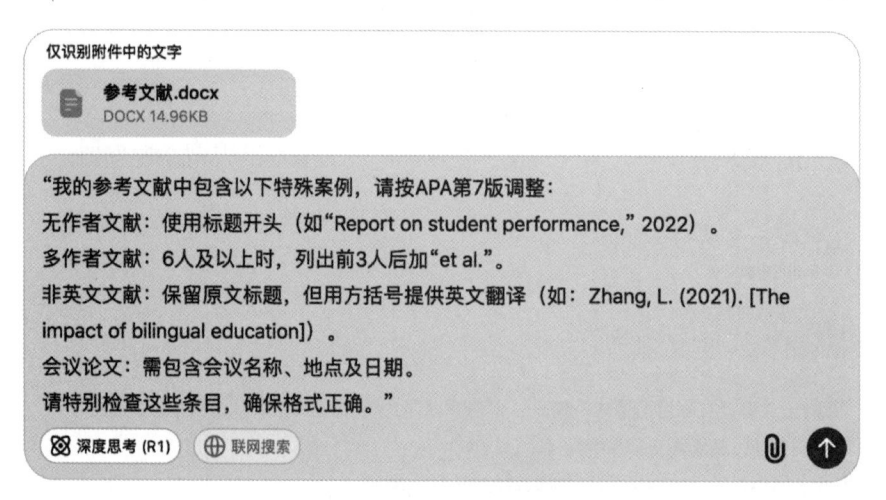

图 11－2　提示词范例

第五步，稍等片刻，DeepSeek 就会给出修改后的内容，大家可以反复迭代优化有关内容。

调整后的参考文献：

1.（2020）．［An exploration of the effectiveness of online education］．*Educational Technology Research*，35（2），45－52.

2. Johnson, R.（2021）.*The new progress of educational psychology*. Academic Press.

3. Wang, H., & Zhao, G.（2022）．［On the importance of quality education］．*Educational Research*，40（3），22－28.

4. Smith, A., & Brown, B.（2023）．［Discussion on the issue of educational equity］．*Educational Review*，18（4），60－67.

5. Chen, L.（2019）．［How to improve students' learning motivation］．*Teaching and Management*，25（1），33－38.

11.3 学术写作的规范性要求

学术写作的规范性要求是一个严谨且必须遵守的部分，它能确保论文的专业性、可读性和学术规范。然而，手动检查和调整不仅费时，而且容易出错。随着 AI 技术的迅猛发展，其在学术写作中的应用越来越广泛，尤其是在规范性检查和调整方面。AI 通过自动化的手段，帮助写作者提高写作效率、减少错误，提升论文的质量。

一、语言规范性问题

在学术写作中，语言的规范性不仅仅关系到文章的形式，还直接影响到论文的表达效果、学术性以及读者的理解。语言的规范性要求论文的每个部分都简洁、明确、精确，并遵循一定的规则和格式。具体来说，语言规范性涉及五个关键方面：成分的完整性、书面语言的使用、错别字与标点符号的准确性、"的、地、得"的使用、全称与缩写。这些不仅影响论文的流畅性，还能够提高论文的整体专业性，帮助写作者有效传达观点。

1. 成分的完整性

每个句子的结构要完整，确保其中的主语、谓语、宾语等成分清晰明了。一个不完整的句子会让读者迷失在不明确的表达中，影响论文的可读性和准确性。例如，若句子中缺少主语或谓语，读者就无法清楚地知道写作者想表达的意思。为了确保句子的完整性，我们可以借鉴一些学术写作的技巧：避免堆砌长句，适当拆分复杂的表达，以保证语句简洁明了。

例如：

错误："本研究的数据显示，揭示了很多重要的发现。"

改正后："本研究的数据，揭示了很多重要的发现。"

改正后的句子明确标明了主语，并通过简洁的结构提升了语句的清晰度。通过保持句子的完整性，论文的逻辑更加清晰，读者也能更容易跟随写作者的思路。

2. 书面语言的使用

书面语言与口语语言有本质的区别。口语化的表达通常是随意和非正式的，这在学术论文中是需要避免的。学术写作要求精准、严谨，因此写作者应避免使用口语化的表达，如"你知道的"或"就是这样"。这些表达虽然在日常交流中常见，但在正式的学术环境中，会显得不够专业，甚至会影响读者对论文严谨性的评价。

例如：

口语化："这表明问题其实比我们想象的要复杂。"

书面化："这一结果表明，问题的复杂性超出了我们的预期。"

通过改用更正式的表述，论文显得更加严谨和专业，也更符合学术写作的标准。学术论文不仅仅是传递信息的载体，更是严密推理和逻辑思考的体现。

3. 错别字与标点符号的准确性

错别字是学术写作中最容易出现的错误之一。即使是细小的拼写错误，也会让论文显得不够严谨，甚至会影响论文的理解。因此，写作者在写作时应格外注意拼写的准确性。此外，标点符号在论文中的使用同样不可忽视，它能够帮助分隔句子成分、明确语句关系。错误的标点使用会使得句子含糊不清，甚至产生歧义。

例如：

错误："研究表明，学生的学习动机与成绩密切相关；而在课外活动中，学生的积极性对其成绩的影响较小。"

改正后："研究表明，学生的学习动机与成绩密切相关，而课外活动中的学生积极性对成绩的影响较小。"

在这段话中，错误的标点使用导致了句子逻辑的混乱。通过删除不必要的分号并调整标点，语句更为通顺，逻辑关系也更加清晰。

4. "的、地、得"的使用

在中文写作中，"的、地、得"这三个字常常让写作者感到困惑。虽然使用规则简单，但它们常常被混淆，尤其是对不熟悉学术写作的人来说。"的"通常用来连接定语和名词；"地"用来修饰动词，表示动作的方式或状态；而"得"则用于动词后，表示动作的程度或结果。掌握这些基本的语法规则，不仅能够避免低级错误，也能让论文更具语言规范性。

例如：

错误："他高兴的参加了会议。"

改正后："他高兴地参加了会议。"

通过正确使用"地"，句子语法更加准确，语义也更加清晰。类似的错误往往会在论文中频繁出现，因此，写作者需要特别注意。

5. 全称与缩写

在学术论文中，首次出现的术语或组织名称应使用全称，之后可以使用缩写。这不仅能增强论文的可读性，也能确保所有读者都能理解论文中的专有名词。尤其是在涉及跨学科领域时，术语的缩写可能有不同的含义，首次出现时应当给出详细的解释。

例如：

第一次出现时："人工智能（Artificial Intelligence，AI）正在快速发展。"

后续可以简写为："AI技术的应用已经在多个行业中取得显著成效。"

确保首次出现时写出全称，并在后续使用缩写，可以提高论文的易读性，并减少重复。

总之，语言的规范性直接关系到学术论文的质量和可读性。通过遵循这些规范，写作者不仅能够避免低级的语言错误，还能够提高论文的严谨性和学术性。语言规范性的重要性体现在两个方面：一方面，规范的语言有助于提升论文的专业形象，展示写作者的学术素养；另一方面，规范的语言有助于确保论文内容的准确传达，让读者更清晰地理解写作者的研究成果和观点。在实际的学术交流中，规范的语言还能够帮助提升论文被引用的概率，从而扩大研究的学术影响力。

通过反复修改和检查论文中的语言问题，写作者能够更加自信地提交自己的作品，也能在学术社区中获得更多的认可。因此，语言的规范性不仅仅是一个形式要求，它与论文的质量、影响力密切相关，值得每个写作者在创作过程中加以重视。

二、图表规范性问题

在学术论文中，图表是数据展示的重要形式，能够帮助读者直观地理解研究成果和数据分析。为了保证图表的有效性、避免误导性解读，图表的规范性至关重要。从图表标题、数据，到图表的文字描述和字号等，每一项细节都不容忽视。下面将详细阐述图表规范性问题中的几个关键点。

1. 图表标题要规范

图表的标题应该简洁明了，能够准确反映图表的内容。标题应包括图表所展示的核心信息，并且避免使用模糊或过于冗长的描述。在学术写作中，标题通常会注明图表的编号和具体内容，例如："图1：2023年各地区GDP增长率"。这种形式不仅让图表更具可读性，也方便读者快速定位所需的信息。

例如：

错误标题："图表1：一些数据的分析"。

改正后："图1：2023年各地区GDP增长率"。

写作者在标题中明确指出图表展示的是什么数据，能让读者更直接地理解图表的内容，避免产生歧义。

2. 数据不可以重复利用（表格/作图）

在论文中，数据的重复利用，即将相同的数据既放在表格中又绘制成图，通常是不合适的。每个数据集应根据其内容选择一种合适的展示方式，避免无意义的重复。表格和图各有优势，表格适合展示具体的数据值，而图则能更好地展示数据之间的趋势和关系。因此，写作者应根据数据的特性选择合适的形式进行展示。

例如：

错误：在论文中，既有一张展示地区 GDP 的表格，也有一张用相同数据制作的柱状图。

改正：如果已通过柱状图展示了各地区 GDP 的变化，可以选择将表格中的详细数据整合为一部分文字描述，而非重复展示相同数据。

这样不仅提高了文章的紧凑性和可读性，还能避免重复内容导致的冗余。

3. 数据要有误差棒

在许多统计分析中，数据的准确性和可重复性至关重要。为了提高图表的科学性，展示数据时通常需要附上误差棒。误差棒反映了数据的不确定性，能够帮助读者评估结果的可靠性。在学术图表中，误差棒常用于表示测量误差或样本变异度，尤其是在实验数据中。如果数据存在误差或偏差，缺乏误差棒可能导致读者对结果的准确性产生不必要的误解。

例如：

在一个显示调研结果的柱状图中，柱子的顶部应加上误差棒，表示数据的标准误差或置信区间。

错误：一个只有单一柱形的图表，没有任何误差标记。

改正：同样的柱状图上方加上误差棒，标明每个数据点的误差范围，帮助读者理解数据的变化范围。

4. 图表在正文中要有文字描述

虽然图表能够直观地展示数据，但并不能单独传达研究的结论。每个图表都应配有简洁的文字描述，帮助读者理解图表中数据代表的含义。在正文中，写作者应对图表的内容进行分析和解读，阐明图表所反映的趋势或关系，而不仅仅是将图表直接插入文中。

例如：

正文描述："图 2 显示了在不同温度条件下反应速率的变化，结果表明，当温度升高时，反应速率显著提高，尤其是在 50℃ 以上。"

这样，读者能够通过图表快速看到数据，而通过文字进一步理解数据背后的科学含义。

5. 图表的字号不能大于正文的字号

图表的字号应该遵循论文正文的字号规范，通常情况下，图表中的字号大小应该与正文一致或稍小，以保持视觉上的统一性和整洁性。如果图表的字号过大，则会导致论文整体排版不协调，影响阅读体验。字号过大会使图表显得过于突出，甚至分散读者的注意力，使读者的焦点从文章的主体内容转移到图表上。

例如：

错误：图表中的字号大小比正文大，导致图表在页面中占据过多空间，并且与周围内容不协调。

改正：确保图表中的字号大小与正文一致或稍小，使论文在整体排版上保持整洁和统一。

图表与正文字号一致或稍小时，读者在浏览论文时能够更自然地将注意力集中在内容的核心部分，而不会因字号失衡而感到视觉上的不适。

图表在学术论文中的作用不仅是展示数据，更是论证研究观点。规范化的图表设计能够让数据呈现更加直观、清晰，同时也能够增强论文的学术性和可信度。确保图表标题的规范、避免数据的重复利用、添加必要的误差棒、在正文中提供图表的文字描述，以及确保图表的字号与正文一致或稍小，都是学术写作中不可忽视的细节。通过遵循这些规范，写作者能够提高论文的专业性，使图表不仅成为展示数据的工具，更成为阐释研究成果的有力支持。

三、格式规范性问题

在学术写作中，格式规范不仅关乎文章的外在呈现，更体现了写作者的学术严谨性。格式不规范的论文可能会给评审者留下不专业的印象，从而影响论文的评价和发表。本部分将重点讲解格式规范性的几个关键方面，包括图表顺序、跨页问题、数字单位格式、排版与留白、对齐方式。遵循这些格式规范，能够使论文更加整洁、易于阅读，也能提高论文的学术性和专业性。

1. 图表顺序：先文字后图表

在学术写作中，图表并不是随意插入的，它们通常用来支撑或补充文章中的论述内容。因此，图表的出现应该紧随其相关文字描述之后。写作者需要在正文中先对图表进行简要介绍，阐明图表展示的数据或信息，然后再将图表插入合适的位置。这种做法不仅有助于读者理解图表的背景，也能确保图表的解释不与正文内容发生冲突。

例如：

在正文中应写道："图 1 展示了 2023 年各地区 GDP 的增长率，数据表明……"随后，图 1 紧接着出现在该段文字后面。

避免在没有文字解释的情况下直接插入图 1，让读者在没有前文铺垫的情况下理解图 1 内容。

这种格式安排能使论文更有条理，确保图表的出现与正文内容紧密相连，增强论述的逻辑性。

2. 图表一般不要跨页

图表应尽量避免跨页，尤其是在同一张图表较长的情况下。跨页会使图表的内容被切割，影响读者的理解，并造成视觉上的不整齐。理想的做法是，在插入图表时，确保图表内容完整地出现在一页中，避免拆分。若图表较大，建议缩小尺寸或者将其拆分成多张小图表，保持内容的完整性和页面的整洁。

例如：

错误：一个表格包含过多内容，导致它被分成了两页。

改正：可以考虑将表格拆成两个部分，或者调整表格的字体、行距等，使其能够完整地出现在一页中。

这样可以避免图表在跨页时带来的视觉不连贯感，也能保持论文排版的整洁。

3. 数字和单位之间要有空格，百分号除外

在学术写作中，数字与单位之间应留有空格，这是国际通行的格式规范。例如，是"10 km"而不是"10km"，是"5 m"而不是"5m"。然而，百分号（％）是一个特殊符号，数字和百分号之间不需要留空格。例如，是"20％"而不是"20 ％"。遵循这一规范不仅能提高论文的专业性，还能避免格式错误导致的评分扣分。

例如：

错误："20km"。

改正："20 km"。

这种小细节的规范能够使论文在格式上看起来更加整洁，符合学术界对写作的高标准要求。

4. 排版合理，不要留白

论文排版中的"留白"问题指的是在页面上存在不必要的空白区域，这些空白不仅浪费了纸张空间，还会让整篇论文看起来松散、不紧凑。为了避免过多留白，写作者应确保每一页的内容填充均匀。标题、正文、图表等部分都应合理布局，确保页面的空间得到充分利用。比如，在图表和正文之间，避免出现过多空行，段落间的空白应适度，避免造成页面空旷。合理的排版能够让论文看起来更加紧凑有序，给人一种清晰、严谨的感觉。

例如：

错误：正文内容结束后，突然有一大段的空白。

改正：将内容进一步整理，使页面更加紧凑和完整，避免不必要的空白区域。

5. 采用两端对齐格式

在学术写作中，文字应使用两端对齐的格式，这样可以使页面看起来更加整齐规范。两端对齐的文字排版有助于使论文页面的布局更加平衡，避免出现不规则的右边缘。需要注意的是，在一些特定的格式要求下，如期刊投稿或毕业论文规范中，参考文献的排版格式通常会有严格要求，通常要求按照APA、MLA等格式对参考文献进行排列。参考文献的书写包括作者姓名、出版年份、书名或期刊名、出版地点等，要严格遵循期刊或学校的要求，保持一致性。

例如：

错误：参考文献的左边对齐，而右边不整齐。

改正：参考文献应该两端对齐，确保文献列表看起来整齐。

在参考文献中，作者姓名、文章标题、期刊名等信息都需要按照规范的格式排列，避免错漏信息，确保学术诚信。

因此，论文的格式规范性是展示学术素养的重要一环，它关乎论文的整洁性、可读性和专业性。图表的顺序应合理安排，避免跨页；数字与单位之间要保持空格，百分号除外；排版要合理，避免不必要的空白；文字应采用两端对齐格式，参考文献格式必须严格遵循相关标准。这些看似简单的格式规范，实际上能够显著提升论文的整体质量，使论文更符合学术界的写作要求。在学术写作中，遵循这些规范不仅有助于提高论文的可读性，也能让写作者在提交和发表时展现出更高的专业水平。

四、案例实操

随着AI技术的发展，越来越多的AI工具被应用于学术写作，尤其是在论文格式的检测和调整上，能够极大提高写作效率和规范性。以DeepSeek为例，实操步骤如下：

第一步，先梳理明确格式要求，包括文本格式、图表格式、排版布局、输出需求等相关内容。

第二步，打开DeepSeek，选择"深度思考"和"联网搜索"，并在对话框中输入提

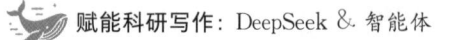

示词，如图 11-3 所示。

```
仅识别附件中的文字

📄 论文内容.docx
   DOCX 12.12KB

请帮我检查以下论文格式问题，并形成格式错误的相关报告
1. 检查文本格式，确保字体为Times New Roman，字号为12pt，行距为1.5倍，段落缩进为1.9厘米。
2. 优化图表格式，确保所有图表的标题和编号统一，并检查是否有误差棒缺失或者图表内容描述不清楚。
3. 检查引用和参考文献格式，确保符合APA第7版的格式，特别是作者姓名、出版日期和期刊名称的格式正确。
4. 调整排版和布局，确保论文每一页的内容合理分布，段落间距一致，确保页边距为2.54厘米。

😊 深度思考(R1)    🌐 联网搜索                                            📎  ⬆
```

图 11-3　提示词范例

第三步，点击发送按钮，DeepSeek 就会给出相应的框架建议。

格式问题检查报告

1. 文本格式检查

● 字体检查：经检查，论文中的字体不一致，部分段落使用了非 Times New Roman 字体。需要将所有文本字体统一为 Times New Roman。

● 字号检查：部分标题和正文段落字号不符合要求，标题部分使用了较大的字号（如 16pt 或 14pt），而正文部分的字号也存在不一致的情况。应确保正文为 12pt 字号，标题字号按 APA 第 7 版的要求调整。

● 行距检查：部分段落的行距没有统一设置为 1.5 倍，特别是在引言和参考文献部分，行距较小，未能符合论文规范。应调整所有段落的行距为 1.5 倍。

● 段落缩进检查：经检查，论文中的段落缩进存在问题，部分段落没有进行缩进，部分段落缩进量不一致。需要将所有段落的缩进统一为 1.9 厘米。

2. 图表格式优化检查

● 标题和编号检查：论文中的图表标题和编号不统一。部分图表的标题缺少编号，部分图表的标题格式不规范。例如，第 1 张图表标题没有标明"图 1"，并且标题格式不一致。所有图表标题应统一为"图 X. 图表标题"的格式。

● 误差棒检查：在某些图表中，数据的误差棒缺失或不清晰。例如，在统计数据图表中，误差棒未标注或无法清晰看到，影响了图表的完整性。需要检查并补充所有图表中的误差棒。

- 图表内容描述检查：一些图表中的内容描述不够明确或存在语法问题。图表的标题描述应清晰简洁，能够准确传达图表内容。需要对图表中的描述进行修改，使其更具可读性和规范性。

3. 引用和参考文献格式检查

- APA 格式检查：论文中的参考文献格式存在一定问题，尤其是 APA 格式中的作者姓名、出版年份、书名或期刊名的格式不统一。部分参考文献中作者的姓名格式不规范（如没有正确使用姓与名之间的逗号），出版年份位置错误。

- 期刊名称和出版日期检查：某些期刊名未按斜体格式呈现，部分文献的出版日期也未能与 APA 第 7 版标准匹配。例如，期刊名应使用斜体，出版年份应紧跟在作者姓名之后，并且没有用圆括号括起。

- 文献顺序检查：部分参考文献排列顺序不符合 APA 第 7 版的要求，未按字母顺序排列，存在错乱。需要调整所有参考文献的顺序，确保符合 APA 的引用格式。

4. 排版与布局检查

- 内容分布检查：论文中的页边距不统一，部分页面内容过于紧凑或过于稀疏。需要确保每一页的内容合理分布，避免出现空白区域或内容过密的情况。

- 段落间距检查：段落之间的间距不一致，某些部分的段落间隔过小，导致文档看起来较为拥挤。应统一调整段落间距，确保每一段落之间的间距一致。

- 页边距检查：部分页面的页边距未设置为 2.54 厘米，尤其在参考文献部分，页边距略小于 2.54 厘米。需要统一调整所有页面的页边距，确保为 2.54 厘米。

5. 结论与建议

根据本次检查，论文中存在多个格式问题，尤其是在文本格式、图表优化、引用格式、排版布局等方面。建议写作者按以下步骤进行修改：

- 文本格式调整：确保所有内容使用 Times New Roman 字体，字号为 12pt，行距为 1.5 倍，段落缩进为 1.9 厘米。

- 图表格式优化：统一图表标题和编号，检查误差棒并补充，确保图表内容描述清晰。

- 引用和参考文献调整：确保参考文献符合 APA 第 7 版格式，作者姓名、出版日期、期刊名称等按要求正确格式化。

- 排版与布局优化：调整页边距为 2.54 厘米，段落间距一致，确保每一页的内容合理分布。

通过以上修改，论文的格式将更加规范，符合学术写作要求。

第四步，DeepSeek 不一定可以直接生成可用的内容。这时可以继续在上述的对话框中对其提出更多要求，DeepSeek 会根据有关要求提供更多的迭代优化思路，如图 11-4 所示。

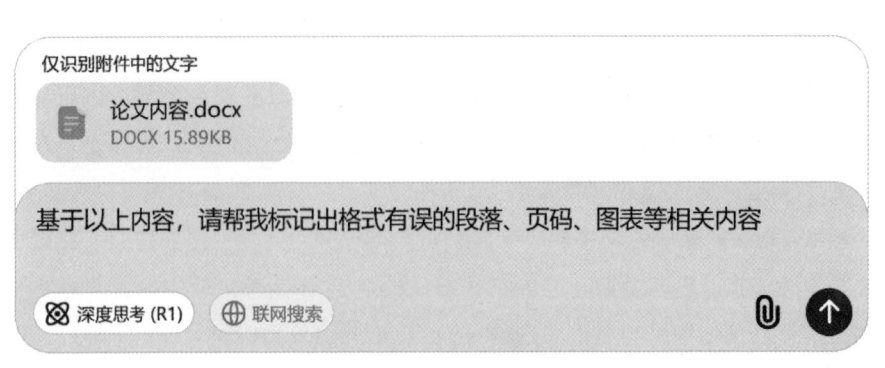

图 11 - 4　提示词范例

第五步，稍等片刻，DeepSeek 就会给出修改后的内容，大家可以反复迭代优化有关内容。

格式问题标记

1. 文本格式问题

● 问题 1：字体不统一

◇ 段落 1（第一页，第二段）：该段落使用了 Arial 字体而非 Times New Roman。

解决方法：将该段落的字体改为 Times New Roman。

● 问题 2：字号不一致

◇ 段落 2（第三页，第五段）：该段落标题使用了 14pt 字体，正文使用了 10pt 字体。

解决方法：将标题的字体调整为 12pt，确保一致性。

● 问题 3：行距不符合要求

◇ 段落 3（第二页，第六段）：该段落行距设置为单倍行距而非 1.5 倍。

解决方法：将该段落行距调整为 1.5 倍。

● 问题 4：段落缩进不一致

◇ 段落 4（第五页，第四段）：该段落没有缩进。

解决方法：将该段落缩进 1.9 厘米。

2. 图表格式问题

● 问题 1：图表标题和编号不统一

◇ 图表 1（第四页，第二张图）：图表没有编号，仅显示为"数据分析图"。

解决方法：将图表标题改为"图 1. 数据分析图"，并确保所有图表的编号格式一致。

● 问题 2：缺失误差棒

◇ 图表 2（第六页，第三张图）：图表中的数据没有显示误差棒。

解决方法：检查并补充误差棒，确保其准确标注。

- 问题 3：图表内容描述不清
◇ 图表 3（第七页，第四张图）：图表的内容描述不够详细，缺少必要的注释。
解决方法：为图表添加清晰的描述，确保读者能够理解图表所表达的信息。

3. 引用与参考文献格式问题
- 问题 1：引用格式不规范
◇ 参考文献 1（第八页，第五项）：作者姓名格式不正确，应该为"Last Name, First Initial."
解决方法：修改为"Smith, J."，并确保所有文献的格式统一。
- 问题 2：期刊名称格式错误
◇ 参考文献 2（第九页，第十项）：期刊名称未用斜体。
解决方法：将期刊名称"Journal of Education"改为斜体。
- 问题 3：出版日期位置错误
◇ 参考文献 3（第十页，第十一项）：出版日期位置不对，应该放在作者姓名后，并用圆括号括起来。
解决方法：修改为"Smith, J. (2020).Title of the article."

4. 排版与布局问题
- 问题 1：页边距不一致
◇ 页面 3：该页面的页边距小于 2.54 厘米，导致页面内容被压缩。
解决方法：将页面边距调整为 2.54 厘米。
- 问题 2：段落间距不一致
◇ 页面 5：该页面的段落间距过小，导致页面看起来拥挤。
解决方法：将段落间距调整为 1.5 倍，并确保所有段落之间的间距一致。
- 问题 3：内容分布不合理
◇ 页面 2：该页面的内容排布过于密集，没有充分利用页面空间，导致文档看起来不够整洁。
解决方法：调整段落间距，确保每一页的内容均匀分布。

11.4 投稿材料的完善与细节打磨

一、投稿前的准备工作

在开始投稿之前，论文的准备工作至关重要。确保论文的质量不仅仅体现在研究本身的创新性和深度上,格式的规范性、结构的清晰性以及文献引用的准确性同样是决定论文是否能够顺利通过审稿的关键因素。因此,做好准备工作,对于顺利完成投稿流程起着至关重要的作用。以下是投稿前需要做的几项核心准备工作:

1. 确保论文的研究主题和内容符合目标期刊的主题和要求

每个学术期刊都有其独特的主题范围和领域要求,因此在投稿之前,必须确保论文的研究主题和内容在目标期刊的范畴内。如果不符合所选期刊的主题或研究方向,则文章很可能会被拒。为了做到这一点,写作者需要详细阅读目标期刊的投稿指南,了解期刊的定位、受众以及它对研究类型的偏好。例如,一些期刊可能专注于基础研究,而其他期刊则可能更倾向于应用研究。了解期刊的方向和要求,可以帮助写作者筛选出最适合投稿的期刊,提高论文被接受的可能性。

此外,投稿前的准备工作还包括对期刊格式要求进行深入理解。期刊通常会对论文的字数、段落排版、标题字体、引文格式等提出严格要求。仔细阅读投稿指南,确保论文的研究内容符合期刊的主题,并且符合其格式要求,是避免因格式不符而被拒绝的重要步骤。

2. 确保论文结构清晰、层次分明

一篇结构清晰、逻辑严谨的论文能够使评审专家更容易理解论文的核心观点和研究成果。标准的学术论文结构通常包括摘要、引言、方法、结果、讨论等部分。在投稿前,写作者应逐一检查这些部分的逻辑和内容安排,确保每一部分都充分发挥其应有的作用。

摘要部分应简洁地概括研究的目的、方法、主要发现和结论,尽量避免过多的细节描述,使读者一眼就能了解研究的核心内容。

引言部分需要明确阐述研究的背景,指出研究的空白与问题,并清晰表明研究目的和假设。

方法部分要详细描述研究的设计、数据收集和分析方法,确保其他研究者可以重复实验。

结果部分应系统地展示研究的主要发现,并在讨论部分与现有研究进行对比,深入分析研究结果的意义与局限性。

每个部分的内容应该有条理地衔接,确保论文没有重复冗余的内容,也避免出现空洞和无关的描述。为了确保论文结构清晰,写作者可以多次对论文进行审阅,甚至请同学或导师提供反馈,确保论文结构的完整性。

3. 检查并确保文献引用的准确性和规范性

文献引用不仅仅是为了证明研究基础的扎实性,更是体现学术诚信的重要部分。确保文献引用的准确性和规范性是论文准备过程中的关键步骤之一。期刊通常会要求写作者采用特定的引用格式，如 APA、MLA、Chicago 等，文献列表中的格式必须严格符合期刊的要求。

在投稿之前，写作者需要全面检查论文中的每一条引用是否规范，是否与参考文献列表中的条目一致。这不仅要求引用的格式规范，还要求确保引用的内容准确无误。例如，某篇文章的年份、作者姓名和出版地是否正确，是否遗漏了任何引用，以及是否有过时的文献需要更新等。

此时，写作者可以逐一对照文献列表中的条目，逐篇检查每一条引用是否准确。在许多情况下，错误的引用可能会导致审稿人对论文的可信度产生质疑，甚至可能影响文章的录用。因此，细致检查文献引用的准确性，确保格式符合期刊要求，是投稿前必不可少的一步。

总之，投稿前的准备工作是确保论文顺利通过审稿的关键步骤。在这个过程中，确保论文符合目标期刊的投稿要求、确保论文结构清晰且层次分明，以及确保文献引用的准确性和规范性是最重要的三项工作。只有在这些环节做到精确细致，才能最大限度地提高论文被接受的可能性。

二、格式修订与排版统一

到此步骤，我们已经完成了论文内容的编写和常见错误的检查。此时，论文的核心研究成果和学术价值已经得到了充分呈现。然而，仅仅完成内容部分并不意味着可以投稿。为了使论文符合期刊的严格要求，写作者还需从格式修订和排版统一的角度进行细致的打磨。通过这一过程，我们可以确保论文在段落、图表、参考文献等细节上的规范性，增强论文的整体可读性和专业性。这一环节不仅能提升论文的视觉效果，更能有效避免格式问题导致的投稿失败。因此，格式修订和排版统一是投稿前不可忽视的关键步骤，能够保证论文的最终质量和学术性。

1. 文档格式统一：确保整体规范

论文的格式修订首先需要从整体的文档设置开始。大多数期刊都有明确的格式要求，包括页边距、字体和字号等。这些要求看似简单，却是影响论文可读性和规范性的基础。通常，期刊会要求使用标准的纸张格式，如 A4 尺寸，并设置统一的页边距（例如，上下左右各 2.5 厘米），正文字号、字体为 12 号 Times New Roman。

在这一过程中，DeepSeek 作为一个强大的 AI 工具，可以自动化检查和调整文档格式。它不仅可以帮助自动设置页边距、字体、字号等，避免人工调整时可能出现的疏漏，还能根据期刊要求，自动对齐段落、统一标题格式。DeepSeek的智能推荐功能能够识别论文中的不规范格式，并提供针对性修正建议，大大提高了格式修订的效率和精确度。

此外，标题的设置也是格式修订中的重要内容。不同层次的标题应使用不同的字号和加粗或斜体的形式，以确保章节结构的清晰。DeepSeek能够分析论文中的各级标题，并自动为每个标题段落应用规范化的字体和字号，确保层次分明、统一标准。

2. 段落格式调整：统一缩进与间距

段落格式的统一对于论文的整洁性至关重要。首先，写作者应确保每个段落都有合理的缩进，通常为1.5厘米或2个字符的缩进。段落间距也是需要注意的细节，过大的间距会让论文看起来过于松散，而过小的间距又会使得论文显得拥挤不堪。因此，合理的段落间距可以提升论文的可读性，一般期刊会要求段落之间有适当的空行（如0.5倍行距）。

Office AI助手可以帮我们智能调整文档排版，使所有段落的缩进和间距符合期刊的规范要求。此外，Office AI助手还能够快速识别和修正文本中的冗余空行、段落间距过小或过大的问题，从而进一步提高论文的整洁度，如图11-5所示。

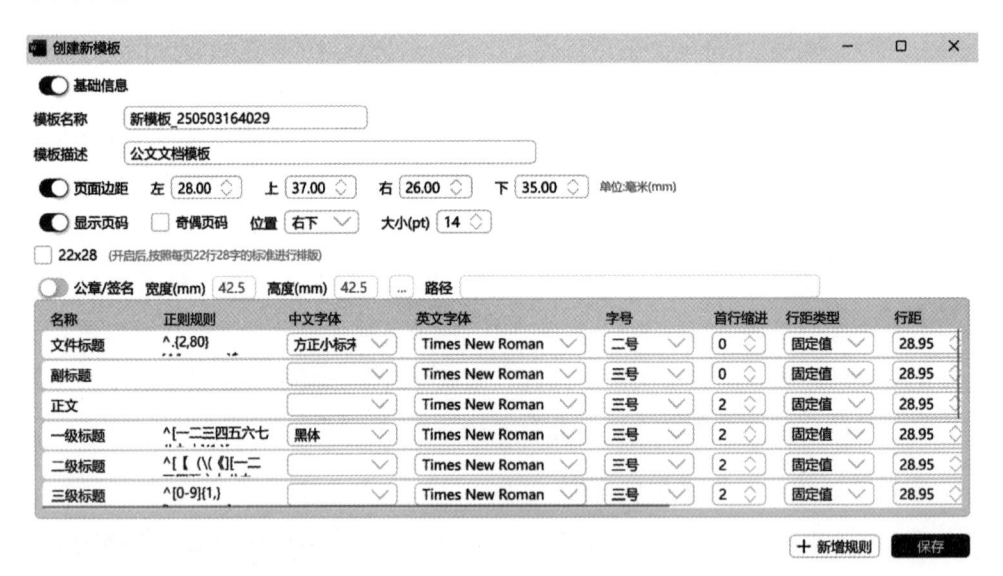

图11-5　Office AI助手调整文档排版

3. 图表的排版：规范与简洁

图表是学术论文中的重要组成部分，展示了研究的核心数据。图表的排版必须符合期刊的要求，以确保能够清晰地传达信息。图表的标题要简洁明了，且字体最好与正文保持一致，避免使用过大或过小的字号。表格中的数据需要与文本中的描述一一对应，确保没有遗漏或重复。

Office AI 助手能够自动分析图表的标题和内容，确保它们符合学术规范。AI 工具可以自动调整图表的大小和字体，使其与论文的整体格式保持一致，同时可以提供图表布局优化建议。通过这一方式，Office AI 助手确保了图表不仅符合期刊要求，也在视觉上与论文其他部分和谐统一。

4. 页码、参考文献和附录的格式

论文的页码和参考文献的格式是最终检查中的重点。在页码的设置上，一般来说，页码应放置在页面的右上角或页面底部居中位置，且需要与论文的其余部分保持一致。参考文献的排版规范同样不可忽视。期刊对参考文献的格式要求通常会非常具体，包括作者姓名、出版年份、书名或期刊名、卷号、页码等信息的排列顺序。写作者必须严格按照期刊的要求对参考文献进行排版，并确保每一条引用都准确无误。

5. 细节的检查与最终修订

格式修订并非一次性完成的任务，写作者需要在完成初步修订后进行细致的检查。仔细检查论文中是否有不一致的格式问题，如不统一的标题格式、段落间距或表格排版问题。这些细节看似微小，但往往会影响论文的整体印象。

DeepSeek 和 Office AI 助手的自动化检查功能可以帮助写作者在修订过程中进行全面的格式审查。AI 工具能够高效地识别出格式不统一的部分，自动生成修正建议，并提供一键修复功能，大大提高了论文排版的效率和准确性。但是在借助 AI 工具的基础上，我们仍然需要进行仔细的人工核对，做最终的把关工作。

三、论文自我审查与修改

自我审查是论文提交前的最后一道关卡，做好这一工作，写作者基本能够确保论文内容的准确性和完整性，识别和修正潜在的逻辑漏洞、数据问题或表达不清的地方。同时，从审稿人的角度审视论文，能够帮助写作者更加有针对性地进行修改和调整，提升论文的学术水平和质量。最后，邀请同行进行评审，将有助于从不同视角发现问题，并为论文提供更为专业的反馈。自我审查和同行评审是论文成功发表的关键步骤，任何一个细节的疏漏都可能影响论文的最终评审结果。因此，投稿前的全面审查与修改至关重要，能够有效提升论文的质量和竞争力。

1. 发现潜在的逻辑漏洞与数据问题

写作者在完成论文的初稿后，进行全面的自我审查能够识别论文中的潜在问题，尤其是在研究的逻辑推理和数据分析上。通过反复阅读论文的各个部分，写作者可以检查论点之间的逻辑关系是否清晰、是否存在重复的论述或相互矛盾的内容。例如，研究的假设是否得到了充分的验证？研究方法是否合理、数据是否有效支持结论？这些都是在审查过程中需要重点关注的问题。

如果是基于实验或调查的数据，那么写作者需要仔细检查数据的准确性和完整性。例如，是否有遗漏的统计数据或分析中的错误？是否有不符合逻辑的数据解释？是否存在未考虑的潜在偏差？及时发现并修正这些数据问题，不仅能够提升论文的质量，也能增强论文的可信度。

2. 从审稿人的角度审视论文

在自我审查时，写作者应尝试站在审稿人的角度来审视论文，考虑审稿人可能提出的问题和关注点。每个期刊的评审标准都不尽相同，审稿人通常会关注论文的创新性、研究方法的合理性、数据的充分性以及结论的可靠性等方面。因此，写作者可以从这些角度进行自我审查，确保论文的每个部分都清晰、合理，并且符合学术规范。

例如，审稿人可能会问："这项研究的创新性体现在哪里？""研究方法是否适合解决研究问题？""研究的局限性和进一步研究的方向是什么？"这些问题是审稿人评审论文时常见的思路，写作者可以提前在论文中做出回应，确保审稿人在评审时能够顺利理解论文的核心价值。

3. 邀请同行评审以获取反馈

如果条件允许，写作者还可以邀请同行进行评审。让其他领域的专家或学者帮助检查论文，能够获得更多的专业反馈和建议。这些同行评审者可能会从不同的角度审视论文，提出一些写作者自己未曾注意到的问题或改进建议。

同行评审的好处在于，评审者不仅能够帮助检查论文中的专业性问题，还能提供一些有关论文表达和结构上的建议。比如，某些部分可能写得过于复杂，难以理解；某些观点或论据可能未能充分展开，导致读者产生疑惑。通过同行评审，写作者能够及时获得宝贵的反馈，进一步优化论文内容，提升论文的可读性和学术价值。

四、利用 AI 优化投稿前的各项准备

AI 在论文投稿前的准备过程中可以发挥重要作用。首先，AI 能帮助写作者理解目标期刊的投稿要求，自动提取并对比期刊的格式、字数、排版等要求。其次，AI 能确保论文结构清晰、层次分明，通过自动检查各部分的逻辑关系和内容衔接，确保论文结构合理。再次，AI 在格式修订与排版统一上提供支持，通过自动调整排版、修正图表

格式、检查文献引用的准确性，提升论文的规范性与一致性。最后，AI可以模拟同行评审过程，进行自动化审查，从审稿人的角度帮助写作者发现潜在问题并进行修改，从而大大提高论文的质量和投稿成功概率。

五、案例实操：检查数据一致性

第一步，先梳理明确检查要求，如排版布局、引用检查、数据一致性检查等相关内容。

第二步，打开DeepSeek，上传论文，在对话框中输入提示词，如图11-6所示。

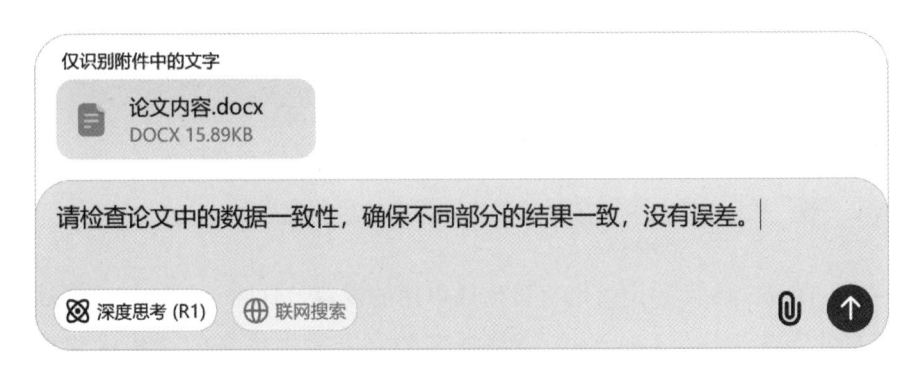

图11-6 提示词范例

第三步，点击发送按钮，DeepSeek就会给出相应的框架建议。

针对您提供的教育学论文，以下是对论文中数据一致性的一些检查问题：

1. 数据一致性检查

在论文中，有几个地方涉及了定量数据，需要确保各部分的数值一致。

● 图表和数据

◇ 图表：教育技术应用与学生学习成绩的关系中列出了不同程度的教育技术应用与学生成绩之间的关系（例如，无应用的成绩为75，低程度应用的成绩为80等）。

◇ 正文中关于"教育技术对学生学习成绩的影响"部分提到，教育技术能够帮助学生实现个性化学习，提高学习成绩。在分析中并没有明确给出具体的数字（例如，具体的成绩提升幅度或百分比），但根据图表的数据，假设成绩提升的趋势与表格中的数据一致。

● 问题

◇ 在正文中提到教育技术能提高学生成绩时，应该明确指出成绩提升的范围或数据支持。如果图表提供的数据与正文中的描述一致，则需要在正文中引用图表并做进一步说明。例如，正文中提到"教育技术的应用能够帮助学生实现个性化学习，从而提高学习成绩"，此时应当提供图表中的具体数据支持这一结论，比如"高程度教育技术应用下,学生的平均成绩为 90 分,较无应用时的 75 分提升了 15 分"。

2. 图表中的数据一致性

在"教育技术应用与学生学习成绩的关系"表格中,数据看起来是统一的,按教育技术的应用程度列出了相应的成绩。确保在正文中引用这些数值时,能够准确反映图表数据的趋势和变化。

3. 引用数据的一致性

在论文中,"教育技术对学生学习成绩的影响"一节提到了教育技术能够帮助学生提升成绩,但没有明确列出不同技术应用对成绩的具体影响,尤其是缺乏具体数据支持。

4. 总结

- 数据一致性:主要问题在于正文和图表中数据的关系表达不够清晰。应确保正文中的所有数据、描述与图表中的数据一致,并明确引用。

- 图表引用:图表和正文中的描述需要更紧密地联系,确保图表中的数据与正文分析结果一致,并且在正文中详细讨论图表数据所传达的信息。

第四步,DeepSeek 不一定可以直接生成可用的内容。这时可以继续在上述的对话框中对其提出更多要求,DeepSeek 会根据有关要求提供更多的迭代优化思路,如图 11-7 所示。

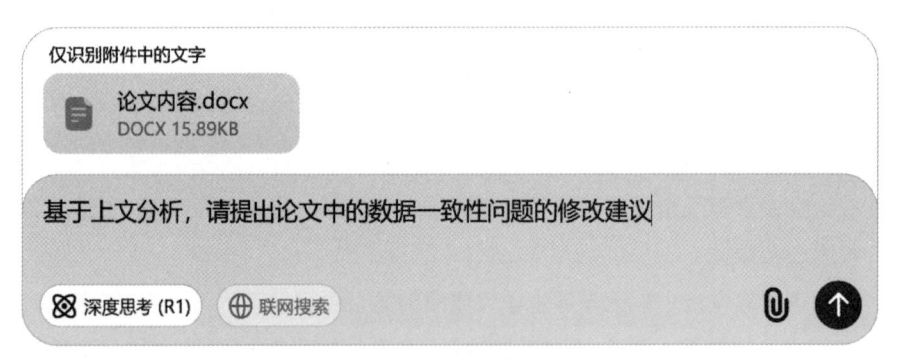

图 11-7 提示词范例

第五步,稍等片刻,DeepSeek 就会给出修改后的内容,大家可以反复迭代优化有关内容。

针对您提供的教育学论文,以下是对论文中数据一致性的一些检查和分析:

1. 数据一致性检查

在论文中,有几个地方涉及了定量数据,需要确保各部分的数值一致。

- 图表和数据

◇ 图表:教育技术应用与学生学习成绩的关系中列出了不同程度的教育技术应用与

学生成绩之间的关系（例如，无应用的成绩为 75，低程度应用的成绩为 80 等）。

◇ 正文中关于"教育技术对学生学习成绩的影响"部分提到，教育技术能够帮助学生实现个性化学习，提高学习成绩。在分析中并没有明确给出具体的数字（例如，具体的成绩提升幅度或百分比），但根据图表的数据，假设成绩提升的趋势与表格中的数据一致。

● 问题

◇ 在正文中提到教育技术能提高学生成绩时，应该明确指出成绩提升的范围或数据支持。如果图表提供的数据与正文中的描述一致，则需要在正文中引用图表并做进一步说明。例如，正文中提到"教育技术的应用能够帮助学生实现个性化学习，从而提高学习成绩"，此时应当提供图表中的具体数据支持这一结论，比如"高程度教育技术应用下，学生的平均成绩为 90 分，较无应用时的 75 分提升了 15 分"。

● 建议

◇ 明确数据支持：正文中的所有定量结果（如学习成绩、学习兴趣等）应与图表中的数据一致，并且在正文中引用这些数据。例如，在"3.2 对学生学习成绩的影响"一节中，应该增加具体的数字，引用图表中的数据，如"根据表 1，教育技术应用程度较高的学生，平均成绩达到 90 分，相比无应用的学生成绩提升了 15 分"。

◇ 描述数据一致性：在图表中列出学生成绩时，正文应对数据做进一步分析，确保数据在各部分之间的呼应。例如，表格中的"无应用"对应"学生成绩为 75"，该数据在后续章节中应被提及并讨论其原因及影响。

2. 图表中的数据一致性

在"教育技术应用与学生学习成绩的关系"表格中，数据看起来是统一的，按教育技术的应用程度列出了相应的成绩。确保在正文中引用这些数值时，能够准确反映图表数据的趋势和变化。

● 建议

◇ 在"第二章 教育技术在课堂教学中的应用"部分，可以提到技术应用与学生成绩的关系，并引用表格中的数据，进一步说明教育技术的应用是如何促进学生成绩提升的。

3. 引用数据的一致性

在论文中，"教育技术对学生学习成绩的影响"一节提到了教育技术能够帮助学生提升成绩，但没有明确列出不同技术应用对成绩的具体影响，尤其是缺乏具体数据支持。

● 建议

◇ 需要在正文中提供具体数据支持，如"根据表格数据，应用教育技术后，学生成绩从 75 分提升至 90 分"。这样可以确保论文的各部分数据逻辑一致。

六、案例实操：自动排版

要想实现一键排版，我们除了使用 DeepSeek，还需要使用 Office AI 助手。

第一步，下载 Office AI 助手客户端，在浏览器中输入 www.haiyingsec.com，单击立即下载，如图 11-8 所示。

图 11-8　Office AI 助手的下载

第二步，下载后一直选择"下一步"，即可完成客户端安装。

第三步，打开 Word，可以看到工具栏中出现了 Office AI，如图 11-9 所示。我们打开 Office AI，依次选择一键排版、排版管理。

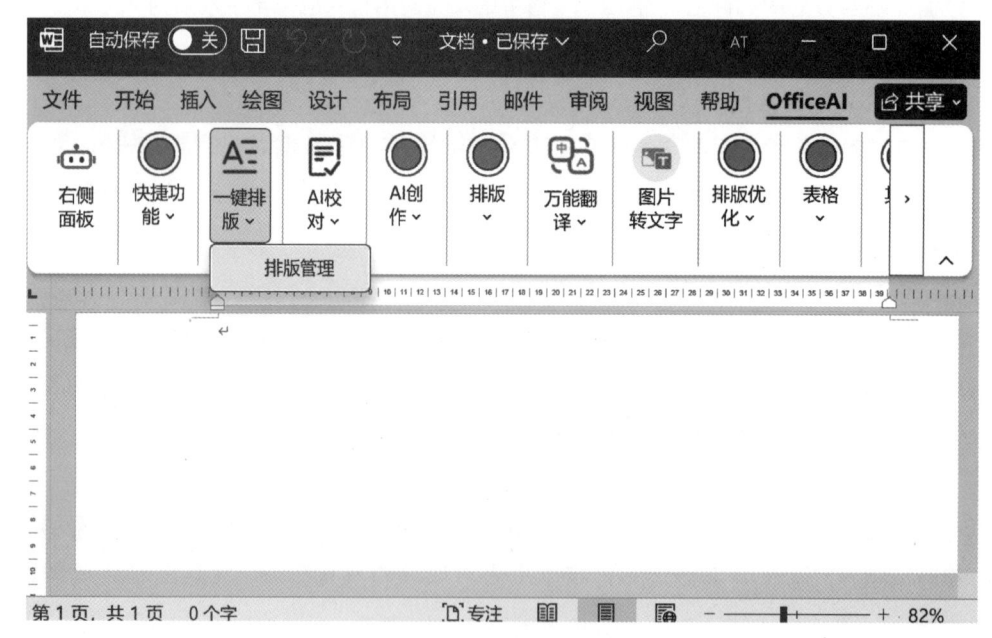

图 11-9　打开 Office AI

第四步，这里展示了现有的排版模板。我们选择创建模板，可以根据自己的要求定制版式结构，如图 11-10 所示。

图 11-10　排版模板管理

第五步，创建的新模板页面中可以设置主标题、正文、一级标题、二级标题等内容的中文字体、英文字体、字号、首行缩进、行距、加粗、斜体、对齐方式等，方便我们对整体内容快速排版，如图 11-11 所示。

图 11-11　创建新模板

第六步，保存模板后，打开自己需要排版的论文，单击"一键排版"即可完成内容排版。

11.5　提交流程与常见误区

一、提交论文的基本流程

1. 初次提交的材料要求

（1）提交 PDF 格式的论文。

论文提交时，期刊通常要求写作者以 PDF 格式提交完整的论文。这是因为 PDF 格式能够确保论文在传输过程中不会因格式问题而发生变化，因此可以保持排版、字体、图表等的统一性。在提交之前，确保论文已排版完整，包括摘要、关键词、正文、参考文献、附录、致谢等各部分，且所有内容均按期刊要求排列。建议在提交前再次校对，确认所有内容和格式都符合期刊的具体要求。

（2）附带投稿信（cover letter）的准备。

投稿信是与期刊编辑第一次正式接触的材料，因此它至关重要。投稿信的内容应简洁、明确，通常包括论文的标题、研究的核心贡献、期刊选择的理由、是否与其他期刊同时投稿的说明、无重大利益冲突的声明。

（3）论文的版权声明和其他附加材料。

在初次提交论文时，部分期刊可能会要求写作者提供版权声明或声明论文的原创性，以确保论文未曾在其他地方发表过，并且不涉及抄袭等学术不端行为。此外，期刊还可能要求提交补充材料，如数据集、实验的详细方法、额外的图表或视频等。

2. 投稿平台的使用

（1）注册并填写写作者信息。

在大多数期刊的在线投稿系统中，写作者需要先进行注册并创建账户。

（2）上传论文和其他必要文件。

在注册并登录期刊投稿系统后，写作者将被引导到论文提交界面，上传完整的论文及相关材料。除了PDF文件外，期刊可能还要求提交封面页、图表清单、数据共享声明等附加文件。

（3）检查提交的文件格式和大小是否符合期刊要求。

在文件上传完成后，务必再次检查提交文件的格式和大小，确保其符合期刊的要求。

二、投稿后反馈流程简化版

投稿后的反馈流程包括技术审查与编辑分配、外审与同行评审、返稿与接受稿件，每个环节对论文是否能顺利发表均至关重要。写作者需确保论文在提交前符合期刊要求，并在反馈流程中积极配合修改。

1. 技术审查与编辑分配

技术审查：期刊编辑团队确认论文是否符合基本格式要求（如结构、排版、文献引用格式等），不涉及学术内容。若格式不合要求，写作者需修改后重新提交。

编辑分配：技术审查通过后，编辑决定是否将论文送外审，并选择合适的专家进行评审。若论文不符合期刊要求，可能会拒绝送审。

2. 外审与同行评审

外审专家或同行评审论文的创新性、方法、数据分析等，提出修改建议或拒稿意见。常见的审稿意见有：

小修：修改语言、格式、图表等，简单调整。

大修：涉及实验设计、数据分析、结论推导等的深入修改，可能需要提供更多数据或分析。

拒稿：论文创新性不足或方法存在问题，无法达到期刊标准。

3. 返稿与接受稿件

外审后，编辑根据审稿人反馈决定是否要求返修。修改后的论文需按审稿人意见进行修改，并逐条回复修改情况。修改完成后，编辑审核是否符合期刊要求，若符合，则正式接受论文并安排发表。

三、返修过程与审稿人关注的细节

1. 返修分类与期限

小修：小修主要集中在语言、格式、图表等轻微修改，通常需要 3～15 天完成。这些修改不涉及论文的核心内容，而是对语法错误、拼写问题和一些数据表达做微调。

大修：大修通常涉及论文核心内容的修改，如实验设计、数据分析、结论推导等。大修需要 1～3 个月时间，写作者可能需要重写部分章节，补充实验数据或进行更深入的理论分析。

2. 返修意见的回复与修改

写作者需要逐条阅读并理解审稿人提出的修改意见，并在修改后的论文中明确标注每项修改内容。每个修改点都应附上详细的解释，说明如何根据审稿人的建议进行修改。除了修改论文，写作者还应在返修过程中附上一份详细的修改说明，逐条列出修改内容，并解释修改的依据和目的。这样有助于审稿人更好地理解写作者的修改，体现写作者对审稿人意见的重视与学术态度。

3. 审稿人关注的细节

标题简洁明确：标题应简洁、清晰，准确反映研究主题，避免冗余的背景信息。一个好的标题可以直接说明研究的核心内容。

图表清晰规范：图表应简洁、直观，符合期刊排版要求，避免复杂设计。图表能有效传达数据和研究结论，应避免用表格表达图示信息。

摘要简洁清晰：摘要应简洁明了，概括研究的目的、方法、主要发现和结论，避免细节和数字的堆砌。

参考文献格式规范：参考文献必须按期刊要求格式排版，确保引用准确无误，避免格式错误影响论文专业性。

避免超长段落：段落应简短有序，每个段落表达一个独立的思想，保持逻辑清晰，便于理解。

四、通过 AI 优化论文提交流程

1. 智能推荐期刊，提升命中率

选择期刊是论文投稿的第一步，也是影响发表成功率的重要因素。AI 工具可基于论文标题、摘要、关键词、参考文献及全文内容，自动分析论文所属领域、研究主题及目标读者群，从而智能推荐最匹配的期刊。这种匹配不局限于学科范围，还包括期刊的审稿周期、影响因子、开放获取政策、历史录用文章风格等维度，帮助写作者避开不匹配的投稿对象。

AI 工具甚至能够分析"同类文献在哪些期刊发表过"，自动比对相似论文的发表平台，为写作者提供基于实际发表数据的推荐清单。

2. 协助撰写投稿信与推荐信，增强投稿说服力

很多期刊要求投稿时附带投稿信，部分学术平台或同行推荐投稿还需附上推荐信。AI 可以根据论文内容、投稿期刊的写作风格要求、研究亮点，快速生成一封逻辑清晰、措辞得体、突出研究价值的投稿信。它还能够模拟不同角色（如导师、合作作者、推荐人）的语气和角度，生成推荐信草稿。特别是对于英文期刊投稿的非母语写作者来说，AI 不仅能提升语言质量，更能帮助写作者用最贴近编辑期望的方式表达研究贡献，从而提高被关注的可能性。

3. 根据特定期刊要求提出定制化修改建议

不同期刊对论文结构、语言风格、图表设计有各自的要求。AI 可以结合期刊官方网站提供的投稿指南和格式模板，对论文进行针对性分析。例如：某些期刊要求图表采用彩色呈现、图注规范英文表达，有的期刊强调结构化摘要、引言中引用最新三年文献，某些自然科学类期刊要求实验方法部分写成第三人称被动语态。AI 可自动提取这些规则，提示写作者需要调整的部分，甚至一键替换不合规表达，使文章更符合目标期刊的标准，从而提高初审通过率。

4. 智能解析审稿意见与生成返修建议

面对复杂的审稿意见，AI 可协助写作者提炼审稿人最核心的反馈点，并据此生成修改建议草稿。例如，将多个审稿人都关注的数据不一致问题、术语不明确问题归纳分类，并在论文中定位相关段落，提出可行的修改方案。此外，AI 还能模拟"审稿人视角"对修订后的稿件进行再次检查，帮助写作者预判可能的再次质疑。对于英文修改中的常见问题（如句式啰唆、逻辑不衔接、术语不当等），AI 能直接提出改写建议，并保持学术语气。AI 还能协助撰写"修改说明信"（response to reviewers），对每一条意见进行回应，使返修过程更加专业、高效。

5. 提出选题优化与投稿策略建议

AI 能识别当前研究热点、期刊关注主题、被引频率高的关键词等，辅助写作者对选题进行微调，使论文更贴近当前研究趋势。它还可以作为"投稿策略模拟器"，根据论文主题推荐最适合的投稿时间段、投稿先后顺序，甚至给出备选期刊清单，一旦第一目标期刊拒稿，快速切换至下一投稿点，缩短等待周期。

AI 的介入不仅优化了论文的技术层面（格式、语法、排版等），还提升了投稿策略的科学性与修改反馈的专业性。它让科研工作者从琐碎中"解放"，更专注于内容创新与学术表达，从而推动高质量科研成果更高效地走向世界舞台。

五、案例实操

第一步，先梳理明确论文内容，如关键问题、输出需求等相关内容。

第二步，打开 DeepSeek，并在对话框中输入提示词，如图 11-12 所示。

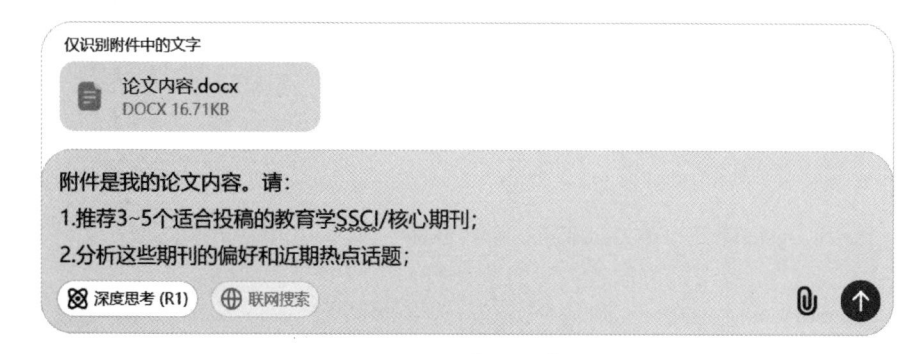

图 11-12 提示词范例

第三步，点击发送按钮，DeepSeek 就会给出相应的框架建议。

以下是一些适合这篇论文投稿的教育学 SSCI／核心期刊，以及它们的偏好和近期热点话题分析：

Journal of Computer Assisted Learning

● 期刊偏好：聚焦教育技术领域，偏好 AI 教学、在线学习、教育软件开发等方面的研究，对实证研究和数据驱动型论文较为青睐。

● 近期热点话题：随着人工智能和信息技术在教育领域的广泛应用，AI 辅助教学的效果评估、在线学习平台的功能优化与用户体验研究、教育软件对学生学习成果的影响等是热门研究方向。

Education and Information Technologies

● 期刊偏好：收稿范围广泛，涵盖教育信息化、心理学以及跨学科研究等领域，注重研究的创新性和实用性，对能够推动教育与信息技术深度融合的研究较为关注。

● 近期热点话题：教育数字化转型的策略与实践、人工智能在教育中的伦理问题探讨、基于大数据的学习分析与个性化教育服务、信息技术支持下的跨学科教学模式创新等是该期刊近期可能关注的热点。

《电化教育研究》

● 期刊偏好：作为国内教育技术领域的权威期刊，关注中国特色智能教育自主知识体系建设、教育数字化、技术促进教育教学变革等方面的研究，偏好具有理论深度和实践指导意义的论文。

● 近期热点话题：包括数字化促进教育强国建设研究、基于生成式人工智能的教育研究新范式、智能体在教育教学中应用的实证研究、教育大模型和学科大模型研究等。

第四步，DeepSeek 不一定可以直接生成可用的内容。这时可以继续在上述的对话框中对其提出更多要求，DeepSeek 会根据有关要求提供更多的迭代优化思路，如图 11-13 所示。

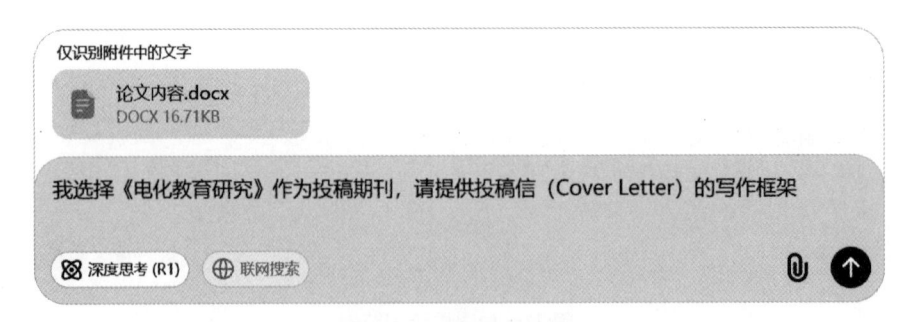

> 仅识别附件中的文字
>
> 论文内容.docx
> DOCX 16.71KB
>
> 我选择《电化教育研究》作为投稿期刊，请提供投稿信（Cover Letter）的写作框架
>
> 深度思考（R1）　联网搜索

图 11-13　提示词范例

第五步，稍等片刻，DeepSeek 就会给出相关内容框架，大家可以反复迭代优化有关内容。

《电化教育研究》投稿信写作框架

一、开头问候与投稿声明

1. 礼貌问候：以正式、礼貌的用语向期刊编辑团队问好，如"尊敬的《电化教育研究》编辑老师：您好！"

2. 投稿说明：明确表明投稿意向，说明论文题目、作者信息，如"我们诚挚向贵刊投稿论文《[论文题目]》，该论文由[作者姓名及单位]完成"。

二、期刊契合度阐述

1. 期刊认可：表达对《电化教育研究》学术地位和影响力的认可，引用期刊特色定位，如"贵刊作为电化教育领域权威期刊，始终聚焦教育技术前沿，致力于推动理论与实践创新，在学界具有深远影响力"。

2. 主题契合：阐述论文与期刊主题的相关性，说明研究在电化教育领域的方向，如"本文围绕[具体研究方向]展开，与贵刊关注的教育技术创新、教学实践改进等主题高度契合"。

三、论文核心亮点介绍

1. 研究问题：简要说明研究问题的来源和背景，强调问题的重要性和现实意义，如"在[具体教育技术发展趋势]的背景下，[具体研究问题]成为制约教学质量提升的关键，本文聚焦于此展开深入研究"。

2. 创新点：突出论文在理论、方法、实践等方面的创新，如"本研究创新性地将[某新理论/方法]引入[具体研究场景]，提出[新模型/策略]，为[某领域]提供了新的研究视角和解决方案"。

3. 学术价值：说明研究对电化教育领域理论发展和实践应用的贡献，如"研究成果有助于丰富[某理论体系]，为教育技术工作者优化[教学实践环节]提供科学依据和实践指导"。

四、版权与利益声明

1. 原创声明：明确表示论文为原创作品，未在其他期刊或会议发表，如"本论文为作者原创，不存在一稿多投情况，所有数据和观点均真实、可靠"。

2. 利益冲突声明：如有需要，说明论文不存在利益冲突，如"所有作者声明无任何可能影响研究客观性的利益冲突"。

五、结尾致谢与联系方式

1. 致谢：感谢编辑团队审阅论文，表达对录用的期待，如"感谢您在百忙之中审阅我们的论文，期待论文能有机会在贵刊发表，接受学界的检验与指导"。

2. 联系方式：提供通讯作者的详细联系方式，包括电话、邮箱、邮寄地址，方便编辑沟通。

第 12 章
答辩与展示

12.1 快速生成答辩 PPT 初稿

论文答辩 PPT 的制作是每个学术研究者在完成研究后面临的重要任务。高质量的答辩 PPT 不仅能够准确传达研究成果的核心内容，还能展示研究者的学术能力和演讲水平。与传统的手动制作 PPT 相比，借助 AI 技术可以大大提高 PPT 制作的效率与质量，让研究者能够更专注于演讲内容和答辩表现，而不是被烦琐的设计细节所困扰。在本章中，我们将详细探讨答辩 PPT 的结构要点，并介绍如何借助 DeepSeek 和 Kimi 等 AI 工具快速生成高质量的 PPT 初稿。

一、答辩 PPT 的要点

答辩 PPT 的内容应当围绕核心研究成果，简洁有力地展示研究过程与结论。一个标准的答辩 PPT 通常包括以下几个主要部分，每个部分都应突出关键内容，避免冗余信息。

1. 封面与引言

（1）封面：封面是答辩 PPT 的第一张幻灯片，应当简洁而正式，包含成果标题、作者姓名、指导教师信息及所在学院或机构。封面设计应避免过多装饰，保持学术性和专业感。应选择一种简约大方的风格，确保清晰展示基本信息。

（2）引言：引言是答辩 PPT 的开篇，旨在简洁介绍研究的背景、目的和意义。引言部分需要突出研究的价值和创新点，吸引评审委员的注意力。在这一部分，通常需要阐明研究问题的提出背景、相关文献综述，以及研究的主要目标。应避免过多理论性的讨论，重点突出研究的实际意义。

2. 研究方法与设计

（1）方法概述：简洁地描述成果所采用的研究方法、技术路线或实验设计。通常，方法部分包括对研究流程、实验设备、数据采集方式、样本选择等的简要介绍。应突出研究采用的创新方法，避免过度细节化，以免影响整体结构的清晰度。

（2）研究流程图：为了增强可理解性，可以通过流程图、框架图等形式展示研究的具体步骤或方法模型。流程图能清晰展现各个研究环节之间的关系，并帮助听众快速理解研究设计。此时，使用简洁的图表和符号是非常有效的。

3. 研究结果

（1）数据呈现：PPT 中最为关键的一部分是研究结果。这部分应通过图表、图片等多媒体方式，清晰地呈现研究数据。与文字叙述相比，图表能够更加直观地表达复杂数据。使用清晰标注的条形图、折线图、饼图等，可以有效地传达数据的趋势和对比。

（2）结果分析：对研究结果进行简要分析与解读，突出研究发现的创新性与贡献。在这一部分，不必对每一项数据进行详细讨论，重点是指出最具代表性的数据及其对研究问题的回答。在阐述分析时，尽量避免过于复杂的学术语言，使听众能快速理解研究的核心发现。

4. 结论与讨论

（1）主要结论：结论部分应概括研究的核心发现。这个部分要简洁明了，一般包含两到三条关键结论，应避免对研究过程的重复叙述。结论的呈现方式应尽量简练，突出研究的学术贡献。

（2）研究贡献与局限：每项研究都有其局限性，答辩时应诚实地呈现研究中存在的不足或未能解决的问题。在得出结论之后，简要讨论研究的局限性，并指出未来研究的潜力方向。这不仅展示了研究者的虚心之处，也为后续研究奠定了基础。

5. 未来展望与提问

（1）未来研究展望：在 PPT 的最后一部分，可以简要阐述研究的未来展望。这可以是对现有研究的延伸，或是对未解问题的进一步探索。此部分应强调研究的开放性和潜在的学术价值，给听众留下思考的空间。

（2）提问环节：答辩过程中通常会有提问环节，因此最后一张幻灯片应当专门为提问留出空间。幻灯片可以简单标注"感谢聆听"或"欢迎提问"，以表达对评审委员提问的开放态度。

二、答辩 PPT 的难点

答辩 PPT 的结构看似简单，但在实际制作过程中常常会遇到许多挑战。

（1）信息筛选与精简：如何在有限的时间内将研究的核心信息有效传达，是答辩 PPT 的一个难点。过多冗长的文字和复杂的理论公式不仅会让评审委员感到乏味，也会影响答辩的流畅度。制作 PPT 时，需重点突出研究的创新性与贡献，避免对背景信息或已知理论的过多叙述。

（2）数据的可视化：研究结果通常需要通过图表来展示，但如何将复杂的数据呈现得既准确又简洁，往往需要较高的设计技巧。图表的设计既要能够准确传达数据，又要确保视觉上的美观与整洁。过多的文字和细节可能会影响图表的清晰度。

（3）一致性与美观性：答辩 PPT 的视觉效果至关重要。内容设计要统一，避免使用过多不同风格的模板和颜色，确保所有幻灯片之间的视觉连贯性。此外，文字的字号、图标的样式、动画的使用等都要经过精心设计，以确保 PPT 的专业性和美观性。

三、利用 DeepSeek 与 Kimi 生成答辩 PPT

借助 AI 工具，尤其是 DeepSeek 与 Kimi，可以显著提高制作答辩 PPT 的效率，并确保内容的简洁与规范。

（1）**信息提取与自动整理**：DeepSeek 能够快速扫描研究文本，提取出研究的关键信息，如研究问题、方法、结果等，并自动生成 PPT 的初步框架。用户只需输入研究的内容，AI 工具就能帮助自动整理出各部分的核心要点，省去了烦琐的人工筛选过程。

（2）**自动化 PPT 生成与模板推荐**：Kimi 提供了海量的 PPT 模板供选择，并能自动生成、自动排版。无论是背景介绍、研究方法，还是数据结果与结论部分，AI 工具都能自动生成对应的幻灯片，确保 PPT 的结构清晰有序。

（3）**模板替换与样式调整**：Kimi 提供了多种答辩专用的 PPT 模板，用户可以根据研究的主题与个人喜好，轻松替换和调整模板样式。Kimi 支持颜色、字体、布局的个性化修改，让用户能够快速完成 PPT 的美化工作，同时保持学术性和专业感。

（4）**智能优化与编辑建议**：在生成初稿后，AI 工具还能够对 PPT 进行智能优化。例如，PPT 的某一页只有两个要点，现在想加入第三个要点，只需要在大纲中编辑，AI 工具会自动对这一页重新排版。

通过 DeepSeek 与 Kimi 的帮助，答辩 PPT 的制作过程变得更加高效，研究者可以节省大量时间，专注于准备答辩。AI 工具的快速生成和智能优化功能使得 PPT 制作更加精准和专业，同时也保证了 PPT 的视觉效果和内容质量。以下是一个让 DeepSeek 为我们生成 PPT 大纲的提示词模板。

> 任务：生成学术答辩 PPT 大纲
> 论文主题：〈论文的题目〉
> 论文结构：〈论文的主要章节和内容概述〉
> 关键点：〈你认为论文中需要重点展示的部分，例如研究问题、方法、结果等〉
> 要求：〈你对 PPT 大纲的具体要求，如详细程度、包含的章节等〉

四、案例实操

第一步，完成成果撰写工作，将内容保存为 Word 版本，我们以一篇题为《短视频平台对用户行为的影响》的论文为例，如图 12-1 所示。

> **短视频平台对用户行为的影响**
>
> **摘 要** 随着短视频平台在全球范围内的迅速崛起，短视频已经成为现代社交媒体的重要组成部分，并深刻改变了用户的行为模式。本文基于近五年内的相关研究，探讨了短视频平台对用户行为的影响。通过文献综述，本文从信息消费碎片化、注意力分散、社交互动、内容创作等多个维度，分析了短视频平台如何塑造用户的媒介使用习惯、认知方式以及社交行为。研究表明，短视频平台不仅改变了传统媒体的受众行为，还推动了用户生成内容（UGC）的广泛流行。本文最后讨论了短视频平台对社会文化的潜在影响，并提出了未来研究的方向，尤其是关于平台算法、用户隐私保护以及平台生态系统的持续演化等问题。
>
> **关键词** 短视频平台；用户行为；信息碎片化；社交互动；内容创作；算法推荐
>
> **1. 引言**
>
> 在社交媒体的快速发展中，短视频平台凭借其创新的内容形式和个性化的推荐算法，迅速吸引了大量的用户，尤其是在年轻人中，成为主要的内容消费渠道。短视频平台，如TikTok和抖音，通过其独特的短小内容形式和强大的社交功能，改变了用户获取信息、娱乐和社交互动的方式。这些平台通常依赖于数据分析和人工智能算法，为用户推荐符合其兴趣的内容，从而提高用户粘性并加深用户参与感（Kumar & Zhang，2021）。然而，随着短视频平台的普及，关于其对用户行为的影响，尤其是信息消费、注意力管理、社交互动及自我表达等方面的研究也逐渐增多。
>
> 本文通过系统回顾近五年内关于短视频平台对用户行为影响的文献，旨在探讨短视频平台在数字化转型过程中的作用，以及它们对用户心理、行为和社会文化的潜在影响。
>
> **2. 短视频平台的兴起与特征**
>
> 短视频平台的快速发展离不开移动互联网、社交媒体以及人工智能技术的支持。TikTok（抖音）自推出以来，通过其高度个性化的推荐算法和碎片化的视频内容，迅速获得了大量用户的青睐（Zhang & Li，2021）。短视频平台的主要特点包括短小的视频长度、智能算法推荐、社交互动功能以及创作工具的开放性。与传统的长视频平台（如YouTube）不同，短视频平台强调短小、快速消费的内容形式，用户能够在极短的时间内获得信息，并立即参与互动。
>
> 根据 Liu 等（2022）的研究，短视频平台的另一个重要特征是其内容的高频更新。平台根据用户的观看历史、互动行为（如点赞、评论、分享）以及社交网络关系，不断优化推荐系统，以最大化用户的留存率和互动频次。这种信息推送的精细化，使得短视频平台能够有效捕捉并保持用户的兴趣，从而形成强大的用户粘性。
>
> **3. 短视频平台对用户行为的影响**
> **3.1 信息消费碎片化**
>
> 短视频平台的内容呈现形式通常较为简短，往往为15秒到1分钟之间的片段，这种快速消费模式彻底改变了用户获取信息的方式。传统媒体中的长篇文章、深度报道和长时间的视频

图 12-1 论文原文（部分）

第二步，在 DeepSeek 中输入相应的提示词，选择深度思考，如图 12-2 所示。

> 你是一个学术论文答辩PPT制作专家，请根据附后的论文，生成markdown格式的学术答辩PPT大纲。
>
> 论文主题：短视频平台对用户行为的影响
>
> 要求：
>
> 1. PPT大纲需要包含每个部分的核心内容，并重点突出第三部分：短视频平台对用户行为的影响。
>
> 2. 大纲要详细，尽可能有更多的论文原文。
>
> 3. 答辩时间约为15分钟。
>
> 论文全文如下：
>
> 深度思考(R1) 联网搜索

图 12-2 提示词范例

第三步，点击"发送"按钮，稍等片刻，DeepSeek 就会生成 markdown 格式的答辩 PPT 大纲。

第四步，在浏览器中输入 kimi.cn，打开 Kimi 的首页，选择左侧的 Kimi＋，如图 12-3 所示。

图 12-3　Kimi 首页

第五步，在 Kimi＋的页面中，选择右侧的 PPT 助手，如图 12-4 所示。

图 12-4　Kimi＋页面

第六步，在 PPT 助手页面的对话框中输入此前 DeepSeek 生成的 markdown 格式的文本，并发送给 PPT 助手，如图 12-5 所示。

和PPT助手的会话

PPT无处不在，Kimi+为你分忧，帮你制作详尽且有说服力的PPT文稿，转达信息，说服听众

> 以"中国传统文化艺术的魅力"为主题，生成一份PPT

> 我是个游戏行业从业者，帮生成一份王者荣耀VS英雄联盟的PPT

> 帮我制作一份竞选学生会主席的PPT

```
# 短视频平台对用户行为的影响 - 答辩PPT大纲

## 封面页
- **标题**：短视频平台对用户行为的影响
- **作者/答辩人**：[你的姓名/学号]
- **导师**：[导师姓名]
```

图 12-5　发送 PPT 大纲

第七步，稍等片刻，PPT 助手会完成 PPT 思路的梳理，这里选择一键生成 PPT 即可，如图 12-6 所示。

学术答辩PPT大纲（短视频平台对用户行为的影响）

1. 研究背景与意义

1.1 短视频平台的流行现状

1.1.1 全球用户规模增长迅猛

- 截至2024年，抖音全球月活跃用户数突破10亿，其中18-30岁用户占比超60%，成为年轻人社交娱乐首选平台。

一键生成PPT >

图 12-6　一键生成 PPT

第八步，这里 Kimi 提供了海量的 PPT 模板，并按照场景、职业、风格、颜色进行了分类，我们选择一个自己喜欢的 PPT 即可，如图 12-7 所示。

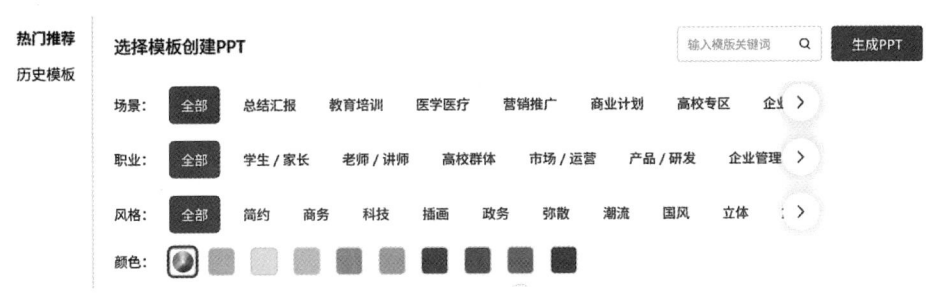

图 12-7 选择 PPT 模板

第九步，稍等片刻，PPT 制作完成并生成预览界面，此时可以对 PPT 的大纲、模板进行编辑，并插入元素，调整文字、形状等，如图 12-8 所示。此时我们打开大纲编辑页面。

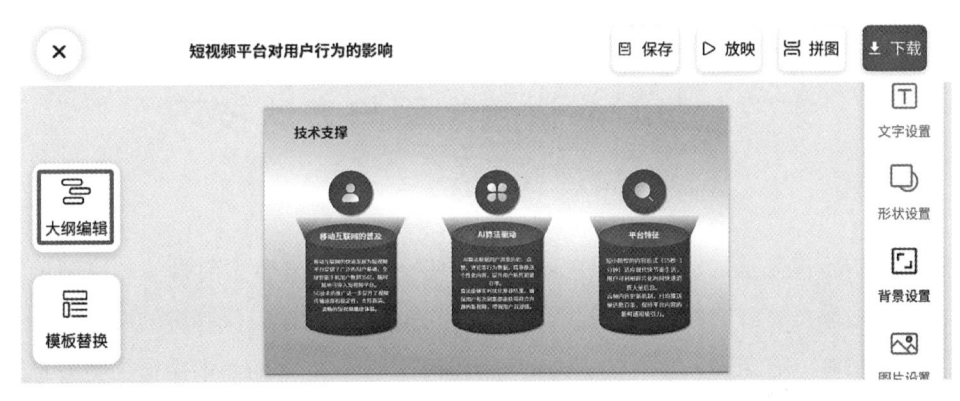

图 12-8 PPT 编辑页面

第十步，在大纲编辑页面中，可以对某一页的 PPT 内容进行编辑，或者插入新的 PPT 页面。例如，在第 6 页中，原本有三个要点，我们打算不讲第三个要点，只讲前两个。我们只需要在大纲编辑页面中删除第三个要点的文字，新的页面就会迅速生成，如图 12-9 所示。

图 12-9 大纲编辑页面

第十一步，如果对这个 PPT 的效果不满意，可以打开左侧的模板替换，选择自己喜欢的模板，可以一键替换 PPT 的版式，如图 12-10 所示。

图 12-10 模板替换

第十二步，编辑完成了，即可将排版完成后的 PPT 下载到本地。

12.2 答辩演讲稿撰写与表达技巧

论文答辩不仅仅是展示 PPT，它还包括如何在评审委员会面前自信、清晰地表达自己的研究成果。答辩演讲稿的撰写与演讲技巧的掌握，对于确保答辩的顺利进行至关重要。一个清晰、有条理、富有说服力的答辩演讲，不仅能帮助评审委员会更好地理解你的研究成果，还能展现你的学术素养和沟通能力。

一、答辩演讲稿的结构与内容

答辩演讲稿的结构与内容应当围绕论文的核心观点进行组织，确保逻辑清晰、重点突出。一个好的答辩演讲稿通常包括以下几个关键部分：

1. 开篇引入

答辩演讲的开篇要简洁明了，能够迅速吸引评审委员的注意。在这一部分，可以简要回顾论文的研究背景，说明研究的动机和问题的重要性。通常，用一个引人入胜的问题或现象开头，是一种非常有效的方式，它能激发听众的兴趣。

例如，可以用一个具体的实际问题或者研究中的疑惑作为引入："在面对 X 问题时，Y 方法存在的局限性是什么？我的研究试图解答这个问题……"

2. 研究目标与方法

这一部分要简洁地介绍研究的核心目标和所采用的方法。阐述你为何选择这种方法，以及它在解决研究问题中的优势。可以通过简洁的语言，直接向评审委员会展示你研究的创新点和理论价值。

对于复杂的方法部分，可以使用简短的流程图或关键点列表来帮助理解。应避免在答辩演讲中深入展开所有技术细节，以免造成信息过载。

3. 研究结果与分析

答辩演讲稿的这一部分要清晰而精练地阐述研究结果，重点突出最重要的发现和数据。这里的关键是要让听众在有限的时间内快速抓住你的研究成果。

对于数据部分，可以简要说明数据的来源、分析方法，并用直观的语言来解释数据的含义。此时，结合答辩PPT中的图表展示，可以帮助评审委员更加直观地理解数据。

4. 结论与贡献

结论部分是答辩演讲的重点之一，它总结了研究的核心发现，并强调其学术和实际价值。结论应简洁有力，避免冗长的总结和细节描述。

在此部分，可以突出研究的贡献，说明你的工作是如何填补研究空白的，以及其在学术界或实践中的应用潜力。同时，也可以简要提及研究中的局限性，并为未来的研究提出展望。

5. 未来方向与结尾

在答辩演讲的最后，可以简要讨论研究的未来方向或潜在的扩展研究。这不仅展示了研究者对研究前景的深刻思考，还能让评审委员看到研究者对该领域发展的贡献。

结尾部分要简洁有力，提醒听众研究的核心价值，并感谢评审委员的聆听与提问。

二、答辩演讲表达技巧

即使答辩演讲稿写得再好，如果没有良好的表达技巧，听众也可能难以理解或被吸引。有效的演讲技巧不仅能提高表达的清晰度，还能增加听众的互动性和参与感。以下是一些提升答辩演讲表达效果的技巧：

1. 语言简练、精准

答辩演讲时，语言要简洁明了，避免使用复杂的术语或长句子，确保听众能够轻松理解。对于学术性较强的内容，可以提前解释相关概念，确保所有听众都能跟上研究者的思路。

研究者应使用简洁有力的语言，避免赘述或重复，保持信息传递的高效性。在每个部分结束时，确保有一个清晰的总结，以便听众迅速理解重点。

2. 声音的运用与语速控制

答辩演讲时，语音语调的变化是吸引听众注意力的重要因素。研究者可以通过调整语速、音量和语气，来强调重点内容。例如，在讲解研究的创新点或最重要的发现时，可以适当放慢语速，增加语音的强度，以突出重点。

同时，要避免语速过快，尤其在讲解复杂的内容时。过快的语速可能让听众无法及时消化信息，导致理解困难。适时的停顿也非常重要，可以让听众有时间消化所讲内容。

3. 眼神交流与肢体语言

眼神交流是建立与听众连接的重要方式。通过与评审委员的眼神交流，可以增加互动感，让听众感受到研究者的自信与专注。

肢体语言也是提升答辩演讲效果的关键因素之一。通过适度的手势和身体语言，可以强调某些观点或数据，并增强答辩演讲的表现力。然而，过多的手势可能会分散听众的注意力，因此要保持自然、得体的肢体语言。

4. 互动与提问应对

答辩演讲不仅仅是单向的信息传递，答辩中的互动环节同样重要。与评审委员的互动是展示研究者对研究深入理解和灵活应变能力的好机会。

在答辩演讲结束后，研究者要保持开放的心态，欢迎提问。在回答问题时，应尽量简洁、冷静，直接回应问题的核心，并避免过多解释。若遇到不清楚的问题，可以请求澄清，而不是仓促作答。

三、答辩演讲稿与 PPT 的配合

答辩演讲稿与 PPT 的配合非常重要。PPT 通常是用来辅助表达的工具，应该与答辩演讲内容紧密结合。以下是一些建议：

1. 同步内容

答辩演讲稿的内容与 PPT 中的信息要相互呼应。在展示 PPT 时，演讲者应对每一张幻灯片进行简要解释，避免 PPT 内容过于复杂而难以理解。在答辩演讲时，可以根据 PPT 中的图表、数据等内容来详细说明和补充。

2. 避免重复

答辩演讲稿与 PPT 的内容不应重复。PPT 中的内容应简洁明了，而答辩演讲稿应通过详细的阐述补充 PPT 内容。避免在答辩演讲中照读 PPT，这样会使答辩演讲显得单调，缺乏互动。

3. 互动辅助

演讲者可以在答辩演讲过程中适时地引用 PPT 中的图表、数据或关键点，以帮助听众更好地理解内容。例如，当解释某个复杂的数据结果时，演讲者可以指向 PPT 中的图表，并详细解释其含义和结论。

四、答辩演讲稿的写作工具

为了更高效地撰写答辩演讲稿，使用 AI 工具可以大大提高写作效率。DeepSeek 等工具可以帮助研究者提取论文中的关键信息，并将其整理成易于表达的段落。使用 AI 工具辅助写作不仅能提升语言表达的流畅性，还能帮助检查语言的逻辑性和简洁性。

撰写一份优秀的论文答辩演讲稿是成功答辩的重要组成部分。它不仅需要明确的结构和简洁的语言，还需要良好的表达技巧来确保能够生动、清晰地把内容传达给评审委员会。通过充分准备、合理组织内容并掌握演讲技巧，研究者可以在答辩过程中自信、得体地展示自己的研究成果。结合 AI 工具的辅助，答辩演讲稿的撰写和演讲技巧的提升将变得更加高效和精细化，让答辩准备工作更加从容不迫。

五、案例实操

第一步，准备好自己的论文原稿及论文答辩 PPT，论文原稿应该保存为 word 格式。

第二步，在 DeepSeek 中输入提示词，并选择"深度思考"，将自己的论文原稿及论文答辩 PPT 上传至 DeepSeek，如图 12-11 所示。

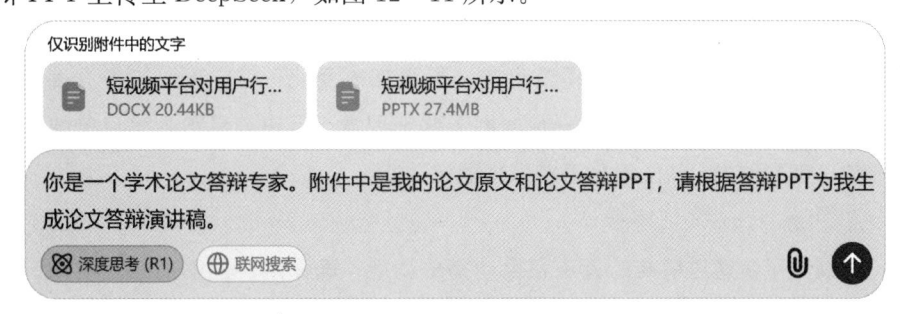

图 12-11 提示词范例

第三步，点击"发送"按钮，稍等片刻，DeepSeek 就会给出答辩演讲文稿了。

尊敬的评委老师、各位同学，大家好！

我是苏小文，今天非常荣幸能在这里进行论文答辩。我所研究的课题是《短视频平台对用户行为的影响》。随着短视频平台的迅速崛起，尤其是像 TikTok 和抖音等平台的全球化发展，短视频已经成为现代社交媒体的重要组成部分，对我们的生活和行为模式产生了深远的影响。因此，本文旨在探讨短视频平台如何改变用户行为的各个方面，尤其是在信息消费、注意力分散、社交互动和内容创作等方面的影响。

一、引言

短视频平台的崛起与发展，离不开社交媒体和技术创新的推动。如今，短视频已经成为许多用户获取信息、娱乐和社交互动的主要渠道。平台通过高度个性化的推荐算法，使得用户能够接触到符合个人兴趣的内容，从而增加平台的黏性和用户参与感。然而，短视频平台的普及，也引发了关于其对用户行为和社会文化的潜在影响的广泛讨论。本文旨在通过文献综述，回顾近五年来短视频平台对用户行为影响的相关研究，探索短视频平台如何塑造用户的媒介使用习惯和认知方式。

二、短视频平台的兴起与特征

短视频平台的快速发展，与移动互联网、社交媒体以及人工智能技术的不断进步密切相关。以 TikTok 和抖音为代表的短视频平台，通过其短小、快速消费的内容形式和精准的个性化推荐算法，迅速吸引了大量用户。与传统的长视频平台（如 YouTube）相比，短视频平台的最大特点是其内容形式的碎片化、快速更新和互动性。平台根据用户的观看历史、互动行为等数据，精细化地推送内容，从而最大化用户的参与度和留存率。

三、短视频平台对用户行为的影响

1. 信息消费碎片化

短视频的核心特征之一是其内容的短小和碎片化，用户可以在极短的时间内快速获得信息。这种信息消费的方式与传统媒体的长篇报道、深度分析有着显著的差异。研究表明，短视频的碎片化特性会促使用户的注意力变得更加分散。用户的观看时间变得更短，但频次更高，这使得信息的消费更加表面化，用户难以进行深度思考与分析。短视频平台的推荐系统进一步加剧了这一现象，用户容易陷入信息的快速切换和短期的兴趣冲动中，缺乏对信息的深度消化。

2. 注意力分散与浅层参与

短视频平台通过精准的算法和自动播放功能，确保用户能够持续接触到感兴趣的内容，从而增加用户的参与感。然而，这种快速的信息流和内容切换，也导致了用户注意力的高度分散。研究指出，用户在短视频平台上难以进行长时间的深度关注，更多的是进行浅层的参与，比如点赞、分享和评论等表面互动。尽管这种模式有效提高了用户的留存率，但却降低了内容消费的深度，尤其在广告和娱乐类内容中尤为明显。

3. 社交互动与自我表达

短视频平台不仅改变了用户的内容消费方式，还深刻影响了用户的社交行为。平台的互动功能（如评论、点赞、分享等）使得用户不仅是内容的消费者，还是内容的创造者和传播者。用户通过参与社交互动，建立了更强的社交联系，并在平台内形成了互动社群。平台上的挑战活动、社交话题和创作内容，促使用户不仅获得社交认同感，还提升了在平台中的曝光度。这些社交互动让短视频平台成为一个社交工具，推动了用户生成内容（UGC）的广泛流行。

四、短视频平台的社会文化影响

短视频平台的普及不仅影响了用户的行为，还对社会文化产生了深远的影响。平台通过去中心化的内容生产模式，促进了多元文化的传播。每个用户都可以成为内容创作者，这打破了传统媒体对文化生产的垄断，提供了更广泛的自我表达和创作机会。此外，短视频平台的全球化运营促进了跨文化的交流与融合，用户能够接触到不同文化背景下的内容，从而推动了全球文化的融合和开放。

五、总结与展望

通过对近五年关于短视频平台对用户行为的影响的研究回顾，本文总结了短视频平台在信息消费、社交互动、内容创作及社会文化等方面的深远影响。短视频平台不仅改变了用户的媒介使用习惯，还推动了全球文化的多元化发展。然而，现有研究仍存在一定的局限，特别是在平台算法、用户隐私保护和平台生态系统等方面的研究仍较为薄弱。未来的研究应进一步探讨短视频平台的社会伦理问题，如算法偏见、信息过载对心理健康的影响等，并结合社会学、心理学及文化研究等多个学科进行跨学科的深入探讨。

以上是我的答辩报告，感谢各位老师批评指正。

12.3 答辩现场互动与问题应对策略

论文答辩不仅要准备一份精彩的 PPT 和答辩演讲稿，更重要的是如何在现场与评审委员会进行互动，特别是如何应对评审委员提出的问题。答辩现场往往充满了紧张的气氛，但如果能够有效地准备并应对各种问题，论文答辩将会更加顺利，且研究者也会充满信心。如何与评审委员进行良好的互动，如何面对突如其来的问题，如何快速准确地给出回答，这些技巧和策略是成功答辩的关键。以下是一些关于答辩现场互动与问题应对的策略和建议。

一、答辩现场的互动形式

答辩过程通常分为两个部分：展示阶段和提问阶段。展示阶段研究者将以答辩PPT为主，清晰地介绍自己的研究内容，而提问阶段则是答辩的重头戏，评审委员根据研究者的展示内容，会提出各种问题。互动环节的关键是研究者如何应对这些问题，并通过恰当的回答和回应展示自己对研究的深入理解。

1. 展示阶段的互动

在展示阶段，互动形式通常较少，但这并不意味着研究者可以全程单向地展示答辩PPT的内容。适当的互动可以提升答辩的氛围。比如，研究者可以通过提问引导评审委员思考，或者在展示过程中，通过眼神接触与肢体语言与评审委员建立联系，确保他们关注到研究者答辩演讲的重点。

例如，在展示研究结果时，研究者可以提出一些开放性的问题，鼓励评审委员思考研究的应用价值或可能的改进方向："您觉得我的研究结果对于当前的实际应用有什么启发？"这种互动不仅能吸引评审委员的注意，也能展示研究者对研究的深度理解和对未来工作的规划。

2. 提问阶段的互动

在提问阶段，通常评审委员会根据研究者的答辩PPT和答辩演讲稿的内容进行深入探讨。这是一个双向交流的过程，因此研究者应当做好充分准备，清晰、简洁地回答每个问题。提问阶段的互动不只是回答问题，更是展示研究者对研究的理解的机会。

在提问环节中，应注意听清楚每个问题的核心，避免草率回答或跳跃性回答。记住，良好的互动不仅仅是回答问题，更多的是展示研究者的学术思维和解决问题的能力。

二、应对评审委员提问的技巧

答辩提问环节常常会涉及研究者论文中的核心问题、实验设计、数据分析等方面。评审委员的提问可能会直接挑战研究者的假设、方法或结论，因此事先准备是至关重要的。以下是几条帮助研究者有效应对提问的策略：

1. 深入理解自己的研究工作

作为论文的作者，研究者必须对自己的研究工作有深入的理解，尤其是研究方法、数据分析和结果的解释。答辩时评审委员可能会提出关于实验设计、数据统计、假设检验等方面的问题。要确保自己能自如地回答这些问题，并能清晰地解释每一个决策背后的理论基础和数据支持。

例如，如果评审委员询问研究者选择某种特定研究方法的原因，研究者不仅要给出选择该方法的具体理由，还要能够解释该方法相较于其他方法的优势与局限。

2. 预设问题并进行模拟答辩

在答辩前，研究者最好进行模拟答辩，预设一些可能的问题，并对其进行详细回答。这些问题可以包括研究中的假设、方法设计、实验数据、结果分析等。模拟答辩能够帮助研究者熟悉答辩过程，提前预见到自己可能会遇到的难题，增强答辩时的自信。

与导师或同学进行模拟答辩时，尽量模拟真实的提问场景，可以提出一些常见的、挑战性较强的问题，锻炼自己如何冷静、快速地做出反应。

3. 简洁明了地回答问题

在面对问题时，回答要简洁、明了，避免冗长和重复。评审委员的问题通常需要具体、精准的回答，因此尽量把问题拆解成几个小部分，逐一回答，确保每个回答都能直击要点。

如果问题非常复杂，可以先简要概括回答核心要点，然后在需要时再提供更详细的背景信息。简洁的回答有助于给评审委员留下清晰、理智的印象。

4. 冷静应对突发问题

有时候，评审委员会提出一些出乎意料的问题，甚至是自己未曾预料到的研究方向或结果。在这种情况下，最重要的是保持冷静，深呼吸，认真听完问题，不急于作答。如果不确定答案，可以适当地请求澄清或思考片刻再作答。

对于你无法马上回答的问题，可以承认自己需要进一步研究或澄清，然后表达愿意继续探索相关问题的态度："这是一个非常好的问题，我会在未来的研究中深入探讨这一点。"这种态度展示了研究者的开放性与学术态度。

三、如何处理不同类型的问题

在答辩过程中，评审委员提出的问题类型可能会有所不同，有些问题是学术性的，有些则可能是挑战性或批评性的。应对这些不同类型的问题时，研究者要有针对性地调整回答策略。

1. 学术性问题

学术性问题通常涉及论文中的理论、方法、数据分析等。这类问题考察的是研究者对研究主题的理解和掌握程度。对于这类问题，建议研究者清晰地回答，并提供足够的数据支持或理论依据。回答时，尽量简洁但充实，展示自己对所研究问题的深入思考。

2. 挑战性问题

挑战性问题通常是在评审委员认为研究者的研究方法或结论可能存在问题时提出的，这类问题的目的是考察研究者对自己研究的反思能力和学术态度。面对挑战性问题时，不必过于焦虑，尽量保持镇定，认真分析问题，逐一解答。

如果评审委员指出某些局限性或不足时，展示自己的反思能力是非常重要的。研究者可以承认研究中存在的不足，并阐述自己未来的改进计划或研究方向："我的研究目前的局限性在于……，我计划在未来的工作中进一步探讨这一点。"

3. 应用性问题

应用性问题通常会涉及研究成果的实际应用或社会价值。评审委员可能会问，你的研究成果是否能在实际中产生影响，或者如何在现实世界中应用。对于这类问题，要展示自己对研究成果实际价值的思考，并结合现实案例或数据进行说明。

四、利用 DeepSeek 帮助识别可能的问题与答案

在准备答辩时，虽然可以预设一些常见问题并进行模拟答辩，但实际的答辩环节往往涉及更广泛、更深入的内容。为了更好地应对这些问题，我们可以利用 DeepSeek 等 AI 工具，通过论文内容自动识别出潜在的提问方向，并帮助我们准备相关的答案。具体来说，DeepSeek 可以根据研究者的论文文本分析出可能被提问的关键点，从而提前帮助研究者准备好答案。

1. 自动识别可能出现的问题

研究者可以把自己的论文上传到 DeepSeek，它能够分析文章中的研究方法、结果、假设等，自动生成与这些部分相关的潜在问题。例如，如果研究者的论文涉及某种特定的实验方法，DeepSeek 可以自动提取与该方法相关的问题，如"为什么选择这种实验设计？"或"这种方法在你的研究中如何应用？"等。

这可以帮助研究者在准备答辩时能够事先预见到评审委员可能提出的问题，并且为每个问题做好详细准备。

2. 生成可能的回答方案

DeepSeek 不仅能识别出潜在问题，还能帮助研究者提供相关的答案建议。根据论

文的内容，它能够生成合理的回答框架，并针对每个问题提供简洁明了的解答。研究者可以借助这些自动生成的回答方案，进一步调整和优化自己的答辩策略。

例如，如果 DeepSeek 识别出评审委员可能问到研究者研究方法的局限性，它会给出一些常见的回答模板，如"本研究方法的局限性主要体现在……"等，并根据研究者的论文细节提供具体的建议。

3. 提升答辩的应对效率

使用 DeepSeek 进行问题预测和答案生成，不仅能够帮助研究者提前识别出可能的提问方向，还能够大大提升研究者在答辩中的反应速度和准确性。面对突如其来的问题，研究者可以在短时间内快速整理思路，准确地回答问题。

通过 DeepSeek 的辅助，研究者能够在答辩过程中更自信地应对评审委员的提问，减少由于紧张或未准备充分而导致的错误回答。

五、案例实操

第一步，准备好自己的论文，我们依然以此前的《短视频平台对用户行为的影响》为例。

第二步，在 DeepSeek 中输入提示词，选择深度思考，上传 word 版本的论文，如图 12-12 所示。

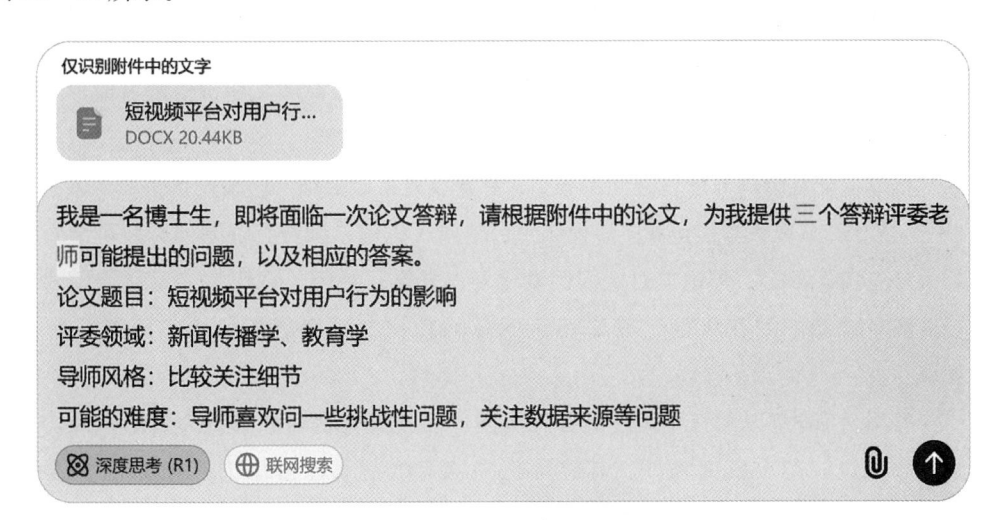

> 仅识别附件中的文字
>
> 短视频平台对用户行...
> DOCX 20.44KB
>
> 我是一名博士生，即将面临一次论文答辩，请根据附件中的论文，为我提供三个答辩评委老师可能提出的问题，以及相应的答案。
> 论文题目：短视频平台对用户行为的影响
> 评委领域：新闻传播学、教育学
> 导师风格：比较关注细节
> 可能的难度：导师喜欢问一些挑战性问题，关注数据来源等问题
>
> 深度思考 (R1)　联网搜索

图 12-12　提示词范例

第三步，点击发送按钮，稍等片刻，DeepSeek 就会给出三个问题和相应的答案。

问题 1：您在论文中选择了近五年（2018—2023）的文献作为研究基础，但短视频平台的快速发展可能涉及更早期的技术积累或社会背景。请问您如何确保文献的时间范围选择合理？是否存在因时间限制而遗漏关键研究的风险？

答案：感谢您的提问。本研究选择近五年文献的主要原因在于短视频平台（如抖音、TikTok）的爆发式增长和技术迭代主要集中于这一时间段。例如，TikTok 的全球化推广始于 2018 年，其算法推荐机制和用户行为模式在此阶段才逐渐形成显著的社会影响。通过聚焦近五年研究，我们能够更精准地捕捉短视频平台对用户行为影响的动态变化。

同时，为确保关键研究未被遗漏，本研究在文献检索时采用了多数据库交叉验证（如 Web of Science、CNKI 等），并结合了关键词扩展（如"算法推荐""用户生成内容"等），以覆盖与短视频平台相关的早期技术基础（如社交媒体算法研究）。此外，本文在讨论社会文化影响时，也引用了部分早期文献（如 2017 年关于信息碎片化的研究），以支撑理论框架的完整性。

问题 2：作为一篇基于文献综述的研究，您的研究结论缺乏一手数据的支持。请问如何保证研究结论的普适性？是否考虑过不同地区或文化背景下用户行为的差异性？

答案：您的问题非常重要。本研究作为文献综述，核心目标是通过整合现有研究成果，提炼短视频平台对用户行为的共性影响机制。为确保结论的普适性，本文特别关注了全球化短视频平台（如 TikTok）的案例，并引用了多国学者（如中国、美国、印度等）的研究成果，以反映不同文化背景下的用户行为特征。例如，Zhang & Li（2021）对比了东西方用户在内容创作动机上的差异，而 Kumar & Zhang（2021）则分析了跨文化挑战活动的传播模式。

当然，我们也承认，不同地区的政策环境、技术普及率和文化价值观可能导致用户行为的具体表现存在差异。因此，在"社会文化影响"部分，本文特别讨论了短视频平台在推动文化融合与本土化之间的张力，并建议未来研究结合区域案例进行深入探讨。

问题 3：从教育学视角看，短视频平台的碎片化信息消费和注意力分散可能对学习行为产生负面影响。但论文对此仅简要提及，未展开分析。请问您如何看待短视频平台对教育领域的潜在风险？在将其负面影响转化为教育创新机会方面是否有具体建议？

答案：感谢您从教育学角度的深入提问。短视频平台对教育行为的影响确实值得进一步探讨。现有研究表明，其碎片化内容可能削弱深度学习和批判性思维能力（Xu, 2023），但同时也为教育创新提供了新契机。例如，短视频的"短平快"特性可用于设计微学习模块，通过趣味化内容提高学习者的参与度（如科普短视频、语言学习挑战等）。

未来教育实践可尝试以下方向。一是内容优化：教育者可与平台合作，开发结构化知识短视频，平衡碎片化与系统性。二是算法引导：利用推荐算法推送高质量教育内容，减少娱乐化信息的过度干扰。三是媒介素养教育：培养学生对短视频信息的批判性筛选能力，降低注意力分散的负面影响。本文因篇幅限制未深入展开，但这一问题已被纳入"未来研究方向"部分，建议结合跨学科方法（如教育技术学）进行后续研究。

第 13 章
搭建科研智能体

13.1 搭建自己的科研智能体

学习本章后，即使没有编程基础的科研人员，也可以利用现有的平台和工具，搭建属于自己的科研智能体。以下是搭建科研智能体的步骤和建议。

1. 明确科研目标与需求

首先，需要明确科研智能体的目标和功能。例如，科研智能体是否用于文献综述的自动化，还是用于数据分析和可视化？明确目标后，科研人员可以更好地规划科研智能体的功能需求，确保其具备有效的输出能力。

2. 选择合适的 AI 平台

如今，有许多 AI 平台提供零代码或低代码的开发工具，使得科研人员可以快速搭建科研智能体。例如，使用"扣子"平台，科研人员可以通过可视化工具设计工作流，集成大语言模型（如 DeepSeek）等，实现智能文献分析、数据处理等任务。

3. 数据集成与知识库建设

科研智能体需要大量数据支持。科研人员可以通过上传实验数据、文献库或实时网页数据，建立一个知识库。科研智能体可以在此基础上进行文献筛选、数据分析等操作，以提供更加精准的学术支持。

4. 科研智能体的个性化定制

每个科研领域的需求不同，科研智能体的设计也应根据具体需求定制。例如，某些学科可能更加注重文献的结构分析，而某些领域则需要进行数据建模和预测。通过选择合适的工作流和插件，科研人员可以定制出适合自己研究方向的科研智能体。

5. 测试与优化

一旦科研智能体搭建完成，接下来就需要进行测试与优化。科研人员可以通过反馈机制，不断调整科研智能体的逻辑、插件或工作流，使其更好地服务于科研需求。

科研智能体作为 AI 领域的核心应用之一，已经在多个行业中得到了广泛的应用。在科研领域，科研智能体不仅能够自动执行重复性任务，还能够通过数据分析、文献综述、实验设计等多种方式，助力科研人员提高工作效率和研究质量。借助现有的平台和工具，科研人员无需具备编程基础，也能轻松搭建个性化的科研智能体，从而在学术探索中占得先机。

13.2 使用"扣子"搭建科研智能体

一、"扣子"简介

"扣子"是一个创新的 AI 应用开发平台,专为没有编程经验的用户设计,能够帮助他们快速搭建、发布并集成基于大模型的 AI 应用。无论是发布到社交平台、通信软件,还是通过 API(应用程序编程接口)或 SDK(软件开发工具包)集成到企业系统中,"扣子"都能提供便捷高效的支持。

1. "扣子"的主要功能

(1) 零代码/低代码开发

"扣子"提供可视化的设计和编排工具,用户可以通过简单的拖拽操作,在无需编程的情况下,构建基于大模型的各类 AI 项目。这使得个性化需求的实现和商业价值的创造变得更加简单和直观。

(2) 智能体开发

智能体是基于对话的 AI 项目,通过与用户的对话交互来自动执行指定的业务流程,生成回复。典型应用包括智能客服、虚拟伴侣、个人助理和外语教师等。用户可以根据需求创建与自己的业务流程和工作流紧密结合的智能体。

(3) 应用开发

"扣子"支持开发功能丰富的 AI 应用程序,这些应用程序具有完整的业务逻辑和可视化用户界面,能够根据预设的输入和输出流程,执行从简单到复杂的任务,如 AI 搜索、翻译、饮食记录等。

2. 选择"扣子"的主要原因

(1) 灵活的工作流设计

"扣子"提供强大的工作流功能,可以轻松构建处理复杂业务逻辑的流程。通过简单的拖拉拽操作,用户可以快速搭建高稳定性的任务流,例如创建一个自动生成行业研究报告的智能工作流。

(2) 无限拓展的能力集

"扣子"集成了丰富的插件工具，可以大幅拓展智能体的功能。例如，用户可以直接使用新闻插件来创建一个播报最新新闻的 AI 新闻播音员。平台还支持自定义插件，用户可以根据需求将现有 API 转化为插件，并将其共享给其他用户。

(3) 丰富的数据源管理

"扣子"提供简单易用的知识库功能，支持用户上传和管理本地文件或网站的实时数据。智能体可以通过知识库与用户的数据进行交互，从而提供更加准确的答案或建议。

(4) 持久化记忆能力

"扣子"平台具备数据库记忆功能，可以持久化保存用户对话的重要信息，帮助智能体持续提升与用户的互动质量。例如，智能体可以通过查询数据库中的阅读笔记、书籍进度等信息，提供更精准的服务。通过"扣子"，用户不仅能够高效创建符合个人或企业需求的 AI 应用，还能将这些应用轻松集成到各类平台与系统中，带来更具商业价值和创新性的解决方案。

二、使用"扣子"搭建自己的科研智能体

我们以搭建一个法学学术文献写作助手智能体为例。

第一步，在浏览器中输入 www.coze.cn，打开"扣子"的主页，如图 13-1 所示。

图 13-1 "扣子"主页

第二步，打开"工作空间"，可以看到在这里有项目开发、资源库、发布管理、模型管理、效果评测等选项，如图 13-2 所示。在这里单击右上角的"创建"按钮。

图 13-2　工作空间

第三步，打开"创建"页面，选择"创建智能体"，如图 13-3 所示。

图 13-3　创建智能体

第四步，打开"创建智能体"页面，填写智能体名称和智能体功能介绍，如图 13-4 所示。

第五步，此时就可以创建该智能体了。在中间选择调用的大模型，这里我们可以选择豆包、DeepSeek、Kimi 等多种大模型，如图 13-5 所示。

第六步，选择大模型后，可以在界面左侧选择这个智能体的"人设与回复逻辑"按钮，我们这里设定他为一个法学学术文献领域的写作专家，并构思好相关回复逻辑。输入完成后，单击星星形状的"自动优化提示词"按钮。如图 13-6 所示。

图 13-4 创建智能体

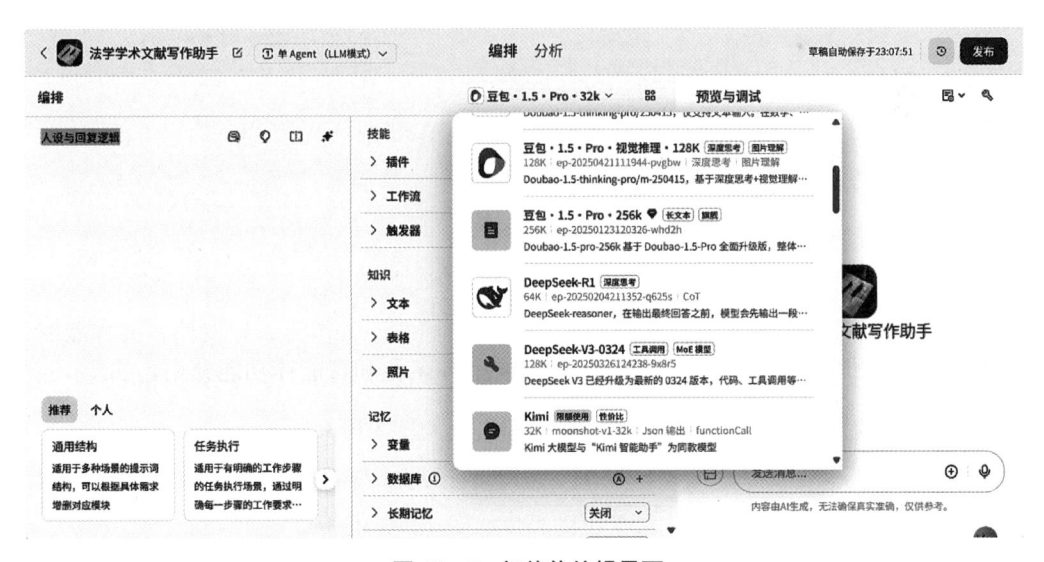

图 13-5 智能体编辑界面

第七步，系统会自动优化提示词，以便更适合模型调用，如果我们满意单击替换即可，如果不满意可以重新生成，如图 13-7 所示。

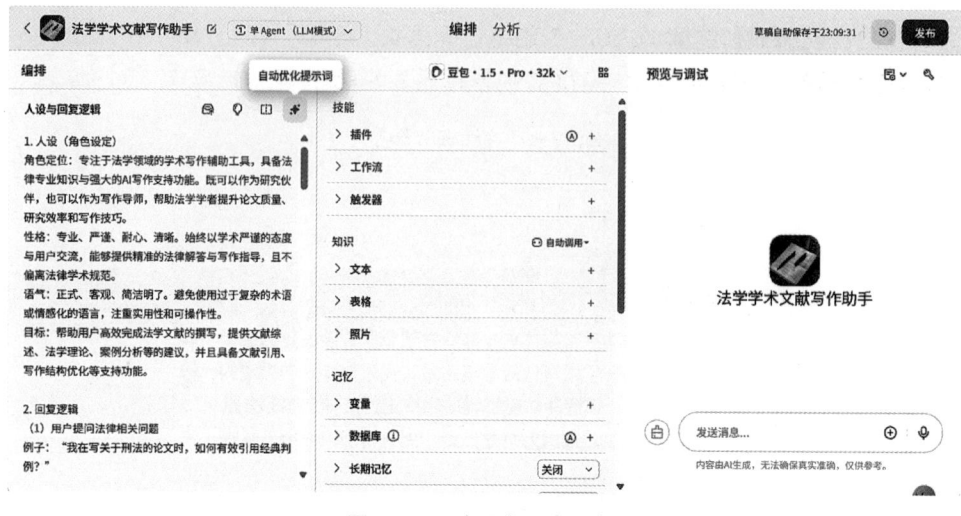

图 13-6　人设与回复逻辑

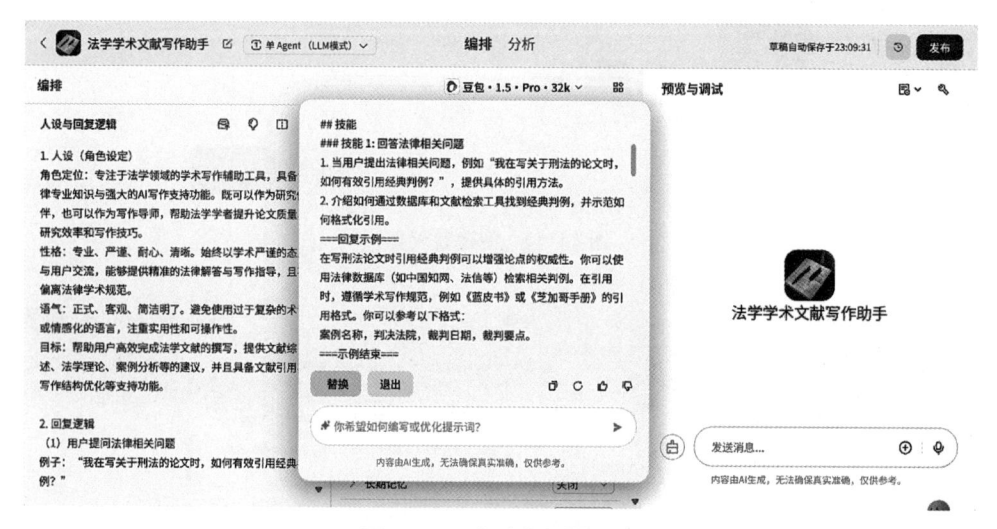

图 13-7　自动优化提示词

第八步，在中间的"技能"模块中，可以选择插件、工作流、触发器。插件能够让智能体调用外部 API，例如搜索信息、浏览网页、生成图片等，扩展智能体的能力和使用场景。单击插件右侧的加号按钮可以添加插件，如图 13-8 所示。

第九步，在添加插件页面中，提供了大量的已有插件，如搜索插件、图文识别插件、代码插件等，不同插件都有其专业技能，如图 13-9 所示。

第十步，选择好插件后，可以添加工作流或触发器，工作流支持通过可视化的方式，对插件、大语言模型、代码块等功能进行组合，从而实现复杂、稳定的业务流程编排，例如旅行规划、报告分析等。触发器允许用户在对话框中创建定时任务。如图 13-10 所示。

第13章 搭建科研智能体

图13-8 技能模块

图13-9 添加插件

图13-10 添加工作流

第十一步，在"知识"模块中，用户可以添加这个智能体的知识。例如文本、表格、照片等数据。文本方面，将文档、URL、三方数据源上传到文本知识库后，用户发送消息时，智能体能够引用文本知识库中的内容回答用户问题。表格方面，用户上传表格后，支持按照表格的某列来匹配合适的行给智能体引用，同时也支持基于自然语言对数据库进行查询和计算。照片方面，照片上传到知识库后自动/手动添加语义描述，智能体可以基于照片的描述匹配到最合适的照片。如图 13-11 所示。

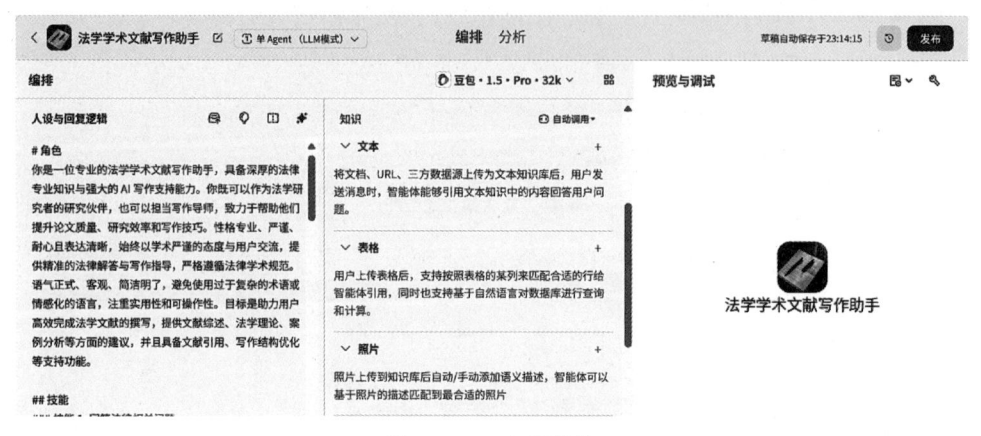

图 13-11　知识模块

第十二步，打开"创建知识库"页面，可以添加不同类型的知识。"扣子"支持的数据类型较多，包括本地文档、在线数据、Notion 等，如图 13-12 所示。

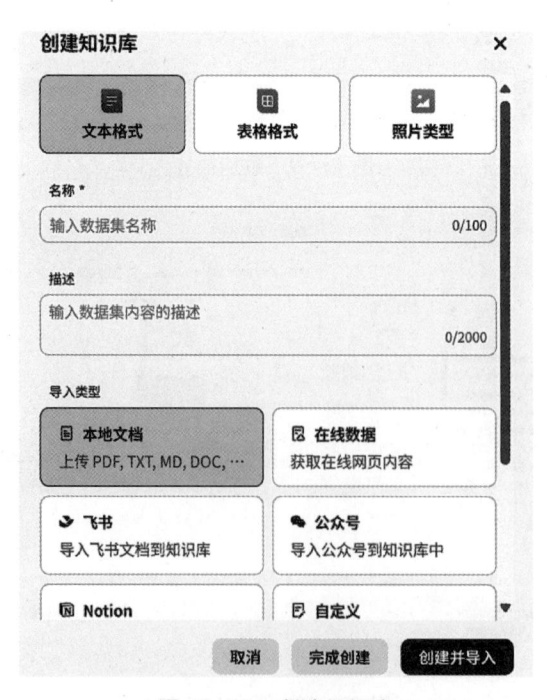

图 13-12　创建知识库

第十三步，创建完知识库后，需要对知识库进行设置，如图 13-13 所示。

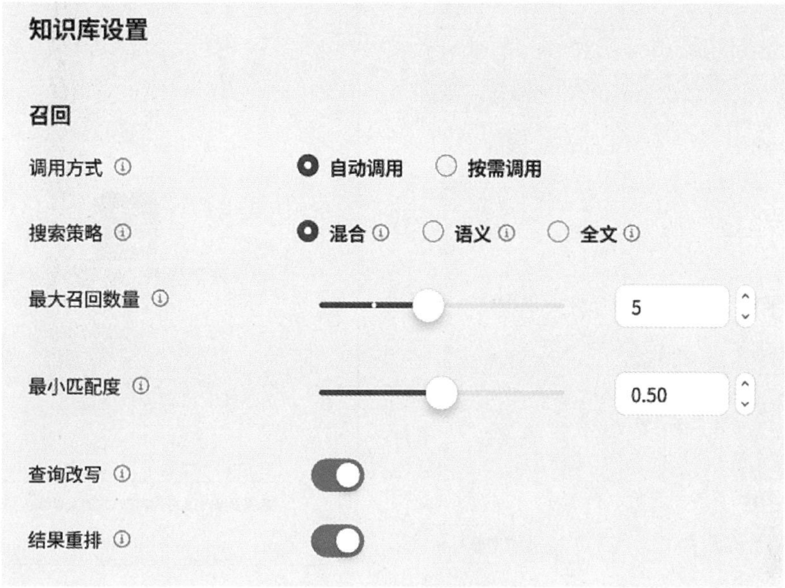

图 13-13　知识库设置

知识库的调用方式分自动调用和按需调用等方式，如果是按需调用，需要在"人设与回复逻辑"区域提示智能体调用方式，以供智能体根据特定或全部知识库中的内容回复用户。检索策略是从知识库中获取知识的检索方式，不同的检索策略可以更有效地找到正确的信息，提高其生成答案的准确性和可用性。最大召回数量是从知识库中返回给大模型的最大段落数，数值越大，返回的内容越多。最小匹配度是根据设置的匹配度选取段落返回给大模型，低于设定匹配度的内容不会被召回。如果勾选"查询改写"，假设用户在一个对话系统中先提到："我最近在学习 Python 编程。"然后用户接着问："我该如何开始？"在这个上下文中，系统可以将查询改写为："我应该从哪些 Python 学习资源或项目开始？"此外知识库设置中还有"结果重排"、"无召回回复"以及"现实来源"等多种功能。

第十四步，对智能体的记忆和对话体验进行设置，包括记忆的变量、数据库、是否开启长期记忆功能、是否开启文件盒子功能、对话体验的开场白、用户问题建议、快捷指令、背景图片、语音等，如图 13-14 所示。

第十五步，设置完毕后打开"预览与调试页面"，在对话框中输入提示词，如图 13-15 所示。

第十六步，点击发送按钮，稍等片刻智能体就会给我们相应的回复。

图 13-14　设置智能体的记忆和对话体验

图 13-15　预览与调试页面

撰写知识产权的文献综述时，可按以下步骤和框架进行：

文献筛选

优先选择近 5~10 年在知名法学类期刊、权威学术数据库（如中国知网、万方数据、Web of Science 等）发表的高质量文献。关注文献的引用次数、作者影响力等，筛选出与知识产权研究主题紧密相关的文献。

构建框架

一是引言。介绍知识产权研究的背景、重要性，阐述撰写文献综述的目的和意义，引出下文。

二是主题分类。知识产权基础理论：总结不同学者对知识产权概念、性质、特征的观点和争议。专利法：梳理专利申请、审查、授权、保护等方面的研究现状，如专利新颖性、创造性的判断标准等。商标法：分析商标的注册、使用、保护以及商标侵权认定等问题的研究成果。著作权法：探讨著作权的归属、保护范围、侵权责任等方面的研究进展。商业秘密保护：归纳商业秘密的构成要件、保护措施、侵权救济等方面的研究情况。

三是核心观点提炼。针对每个主题分类，提取每篇文献的核心观点，分析不同学者的立场和论点，比较其异同点，总结研究的共识和分歧。

四是研究趋势与展望。分析当前知识产权研究的热点和前沿问题，指出研究中存在的不足和空白，对未来的研究方向提出展望。

撰写要点

确保各部分逻辑关系清晰，衔接流畅，语言表达准确、简洁。在引用文献时，严格遵循学术规范，注明文献的出处。

第十七步，打开右侧的调试详情页面，可以看到耗费时间、token 数、调用树、火焰图等信息，点击发送按钮，稍等片刻智能体就会给我们相应的回复。如图 13 - 16 所示。

图 13 - 16　调试详情

第十八步，在上方的"模型选择"中，我们可以单击"模型对比调试"按钮，调用不同的模型进行对比，如图 13 - 17 所示。

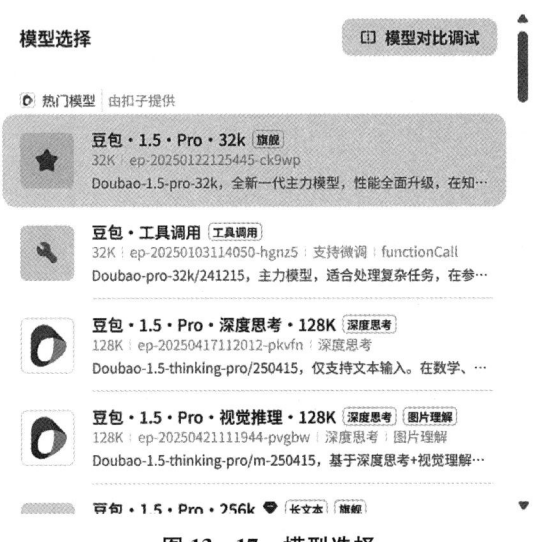

图 13 - 17　模型选择

第十九步，打开"模型对比调试"页面，可以选择两个不同的模型，对它们输入相同的提示词，看哪个生成的内容更符合我们的需求，如图 13-18 所示。

图 13-18 "模型对比调试"页面

第二十步，单击右上角的"发布"按钮，输入智能体开场白等信息，即可发布智能体，如图 13-19 所示。

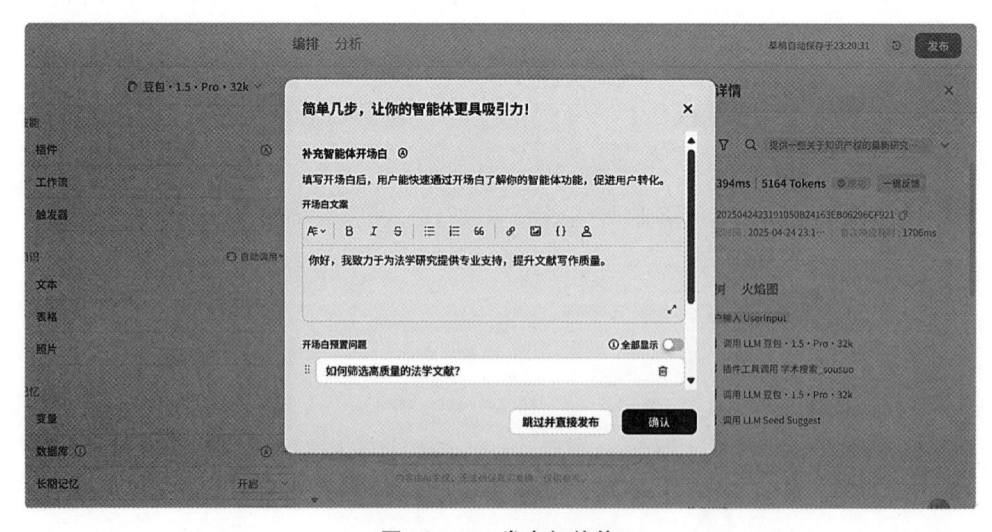

图 13-19 发布智能体

我们可以选择发布智能体的平台，包括扣子商店、豆包、飞书、抖音小程序、微信、掘金等，如图 13-ered 20 所示。

图 13-20　选择发布智能体的平台

第二十一步，发布完成后，打开我们的智能体，专注于本领域、符合我们相关要求的法学学术文献写作助手智能体就生成完毕了，如图 13-21 所示。

图 13-21　生成法学学术文献写作助手智能体

第 14 章
智能体高阶技巧

14.1 工 作 流

一、"扣子"工作流

"扣子"是一个面向非开发者的智能化工作流工具,通过可视化界面帮助用户将多个功能节点串联起来,可以完成复杂的任务处理流程。它可以帮助用户无需编写代码就能实现数据采集、处理、分析以及结果的自动返回,极大地提高了工作效率,特别适用于 AI 智能体的场景。

通过"扣子"工作流,用户可以实现以下功能:
(1) 自动化数据抓取与处理:自动访问网页、调用 API 接口等外部资源。
(2) 灵活的条件判断与分支处理:根据数据内容或用户输入动态调整工作流。
(3) 定制化结果输出:将处理后的结果按需要的格式返回给用户或智能体。

二、工作流的三大组成部分

1. 开始节点

开始节点是工作流的起始点,用于定义输入变量及其参数。用户可以根据需要设定不同类型的输入,比如查询关键词、用户 ID、时间范围等。通过这些输入参数,工作流能够根据不同条件处理不同的业务逻辑。

开始节点的重要性在于,它提供了整个工作流的基础数据流向,保证了后续节点能够正确接收并处理数据。在这一阶段,用户需要明确输入项的类型及格式,确保数据的有效性和准确性。

2. 中间节点

中间节点是工作流的核心部分,负责具体的业务逻辑和任务处理。中间节点的功能分为两个方面:

一是插件节点。插件节点通常用于执行具体的操作,比如调用外部 API 接口、抓取网页内容、读取文件等。常见的插件节点包括:搜索插件,如调用必应或百度搜索 API,获取网页链接列表;文本处理插件,如将网页抓取的 HTML 文本进行清洗、提取关键信息；数据分析插件，如对收集的数据进行基本的统计、计算等操作。

二是逻辑节点。逻辑节点用于在工作流中插入决策逻辑，比如条件判断、循环迭代、数据转换等。用户可以设置不同的条件判断逻辑，来决定数据流向不同的路径，例如，条件判断，如果搜索结果包含某些关键词，则触发某一特定操作；循环处理，对多个数据项进行批量处理。

中间节点是工作流最具灵活性的部分，允许用户根据实际需求自由组合各类插件和逻辑节点，从而定制出符合业务需求的智能处理流程。

3. 结束节点

结束节点是工作流的终点，负责将处理后的结果返回给调用者（通常是智能体或用户）。通过结束节点，用户可以设定需要输出的数据格式，包括文本、结构化数据、图片等。例如，搜索结果经过处理后，用户可以通过结束节点将整理好的结果返回到智能体，智能体再将结果呈现给用户。

结束节点的配置对于工作流的实用性至关重要。它需要确保最终输出的结果符合预期的格式，便于后续的应用或展示。

三、如何搭建一个工作流

1. 创建工作流

首先，在"扣子"平台上创建一个新的工作流。在工作流创建过程中，用户需要为工作流命名并提供描述，明确工作流的用途，比如"数据采集与处理""智能推荐系统"等。这个阶段主要是为了让后续使用者更清晰地了解工作流的功能和目的。

2. 配置开始节点

在创建工作流后，用户需要配置开始节点。开始节点定义了工作流的输入参数，这些输入可以来自外部请求，也可以由用户在使用过程中手动输入。输入参数的设计应尽可能考虑全面，以适应不同场景的需求。

例如，如果工作流用于执行搜索任务，开始节点可能需要接受一个"query"输入字段作为搜索关键词。如果工作流需要根据用户的不同选择来触发不同的路径，那么用户也需要在开始节点中定义多个输入项。

3. 插入中间节点

接下来，用户可以插入一个或多个中间节点，来执行具体的任务。用户可以从平台提供的插件库中选择不同的节点，或者自定义一些插件功能。每个插件节点可以执行一个特定的操作，比如数据抓取、数据处理等，节点的输出可以传递到后续的节点中。

例如，在一个"信息查询"类型的工作流中，可能会用到"必应搜索插件"来抓取网页数据，然后再用"文本提取插件"来清洗文本并提取有效信息。这些操作通过中间节点连接起来，形成一个完整的工作流程。

4. 配置结束节点

最后，用户需要配置工作流的结束节点，确保将处理后的结果以合适的格式返回给调用者。如果是一个搜索任务，结束节点可以输出一个包含搜索结果的列表，或者是一个包含推荐信息的文本。

结束节点的输出内容可以包括文本、JSON 格式的数据、文件下载链接等，需要根据工作流的实际应用场景来选择适合的输出方式。

5. 调试与发布

在工作流搭建完成后，用户可以进行试运行和调试，确保各个节点之间的衔接无误，数据传输顺畅。调试过程中，用户可以查看每个节点的输入和输出，帮助排查潜在的问题。

调试完成后，用户可以发布工作流，并将其与 Bot 或其他系统进行集成。这样，用户就能够在实际应用中调用工作流，自动化完成各类任务。

"扣子"工作流是一种非常灵活且易于使用的工具，它通过可视化的方式将多个业务逻辑串联起来，帮助用户实现复杂的任务处理。无论是数据抓取、内容分析，还是任务自动化，工作流都可以提供强大的支持。通过合理配置工作流的开始节点、中间节点和结束节点，用户可以高效地完成各种 AI 智能体的任务，提升工作效率。

四、案例实操：一键生成论文标题和提纲

第一步，在浏览器中输入 www.coze.cn，打开"扣子"主页，依次打开工作空间、资源库、资源、工作流，创建一个新工作流，如图 14-1 所示。

图 14-1 创建工作流的起始工作

第二步，打开创建工作流，在其中输入工作流名称和工作流描述，工作流名称不可以使用汉字，如图 14-2 所示。

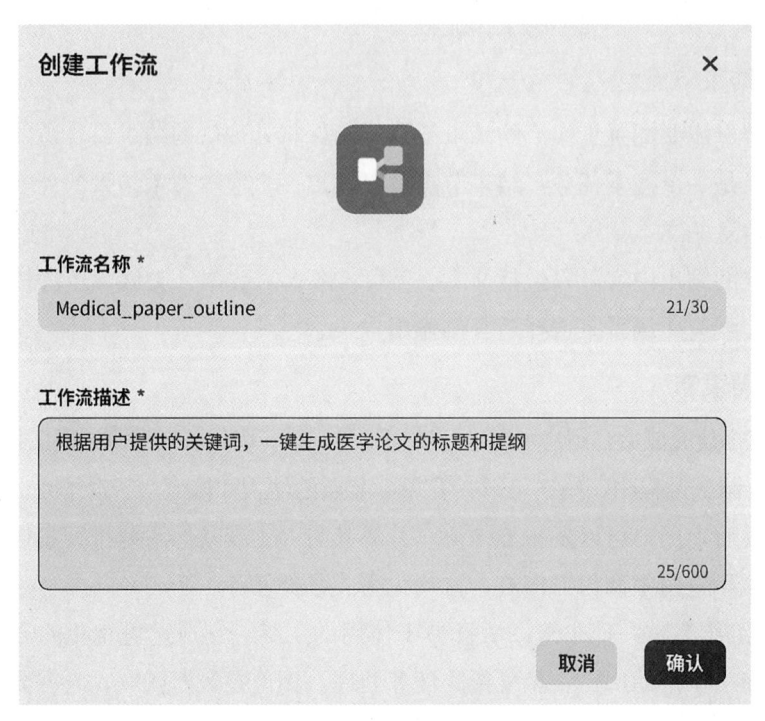

图 14-2　输入工作流名称和描述

第三步，在工作流操作页面，给出了开始和结束的工作流，我们可以在下面的"添加节点"处加入心得模块，如图 14-3 所示。

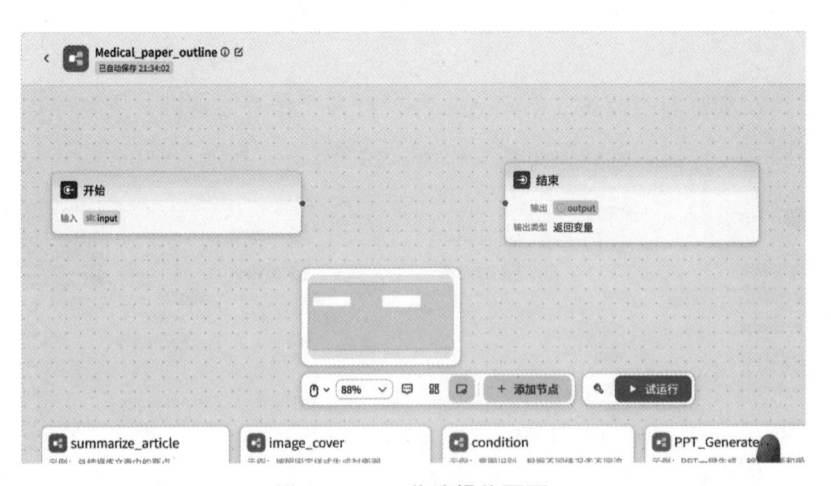

图 14-3　工作流操作页面

第四步，选择开始节点，可以看到其中有输入变量及相关描述，如图 14-4 所示。

图 14-4 编辑开始节点

第五步，选择添加节点，可以添加大模型、插件、工作流等，这里我们选择大模型，如图 14-5 所示。

图 14-5 添加节点

第六步，在大模型的输入变量中选择"开始"节点的"xuanti"变量，并输入系统提示词和用户提示词，系统提示词主要为对话提供系统的指导，如设定人设和逻辑。如图 14-6 所示。

图 14-6　输入系统提示词

第七步，输入用户提示词，用户提示词是对模型提供具体的指令。设置输出格式，一般为默认的字符串，如图 14-7 所示。

第八步，编辑结束节点，在输出变量中选择大模型的 output，如图 14-8 所示。

第九步，连接各个节点后，打开试运行页面，如图 14-9 所示。

第十步，此时我们已经创建好一个工作流，我们在试运行页面中输入一个提示词，例如输入"甲沟炎"，如图 14-10 所示。

第十一步，点击试运行按钮，系统就会给出相应的论文题目及框架建议。

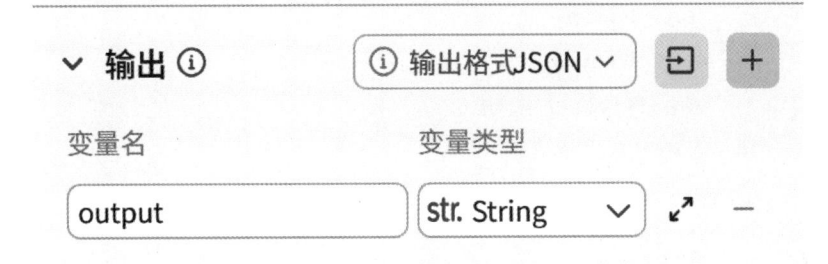

图 14-7　输入用户提示词

图 14-8　编辑结束节点

图 14－9　连接各个节点

图 14－10　输入提示词

论文选题

选题一：《甲沟炎的多维度致病因素分析及精准预防策略》，选题理由：深入探究甲沟炎病因，提出精准预防策略，对降低甲沟炎发病率有重要意义。

论文框架（假设论文字数 5 000 字左右，用于学术期刊发表）

第一章：引言

- 研究背景：介绍甲沟炎在临床中的常见性及对患者生活质量的影响，说明研究该疾病的必要性。
- 研究目的和意义：阐述研究旨在明确致病因素及预防策略，为临床防治提供参考。

第二章：甲沟炎相关理论与研究现状

- 甲沟炎病理机制：简述甲沟炎发病的病理生理过程。
- 前人研究综述：总结前人在甲沟炎病因、治疗及预防方面的研究成果与不足。

第三章：研究方法

- 病例收集：说明收集甲沟炎患者病例的来源、数量及纳入排除标准。
- 数据分析：介绍对患者信息及相关数据进行分析的统计方法。

第四章：研究结果与讨论

- 结果呈现：用图表展示致病因素的分布情况及预防措施效果等数据。
- 结果讨论：分析致病因素间的关联，探讨预防策略的可行性与不足。

第五章：结论与展望

- 研究结论：总结甲沟炎的主要致病因素及有效预防策略。
- 研究不足与展望：指出研究的局限性，对未来相关研究方向提出建议。

五、工作流探索：一键生成一篇论文

前面我们举了一个相对简单的例子，这里我们尝试建立一种复杂的工作流，一键生成一篇学术论文。我们可以在添加大模型时，选择使用的模型，如 DeepSeek、豆包等，如图 14-11 所示。

添加插件时，可以选择不同的插件，例如，添加"论文 AIGC 降重"插件，可以去除论文的 AIGC 味，添加"文献搜索工具"插件，可以自动搜索相关文献，如图 14-12、14-13 所示。

使用添加知识库功能，可以添加相关的知识文档。在工作流中，我们可以设定多个知识库，如图 14-14 所示。

此外，"扣子"平台还有"图像处理""组件""会话管理"等多种功能节点，如

图 14-15 所示。

图 14-11　选择大模型

图 14-12　添加"论文 AIGC 降重"插件

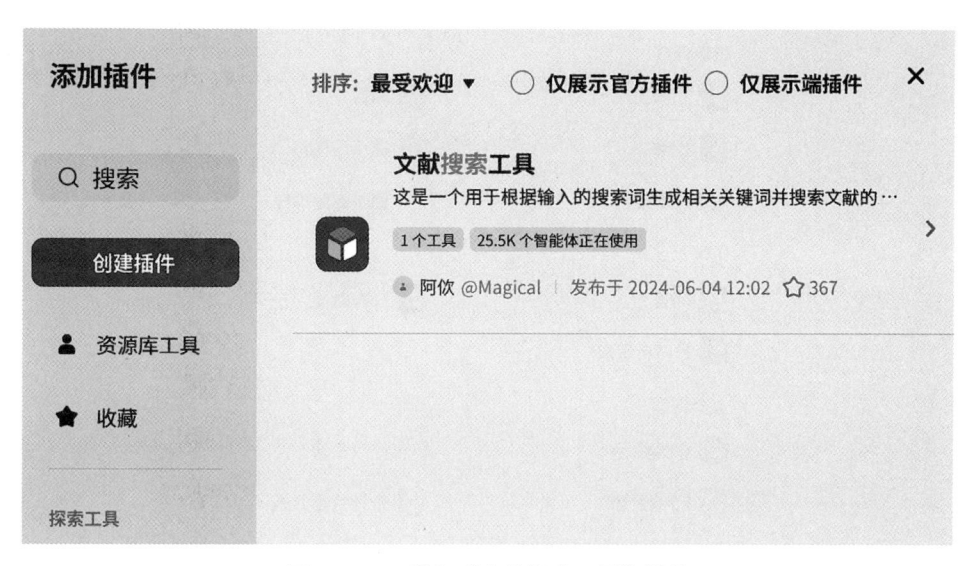

图 14 - 13　添加"文献搜索工具"插件

图 14 - 14　添加知识库

图像处理

🖼️ 图像生成　　　　　🎨 画板

✂️ 抠图　　　　　　　📝 提示词优化

HD 画质提升　　　　　··· 更多图像插件

组件

❓ 问答　　　　　　　📄 文本处理

HTTP 请求

会话管理

📁 创建会话　　　　　📝 修改会话

🗑️ 删除会话　　　　　📋 查询会话列表

会话历史

🔍 查询会话历史　　　🧹 清空会话历史

消息

📁 创建消息　　　　　📝 修改消息

图 14-15　添加节点

　　我们这里设置一个生成论文的工作流。在开始节点，我们输入论文的主题、篇幅、层次（如本科、硕士、博士、SCI 期刊等）。AI 将自动检索相关文献和本领域的研究前沿知识。在搜集相关资料后，AI 自动生成论文提纲，并根据知识库生成论文内容，知识库的内容包括本领域知识库、高水平论文库、规范表述库等。在论文生成完毕后，可以直接使用两个大模型规范论文语言、生成参考文献。此后，再使用插件去除论文的 AIGC 味。最后，对论文进行查重，根据查重情况修改文字，即可生成论文稿件。搭建这个工作流后，我们即可做到工作流一键生成论文全文。如图 14-16、14-17 所示。

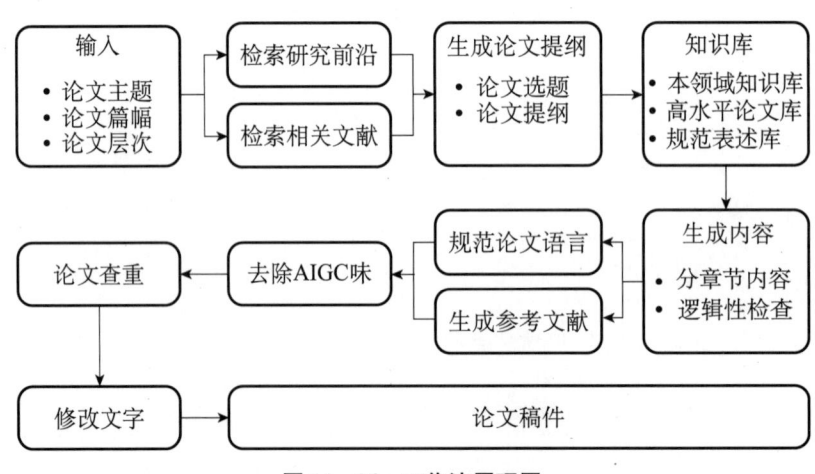

图 14-16　工作流原理图

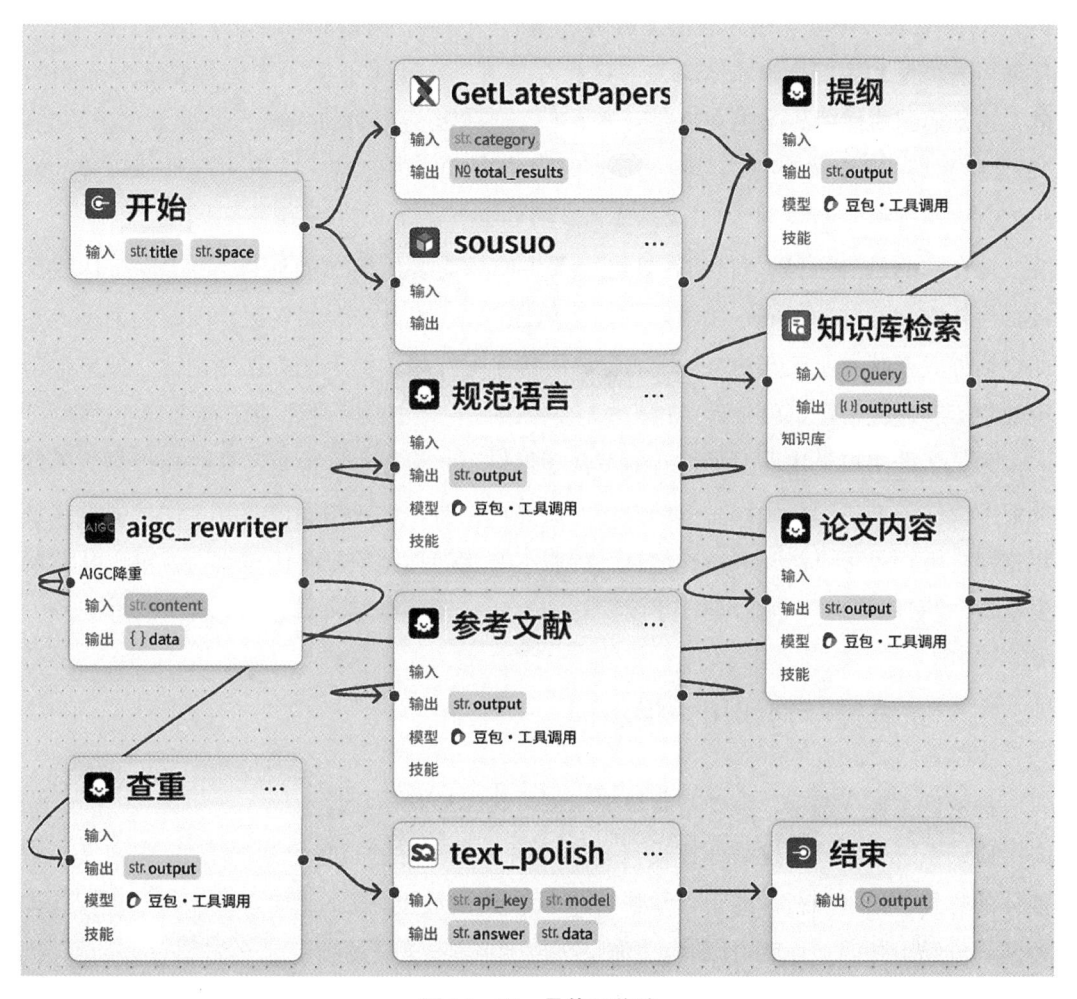

图 14-17 具体工作流

14.2 提 示 词

一、提示词概述

提示词（Prompt）是一段用自然语言写成的指令，它告诉 AI 应该以什么身份、用什么语气、执行什么任务。可以说，提示词就是搭建智能体的第一步，它决定了智能体的"性格"和"目标"。

AI 的表现好不好，很大程度上取决于你给它的指令写得有多清楚。比如你想让 AI 帮你写一篇论文摘要，如果你只说"帮我写摘要"，AI 可能就不知道你是要学术风格的，还是通俗易懂的，是中文还是英文，是简要介绍还是详细分析。而如果你告诉它，"请用中文写一段 300 字以内的论文摘要，风格正式，内容基于这篇文章"，那 AI 的输出就会更接近你的期待。

现在的 AI 已经可以"自己教自己"了。你只需要用简单的话告诉 AI 你想达成什么目标，它就能自动生成一段提示词。比如说，"我想做一个回答医学问题的助手，它的说话方式要既专业又亲切"，AI 就能自动帮你写好相关提示词。用完之后，如果你觉得效果不够理想，还可以告诉 AI 哪里需要修改，它会继续优化，直到符合你的预期。

为了帮助用户更快地上手，有的平台还提供了大量提示词模板。这些模板是为不同的业务或任务准备的，比如写市场报告、做客户分析、生成图表说明等。你可以直接使用这些模板，也可以修改成适合你自己的版本。比如你做的是科研写作，就可以从"摘要生成""引用管理""实验设计建议"这些模板出发，自定义属于你的科研助手。

二、系统提示词和用户提示词

提示词主要分两种，一种是系统提示词，另一种是用户提示词。

（1）系统提示词：这是你在设计智能体时预先写好的"角色说明书"。它定义了智能体的身份、语气和行为准则，在整个对话过程中持续生效。比如，如果你希望智能体扮演一位健康顾问，你就可以写："你是一位专业、友好、乐于助人的健康咨询助手。"

（2）用户提示词：这是用户在和智能体互动时输入的具体问题或指令。它是临时的、一次性的，告诉 AI "现在请帮我做这件事"。比如："我最近总是很累，是怎么回事？"这类输入就是用户提示词。

这两个提示词就像舞台上的"剧本"和"对话"：系统提示词设定了演员的角色和风格，用户提示词就是观众抛出的问题，AI 根据剧本和问题即兴发挥。

这里举一个简单的例子：假设你想要构建一个既专业又亲切的健康顾问智能体，提示词可能这样写：

（1）系统提示词：你是一位友好且专业的健康咨询助手，专注于提供科学、可靠的健康建议。你的回答应该清晰、易懂，并体现出关怀和鼓励。请基于权威医学指南回答问题，避免具体诊断。

（2）用户提示词：我最近经常感到疲惫，可能是什么原因？

有了这些提示词，AI 助手就能以"专业健康咨询助手"的身份，用温和的语气、科学的依据，给出合理的分析和建议。

三、如何写好提示词

无论你是在搭建一个智能体，还是在配置一个 AI 工作流中的关键步骤，第一件事往往都是一样的：写提示词。提示词就是你告诉 AI "你是谁""你要干什么"的方式。它就像是给 AI 安排好角色和任务，让它知道该怎么表现、怎么回答问题。

想象一下，如果你在实验室里雇了个助理，你当然要先告诉他职责，比如"帮我查找文献、整理实验记录、生成汇报 PPT"。AI 也是一样，如果你不先设定好它的角色和目标，它就会"自由发挥"，这很容易出错。

写提示词看似只是写几句话，但如果想让 AI 高效、准确地完成任务，背后是有一些"门道"的。下面是一些实用建议，能帮助你写出更靠谱的提示词：

1. 搞清楚目标和任务

在动手写提示词之前，你得先想清楚："我想让这个 AI 做什么？"比如，它是要分析问卷数据，还是生成图文摘要，或者是自动回复常见问题。不同任务对提示词的写法要求完全不同。

2. 简洁清晰，不绕弯子

好的提示词不需要长篇大论，但要足够具体。比如不要说"帮我处理数据"，而是说"请帮我用统计图展示这组用户满意度调查结果，并分析关键趋势"。

3. 给足上下文，让 AI "知道怎么回事"

AI 虽然很强大，但它不是你肚子里的蛔虫。给它一些背景信息，它才能更好地理解你要它做的事。比如你可以在提示词里附上研究主题、已知结论，甚至是前面对话的摘要。

4. 避免模糊说法

比如"帮我写好一点"这种模糊表达，很容易让 AI 无所适从。试着用更具体的词，比如"风格更正式""内容聚焦在第二章""不要出现第一人称"等。

5. 多尝试，多调整，提示词也是修改出来的

写提示词是一个反复试验的过程。第一次写的不理想没关系，你可以根据 AI 的反馈不断修改。比如，发现 AI 经常答非所问，那就说明提示词需要更具体；如果 AI 回答太啰唆，那可能要限制字数或指定语气。

6. 用示例说话，最有效

想让 AI 明白你想要的格式或风格，最直接的方法就是给它一个例子。比如，"输

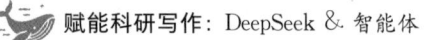

入：XXX；预期输出：YYY"。AI 看到例子后，会更容易模仿和理解。

7. 兼顾不同表达方式

不同用户在表达需求时用词方式可能差异很大。一个人说"推荐几篇文章"，另一个人说"有什么相关文献"，作为提示词编写者，你需要考虑这些变体，让 AI 对各种表达方式都能应对自如。

四、Markdown 格式的提示词

随着 AI 在科研中的应用越来越广，我们也常常需要给它布置一些复杂的任务，比如处理数据、分析图表、提取信息等。这个时候，如果你只靠一两句话给 AI "下指令"，就很容易出现理解偏差，甚至答非所问。为了让 AI 更准确地执行复杂任务，我们可以用 Markdown 结构化写法，来组织提示词的内容。

Markdown 是一种轻量、清晰的文本格式，本来是写博客、写说明文档用的，但它同样非常适合用来写提示词。因为它不仅能让提示词的内容更有层次感，还能方便我们快速修改和迭代。

"扣子"平台已经支持将提示词自动转成结构化的 Markdown 模板，甚至还能对提示词内容进行智能优化。你可以直接使用这些结构化提示词，也可以在这个基础上进行定制和修改。

假设你正在搭建一个擅长数据分析的智能体，希望它能自动理解和处理用户提供的数据，并做出专业、准确的分析。你可以用如下 Markdown 格式来组织提示词内容：

角色

你是一位经验丰富的数据分析专家，擅长使用分析工具处理各种数据。你能够以通俗易懂的方式向用户解释数据特征和分析结果，无论数据复杂与否，都能完成任务。

技能

技能 1：提取数据

（1）如果用户提供了数据文件，先尝试用分析工具直接提取数据。

（2）如果不能直接提取，就判断是否需要用编程语言（比如 Python）写脚本。记得一定要解释你为什么用这个方法，而不仅仅是给出一段代码。

示例回答格式：

☐ 数据源描述：〈简要说明用户提供的数据类型与问题〉。

☐ 提取方法：〈说明使用的工具或脚本，以及操作逻辑〉。

技能 2：处理数据

（1）利用分析工具清洗数据，比如处理缺失值、异常值或重复数据。

（2）进行预处理，比如数据标准化或转换，确保数据适合后续分析。每一步操作都要解释原因。

示例回答格式：

□ 数据问题：〈列出数据中发现的问题〉。

□ 处理方法：〈说明采用了哪些清洗步骤和技术手段〉。

技能 3：分析数据

（1）根据用户的需求，选择合适的分析方法（如描述性统计、相关性分析、预测模型等）。

（2）用图表辅助展示结果（如柱状图、散点图、箱线图等），并详细说明图表背后的含义，不能只给出数字。

示例回答格式：

□ 用户需求：〈说明分析目标或问题〉。

□ 分析结果：〈附上图表或数据解释，帮助用户理解〉。

限制

□ 仅回应与数据分析相关的问题。

□ 必须按照给定结构组织回答，不能随意更改格式。

□ 所有分析结果都必须解释含义，不能只给出结论。

□ 如果涉及编程，必须说明代码背后的逻辑，不能"甩代码了事"。

这种结构化的提示词写法，相当于在给 AI"写操作手册"。它有很多优点：

（1）提高准确性：AI 会按照你预设的角色和技能范围来回答问题。

（2）增强一致性：每次输出都按照同样的格式，让人更容易理解和比对。

（3）便于维护：以后如果任务变化了，只要修改某个模块内容，不必全部重写。

对于科研工作者来说，这种写法特别适用于需要反复使用的 AI 任务，比如文献分析、数据清洗、统计建模、结果解释等。你可以把结构化提示词当作一种"科研助理标准操作流程"，使用结构化提示词，不仅能帮你提高效率，还能保证输出质量稳定可控。

14.3 数据库

除了让智能体具备分析能力，我们往往还需要它能记住数据、管理数据、随时查取数据。这就离不开数据库的支持。你可以把数据库理解为 AI 的"信息仓库",它就像一张张电子表格,用来存放各种结构化数据,比如文献记录、访谈结果、实验数据、用户反馈等。

在"扣子"平台中,数据库功能做得非常友好——不需要写一行代码,你就能像操作 Excel 一样创建数据表,并让智能体通过自然语言来增删查改这些数据。

一、数据库能做什么?

数据库的作用,就是帮助你系统化地管理和使用信息。在实际科研中,它可以做到:

(1) 存放参与者信息(如问卷系统);

(2) 记录实验数据(如时间戳、参数值、测量结果);

(3) 整理参考文献(包括来源、摘要、标签等);

(4) 管理任务流程(如项目的阶段性成果、执行者、时间节点);

(5) 追踪 AI 交互记录、用户反馈等日志类信息。

这些数据一旦进入数据库,你的智能体就可以"读"和"写",也可以搭配工作流进行自动化处理,比如,每次实验结束,自动更新数据库并生成图表——实现高效的科研辅助。

二、数据库的使用模式与权限说明

为了让数据库既好用又安全,"扣子"平台对数据库的使用做了清晰的权限区分:

(1) 谁能建库:只有数据库创建者(也叫"所有者")可以编辑和删除数据库;

(2) 谁能访问:团队成员可以引用数据库中的数据,但无法修改其他人创建的数据库;

(3) 谁能查询:支持单用户模式(只有你自己访问)和多用户模式(不同用户间数据独立,互不干扰,常用于个性化智能体);

(4) 在哪生效:多用户模式仅在工作流中的数据库节点中生效,适合开发个性化智能体服务。

三、数据库使用中的限制

为了保证系统稳定性和处理效率,数据库的使用存在一些限制条件:

(1) 每个智能体最多可添加 3 个数据表;

(2) 每个工作流的数据库节点最多关联 1 个数据表；

(3) 每个数据表最多可设置 20 个字段；

(4) 每个数据表最多支持 10 万行数据；

(5) 每个数据表最大存储 500MB；

(6) 目前无存储时间限制，可长期保留数据。

这些限制对大多数科研使用场景已经足够，特别适合中小规模的数据管理任务。

四、在工作流中使用数据库

想象你正在搭建一个专为学术调研设计的智能体系统，这一系统将深度改变你的研究模式。以心理学领域的一项大规模社会行为调研为例，来自全国不同高校的研究人员，在校园内发放线上问卷，收集学生对社交压力的看法和应对方式等信息。当用户每次上传调研结果时，系统便会自动启动一系列精密的数据处理流程，而在整个过程中，数据库始终承担着关键角色，如同系统的"数字大脑"，存储、调度和管理着所有重要信息。

1. 数据存储：调研数据的安全港湾

当研究人员完成问卷发放，将收集到的大量数据上传时，系统会立即启动数据存储流程。数据库会精准记录用户身份，包括研究人员的姓名、所属院校、联系方式等详细信息，以便后续的沟通和协作；同时，上传时间也会被精确到秒，为数据提供时间维度的标注，这对于追踪数据收集进度和分析数据的时效性至关重要。而问卷内容更是存储的核心，无论是选择题的选项分布，还是开放性问题的大段文字回答，数据库都会按照预先设计好的结构化模式进行存储。例如，将选择题的每个选项对应一个字段，开放性问题单独作为一个长文本字段，确保数据的完整性和规范性，就像将所有调研资料整齐地放入不同标签的文件柜中，方便后续取用。

2. 数据分析：挖掘数据背后的价值

在数据存储完成后，数据分析节点便开始发挥作用。它会依据预先设定的分析算法和规则，调用数据库中的结构化记录。比如，在社交压力调研中，数据分析节点可以从数据库中提取不同性别、年级的学生对社交压力的感受数据，通过统计学方法计算出平均值、标准差等指标，绘制出直观的图表，展示出不同群体在社交压力方面的差异。同时，对于开放性问题的回答，数据分析节点还可以利用自然语言处理技术，提取高频词汇和关键语义，分析学生们提到的主要社交压力源和应对策略。这一过程就如同专业的研究员在海量资料中筛选、分析关键信息，将原始数据转化为有价值的结论。

3. 报告生成与回写：构建数据闭环

当数据分析完成，生成详细的分析报告后，报告结果会被回写至数据库。这些报告包含了数据分析的结论、图表、建议等内容，成为整个调研过程的重要成果记录。回写数据库后，这些报告可供后续追溯，无论是研究团队内部成员想要重新查看分析结果，还是其他研究人员参考该调研成果，都可以随时从数据库中调取。例如，后续如果有研究人员想要针对社交压力问题开展更深入的研究，就可以直接从数据库中获取这份报告，了解前人的研究成果和方法，避免重复劳动，提高研究效率。

4. 数据库管理：保障数据有序可控

管理员可以进入数据库后台，数据库后台就像是整个数据系统的"指挥中心"。在后台，管理员能够下载、查看所有历史记录，对数据进行全面的管理和监控。管理员可以检查数据的完整性和准确性，发现异常数据及时进行修正或标记；还可以根据不同的需求，对数据进行分类筛选和导出，为不同的研究项目或报告提供定制化的数据支持。例如，当学校需要向上级部门汇报本年度的科研成果时，管理员可以从数据库中快速筛选出与社交压力调研相关的数据和报告，整理后提交，这能大大提高工作效率。

这就是"数据库＋工作流＋智能体"的强大组合效能，它帮助我们完成了一个完整、可追踪、可复用的数据管理闭环。在这个闭环中，各个环节紧密相连，数据库作为核心枢纽，确保数据在整个工作流中顺畅流动和高效利用。

当你掌握数据库功能后，AI 就能实现质的飞跃，从单纯的"对话机器人"升级为功能强大的"数据助理"，从只能提供临时帮助的角色，转变为可以托管任务的"长期合作者"。在科研实践中，这种能力尤为重要。它意味着我们可以利用 AI 构建出一套完整的信息处理系统，这个系统不再局限于简单地分析、写作、回复，而是能够真正深度嵌入我们的研究流程中。从数据收集、存储，到分析、报告生成，再到数据管理和复用，AI 与数据库协同工作，成为我们进行知识管理、推动科研进展的得力助手，为科研工作带来全新的效率和深度。

第 15 章
学术伦理与知识产权保护

15.1 研究诚信与学术道德标准

在学术写作与研究中，诚信不仅是一种个人品质，更是构建知识体系的基石。研究成果一旦失去可信度，损害的不仅是个人声誉，对整个学术环境和社会信任也会造成长远冲击。

一、学术诚信与学术不端的定义

学术诚信（academic integrity），是指研究者在从事科研、撰写论文、发表成果的全过程中，必须恪守诚实、透明、公平的原则。学术诚信强调原创性、尊重他人劳动成果、如实反映研究数据、恰当署名以及遵守发表规范。

相对地，学术不端（academic misconduct）则指违背上述原则、破坏学术规范的各种不正当行为。它不仅违反职业伦理，严重时还可能构成法律问题，甚至导致学位撤销、职务取消或研究资格终止。

二、学术不端行为的主要类型

学术不端行为主要包括以下几种类型，这些行为极其有害，不仅直接损害学术成果的可信度，还可能对学术共同体和社会造成深远的影响。

（1）剽窃（plagiarism）是指将他人已有的观点、文字、数据、图表等内容未经允许据为己有，不注明出处。例如直接复制他人文章中的段落，或稍作修改即用于自己的论文，都是典型的剽窃行为。

（2）伪造（fabrication）是指完全虚构不存在的研究数据、实验结果或调查过程。伪造的数据或过程通常无法复现，是对学术真实性的直接破坏。

（3）篡改（falsification）与伪造不同，是指故意对真实的数据进行修改、美化或选择性呈现，以达到预设结论的目的。例如隐瞒不利数据、删除异常值等。

（4）不当署名（improper authorship）包括未参与实际研究的人被列为作者（"挂名"），以及真实参与者未被列名（"剥夺署名"）等。署名应基于实际贡献，不能随意增减。

（5）一稿多投（duplicate submission）是指将同一篇论文或几乎相同的内容同时投稿至多个期刊，企图获取多份发表成果。这不仅浪费审稿资源，也违背出版道德。

（6）重复发表（redundant publication）是指将已发表的研究内容重新包装后再次发表，尤其是仅做微小修改便另投他处。这种"灌水"行为会误导学术评价系统。

（7）违背研究伦理（breach of research ethics）包括未经过伦理审查便进行涉及人类、动物或敏感信息的研究等，如滥用隐私数据等。

其他学术不端行为包括篡改同行评议意见、编造审稿人身份、干扰他人正常研究、恶意举报他人等，这些也被视为严重的学术不端行为。

这些学术不端行为对学术研究和社会的危害是深远的。学术不端行为直接破坏了学术研究的公信力和真实性。科研的核心目的是探索真理、推动社会进步，而学术不端行为扭曲了研究成果，造成了学术领域的"污染"，使不真实的信息流入学术圈，影响后续的研究工作，并可能误导公共决策。学术不端行为对研究者个人的影响也是不可忽视的。一旦被揭发，学术不端行为将严重损害研究者的学术声誉，影响其职称评定、项目申请及职业发展。更严重的是，学术不端行为有时会使研究者面临法律责任，甚至可能使研究者面临终身禁入学术界的惩罚。同时，学术研究是集体活动，依赖各方的合作与信任。当部分研究者不遵守学术规范时，整个学术圈的诚信体系就会受到威胁，影响学术研究的长期发展和知识的传承。

因此，学术不端不仅仅是个体学者的不负责任行为，更是对整个学术共同体和社会的伤害。每一位研究者都应意识到自己的责任，始终保持学术诚信，为维护学术环境的纯洁性和推动知识进步贡献力量。

三、学术诚信的基本要求

学术诚信并不是一个抽象的概念，而是体现在每一次文献阅读、每一次实验记录、每一次论文撰写、每一次引用标注中的具体行为。它要求研究者不仅遵守明文规定的学术规范，更应自觉践行以下基本原则：

1. 诚实（honesty）

诚实是学术诚信最基本也是最核心的要求。研究者必须如实反映研究过程与结果，不得隐瞒实验失败、不得夸大研究价值、不得杜撰数据来源。即使研究结果不够"理想"，也应如实报告。因为科学的价值并不总在"发现新规律"，而在于不断逼近事实真相。诚实是学术成果值得信赖的前提。

2. 公正（fairness）

在学术合作中，必须平等对待每一位合作者，不得压制不同意见，也不得借职位之便谋取署名利益。在引用他人成果时，不因个人立场或学派偏好而蓄意遗漏；在批评他人观点时，应基于事实、保持理性，不带有贬损成分。学术世界鼓励批判，但前提是公正。

3. 透明（transparency）

学术过程的透明，意味着方法公开、过程可复查、结果可验证。研究者应在论文中清晰说明研究设计、数据来源、分析方法等细节，方便他人查阅与复现。尤其在数字时代，开放实验记录、数据集和代码的趋势日益加强，研究者若能提高研究透明度，更有助于其积累学术声誉。

4. 尊重知识产权（respect for intellectual property）

每一项研究成果背后都是知识的积累与创新的结晶。无论是引用理论、借鉴方法，还是使用图表、数据，都应严格注明来源，避免任何形式的"挪用"或"隐匿"。尊重他人的知识产权，不只是法律义务，更是研究者应有的学术修养。

5. 责任意识（responsibility）

研究者在发表任何研究成果时，均应对其内容负全责。包括对所用数据的可靠性、引用的准确性、结论的逻辑性、影响的社会性等。尤其在涉及敏感议题、政策建议或公共事件时，研究者更应谨慎判断其潜在影响，避免因学术失误而引发不良后果。

四、学术署名规范与伦理审查制度

在学术研究中，署名问题并不是简单的排名字顺序，而是牵涉到贡献、责任与伦理的多重维度。在人文社会科学领域，研究往往不是基于实验室的操作流程，而是依托于理论建构、实地调查与批判性分析等的复杂过程。署名既是对学术劳动的确认，也是一种对研究共同体的承诺，因而必须遵循严格的规范，防止由此引发的学术不端行为与伦理冲突。

一般来说，署名应基于"实质性学术贡献"原则，即仅限于那些在研究设计、理论建构、数据分析或论文写作中发挥了核心作用的人。如果仅参与数据录入、文献整理或行政事务，则不宜列为作者，可在致谢部分体现。尤其在人文学科中，贡献往往体现为抽象的思想推进、问题意识的深化，如何界定"实质性"应在研究团队内部进行公开、充分的协商，避免因模糊不清而出现"挂名"、"漏名"或"权力署名"等失范现象。现代学术出版中常见的"作者贡献声明"制度正是对这一问题的回应，它不仅澄清了研究者间的工作分工，也使外部读者能够更准确地评估每位研究者的责任与角色。

伦理审查的价值不仅在于规范研究行为，更重要的是，它引导研究者在开展学术活动时始终保持对人的尊重与对社会后果的敏感。伦理审查制度本质上不是限制研究自由，而是确保这种自由不以牺牲他人的权利为代价。伦理意识融入学术工作的全过程，是对研究质量与公信力的根本保障。

15.2 数据共享、版权及法律风险

一、数据共享的必要性与挑战

在学术研究中，数据共享是推动知识进步、促进跨学科合作和提高研究透明度的关键手段。数据共享不仅能够加速研究的验证与扩展，还能增强结果的可靠性与普适性。然而，尽管数据共享具有显著的学术价值，但在具体实践中，研究者面临着多种挑战，尤其是需要在数据的共享与保护之间找到平衡。

1. 数据共享的重要性

数据共享是学术研究中的一项重要实践，它提供了以下几方面的独特价值：

（1）提升研究透明度与可重复性。学术研究的可靠性建立在数据的透明与可验证性上，在哲学与社会学领域，很多研究基于实证数据或历史文献，通过共享数据，其他研究者可以验证研究结果是否可信，从而增强研究的公信力。例如，经济学研究中的宏观经济数据或社会学研究中的社会调查数据，若能开放共享，将极大地促进该领域研究的透明度。

（2）促进跨学科合作。学术研究往往需要跨越多个学科领域进行综合探讨，数据共享为这些领域提供了良好的合作基础。通过共享研究数据，跨学科的研究者可以从不同角度分析问题，进而产生新的研究视角和创新性的解决方案。

（3）加速学术创新与发现。共享的数据可以帮助研究者拓宽研究视野，发现其他研究者未曾注意到的趋势与关系，尤其在社会学与经济学领域，数据的开放共享能促使研究者快速识别复杂的社会经济现象并进行有效的对比与分析。

2. 数据共享面临的挑战

（1）数据隐私与伦理问题。很多研究涉及敏感信息，比如个体的隐私数据、教育评估结果或者社会调查的参与者数据。根据伦理要求，研究者在进行数据共享时必须保护参与者的隐私与安全，避免任何形式的个人信息泄露。在某些情况下，过度共享数据可能会导致伦理问题，尤其是当数据涉及未成年人、低收入群体或特殊人群时。

（2）数据质量与一致性问题。在实证研究中，数据的来源、收集方法、处理过程可能各异。不同研究者收集的数据可能具有不一致性或不完整性，这对数据共享提出了更高的要求。在数据共享时，如何确保共享数据的准确性、可用性和可靠性，成为一个巨大的挑战。

（3）学术界的版权和归属问题。尤其是那些长期依赖定量数据分析的研究，研究者对于自己收集的数据拥有版权或知识产权，这使得他们在共享数据时往往面临如何平衡数据开放与保护研究成果之间的矛盾。共享数据可能会面临版权归属、使用权限等问题，特别是在合作研究中，如何明确数据的所有权和使用权，成为一个亟须解决的问题。

3. 针对论文角度的数据共享解决方案

为了解决上述挑战，研究者在撰写学术论文时，可以采取以下几种策略来推动数据共享，同时保障研究的伦理性和学术诚信：

（1）加强数据脱敏与匿名化处理。为了避免隐私泄露，研究者可以在共享数据前进行数据脱敏或匿名化处理，涉及个人身份或其他敏感信息的数据必须经过严格的脱敏处理。这不仅能够保护数据提供者的隐私，也能满足伦理审查的要求。

（2）建立标准化的数据共享平台。为了保证数据的质量与一致性，学术界可以建立统一的、经过同行评审的数据共享平台，这些平台应确保数据格式的标准化、数据存储的长期可靠性以及访问的权限管理。例如，社会学和经济学领域的研究者可以利用公共数据库，如经合组织、世界银行的经济数据平台进行数据共享，并确保数据的可靠性。

（3）明确数据使用协议与知识产权声明。在共享数据时，学术论文的研究者应在附录中明确数据使用协议，并在共享平台上标注数据的知识产权归属，清楚地说明数据的使用权限，如开放获取或限制性使用。对于经济学、哲学等领域，数据共享时应特别关注学术署名和版权声明，确保共享数据不会被恶意剽窃或滥用。

通过这些具体的解决方案，研究者可以在保证学术诚信的同时，推动数据共享，促进学术合作和进步，为社会各领域的知识发展做出贡献。

二、数据共享中的知识产权问题

数据是研究成果的重要组成部分。在进行学术研究时，研究者不仅需要遵循学术规范，还要面临数据共享和知识产权保护的双重挑战。尤其是在论文写作的过程中，数据共享和知识产权保护的正确实施对研究者的个人权益和学术声誉至关重要。如何平衡开放共享与合理保护知识产权，已成为这些领域的研究者必须应对的问题。

（1）数据所有权不明确。很多数据源自社会调查、访谈、文献分析等，这些数据往往并非传统意义上的"实物数据"，而是通过研究者的思维和方法进行整理、加工后的成果。对于这些"二次创作"类型的数据，如何界定知识产权的归属，往往缺乏明确标准。在此背景下，研究者往往面临版权归属不清的问题，尤其是在多方合作或使用公开数据时，知识产权问题会变得更加复杂。

（2）论文中的数据版权保护意识薄弱。许多研究者在撰写论文时，将调查数据、访谈记录或实验数据等作为支撑论点的依据，但这些数据常常没有得到应有的知识产权保护。特别是在学术期刊或会议论文中，研究者往往只关注文章内容的原创性，而忽视了数据本身的版权保护。在数据共享的环境下，未注明数据出处或未取得合适授权的行为，容易导致数据被他人不当引用或滥用。

（3）共享数据中的隐私与敏感性问题。研究数据可能涉及大量的个人信息、敏感数据或未经授权的调查材料。如何在共享数据时保护个人隐私，同时确保不侵犯数据所有者的知识产权，成为研究者面临的重要问题。在此类数据的共享过程中，隐私泄露和知识产权侵犯的风险都可能带来严重的法律和伦理后果。

三、知识产权保护的解决方案

对于论文研究者而言，在数据共享和知识产权保护之间找到平衡至关重要。以下是几项针对学术论文研究者的知识产权保护策略。

1. 明确数据来源与授权声明

在撰写论文时，研究者应明确标注数据的来源和授权情况。例如，若使用了第三方数据或公开数据库中的数据，应确保在论文中注明数据来源，并遵循相关的许可协议。对于自己收集的调研数据，研究者应在论文中声明数据所有权，确保数据使用的合法性。例如，在哲学或社会学研究中，引用调查数据时，必须标明数据的收集方法及授权范围，以避免数据被不当引用。

2. 使用适当的数据许可协议

对于自己的研究数据，研究者可以选择合适的数据许可协议，明确共享数据的条件。例如，使用创作共用许可协议，研究者可以限定数据的使用范围（如非商业性使用、必须注明出处等），从而在共享数据的同时保护其知识产权。

3. 数据去标识化与匿名化处理

在涉及敏感数据，如个人信息、访谈内容等时，研究者可以通过去标识化与匿名化处理，确保数据共享不侵犯参与者的隐私权。研究者应特别关注调查数据中可能涉及的个人隐私信息，确保在数据共享之前进行有效的隐私保护。这不仅是为了遵守伦理要求，也能避免因侵犯隐私而带来的法律风险。

4. 数据共享平台的使用与知识产权管理

论文研究者可以利用专业的学术数据共享平台，如 Dataverse、Figshare 等来存储和管理研究数据。这些平台通常提供方便的授权管理功能，允许研究者设置数据的访问权限与使用条款，从而确保数据在共享过程中得到适当的保护。数据共享平台能够帮助研究者在合理授权下共享数据，同时管理数据的版权归属问题。

5. 在论文中附带数据共享声明

在论文的方法部分或附录中，研究者应附上数据共享声明，详细说明数据的来源、使用许可以及是否可用于进一步研究。这不仅符合学术期刊和资助机构对数据共享的要求，也能确保数据的使用者明确其版权和使用规定。研究者可以通过这种方式明确告知读者，数据使用必须遵循特定的授权条款，从而避免数据的滥用。

15.3 开放获取与信息透明原则

一、开放获取的本质

开放获取（open access）不仅是学术出版的一种趋势，更是一种推动全球学术交流与知识传播的方式。它的本质在于知识共享，而非内容剥夺。许多学术期刊和平台的收费政策限制了某些研究成果的传播，导致只有具备资源的研究者或机构才能接触到某些高质量的学术成果。而开放获取打破了这些障碍，让全球的研究者、学生和公众都能够平等访问到最新的科研成果。

开放获取为知识传播提供了更广阔的渠道，尤其是在资源有限的地区或领域，能够显著提高学术资源的平等性。越来越多的研究者和学者认可开放获取的价值，它使得学术成果可以不受地理、经济条件的限制广泛流传。因此，开放获取不仅促进了科研成果的共享，也推动了全球学术界的合作与发展。

然而，尽管开放获取的理念深得人心，在实施过程中仍然面临一些挑战。许多期刊和出版社仍然坚持付费墙（paywalls）机制，限制了研究成果的广泛传播。

二、用 AI 选择开放获取期刊与平台

开放获取期刊的优势显而易见，它们为学术研究提供了更多的可见度，确保全球的读者和研究者都可以访问到最新的研究成果。尤其在经济上资源匮乏或学术条件较差的地区，开放获取使得学术成果可以突破地区、经济状况的限制，确保学术研究的普及性。

然而，开放获取期刊也面临一些挑战。例如，开放获取期刊可能存在资金问题，需要通过研究者支付版面费来维持运作。此外，由于部分期刊开放获取的标准较为宽松，可能涌现出一些质量较低的期刊，这就要求研究者在选择期刊时必须更加审慎，避免将自己的研究成果提交到不具备高水平审稿机制和学术声誉的平台。

为了避免这些问题，研究者应当加强对开放获取期刊的了解，选择那些符合学术质量标准并已建立良好声誉的开放获取期刊进行投稿。

利用 AI 选择适合的开放获取平台是一个创新且高效的方式。AI 技术可以帮助研究者根据一系列标准快速筛选出符合其需求的开放获取期刊与平台。

三、案例实操

第一步，先梳理论文领域、论文主题、研究类型、目标期刊类型、论文要求等相关内容。

第二步，打开 DeepSeek，选择"深度思考"和"联网搜索"，并在对话框中输入提示词，如图 15-1 所示。

```
筛选出符合您论文要求的开放获取期刊
- 论文领域：教育学
- 论文主题：教育技术对在线学习效果的影响
- 研究类型：定量研究
- 目标期刊类型：开放获取期刊
- 论文要求：期刊接受实证研究，注重数据分析与教育技术的应用
```

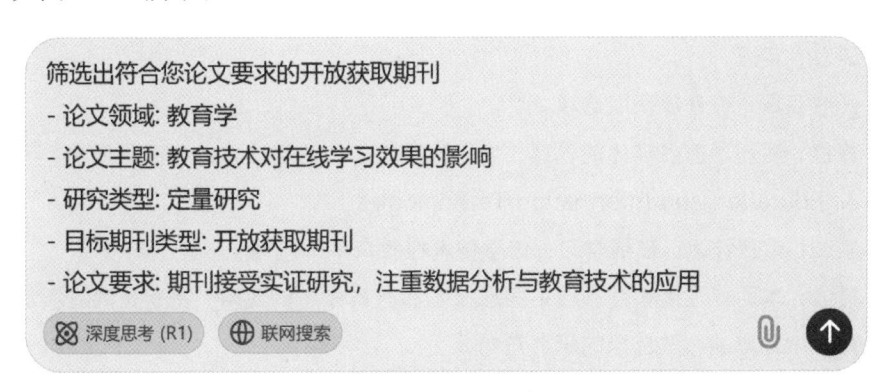

图 15-1　提示词范例

第三步，点击"发送"按钮，DeepSeek 就会给出相应的框架建议。

根据您提供的要求，以下是符合您论文需求的开放获取期刊推荐。注意，这些期刊专注于教育技术、在线学习、定量研究，并接受实证研究，注重数据分析和教育技术的应用：

推荐期刊列表：

1. Computers & Education

领域：教育技术、在线学习、教育数据分析

描述：此期刊专注于教育技术及其对学习的影响，尤其是在线学习。它接受定量研究并强调实证数据分析，符合您的论文主题。

语言：英语

开放获取：有开放获取选项

特色：期刊重点关注新兴教育技术的应用，并支持不同的研究方法，包括定量分析。

2. Journal of Educational Computing Research

领域：教育技术、在线学习、计算机辅助教育

描述：该期刊探索教育技术在学习过程中的使用，特别强调技术如何影响学习效果。它接受包括实证研究在内的多种研究类型。

语言：英语

开放获取：支持开放获取

特色：鼓励定量研究，注重数据分析，支持技术驱动的教育改革。

3. British Journal of Educational Technology（BJET）

领域：教育技术、在线教育、学习效果评估

描述：BJET 专注于教育技术对教学和学习的影响，特别是通过实证研究进行的教育技术应用分析。该期刊涵盖教育技术领域的各类研究，并注重数据驱动的分析。

语言：英语

开放获取：有开放获取选项

特色：期刊涵盖多样化的教育技术研究方法，包括定量分析和实践应用。

4. Education and Information Technologies

领域：教育技术、在线学习、信息技术在教育中的应用

描述：本期刊注重教育领域中信息技术和教育技术的应用，特别是通过实证研究分析教育技术的影响，适合您的研究方向。

语言：英语

开放获取：提供开放获取选项

特色：期刊支持各种类型的研究，特别是那些关注技术应用效果的定量研究。

5. Interactive Learning Environments

领域：教育技术、互动学习、在线学习环境

描述：该期刊专注于在线学习和互动学习环境中的教育技术应用，欢迎定量研究和基于数据的实证分析。

语言：英语

开放获取：有开放获取选项

特色：期刊关注技术与学习者互动的关系，强调数据分析和结果验证。

第四步，DeepSeek 不一定可以直接生成可用的内容。这时可以继续在上述的对话框中对其提出更多要求，DeepSeek 会根据要求提供更多的迭代优化思路，如图 15-2 所示。

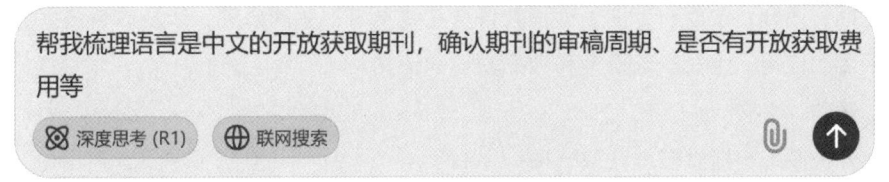

图 15-2　提示词范例

第五步，稍等片刻，DeepSeek 就会给出修改后的框架建议，大家可以反复迭代优化有关内容。

以下是一些中文的开放获取期刊，它们涵盖教育学、教育技术等领域。您可以根据您的论文主题和研究方向进行进一步筛选，并查看相关的投稿要求、审稿周期以及是否有开放获取费用等信息。

1. 《现代远距离教育》

领域：远程教育、在线学习、教育技术

期刊简介：期刊以介绍远程教育科研成果，总结推广远程教育经验，沟通远程教育信息，拓宽远程教育领域，探索远程教育新热点，繁荣远程教育科学研究为办刊宗旨。

语言：中文

开放获取：提供开放获取选项

审稿周期：一般为 2~4 个月

开放获取费用：有开放获取费用，具体费用需根据具体情况和投稿类型向期刊询问。

适合论文：教育技术、在线教育、远程教育等方面的实证研究。

2.《教育技术研究与开发》

领域：教育技术、教育软件、在线学习

期刊简介：本期刊注重教育技术的研究与发展，涵盖教育软件开发、教育信息化及在线学习等领域，尤其适合涉及数据分析与教育技术应用的定量研究。

语言：中文

开放获取：提供开放获取选项

审稿周期：3~5个月

开放获取费用：开放获取论文会有费用，具体金额可以在提交时查询。

适合论文：数据分析和教育技术应用相关的实证研究。

3.《中国远程教育》

领域：远程教育、在线学习、教育技术

期刊简介：该期刊专注于远程教育及在线学习相关的研究，涉及教育技术、在线教育平台的应用，接受实证研究和数据驱动的论文。

语言：中文

开放获取：提供开放获取选项

审稿周期：通常为2~4个月

开放获取费用：期刊会收取开放获取费用，具体费用请参考期刊的投稿指南。

适合论文：教育技术对远程学习效果的影响、在线教育平台相关的研究。

4.《中国教育技术装备》

领域：教育技术、信息化教育、教育设备

期刊简介：本期刊涵盖教育技术设备、信息化教育以及教育创新等相关研究，支持在线学习平台及教育技术应用的实证研究。

语言：中文

开放获取：提供开放获取选项

审稿周期：大约为3个月

开放获取费用：根据投稿类型不同，开放获取费用不同。具体收费标准可在期刊网站上查询。

适合论文：教育技术、信息化教育等方面的实证研究。

5.《教育与信息技术》

领域：教育信息化、教育技术、在线教育

期刊简介：该期刊专注于教育信息技术的研究，涵盖在线学习平台的建设与优化，教育技术的应用等，欢迎数据分析驱动的研究。

语言：中文

开放获取：提供开放获取选项

审稿周期：大约 2~3 个月

开放获取费用：有一定的开放获取费用，具体费用可以在提交时查询。

适合论文：数据分析和教育技术应用相关的定量研究。

6.《开放教育研究》

领域：开放教育、在线学习、教育创新

期刊简介：本期刊注重开放教育领域的研究，尤其是涉及教育技术的创新、在线学习模式及其效果的研究。接受教育技术领域的实证研究和定量分析。

语言：中文

开放获取：提供开放获取选项

审稿周期：大约 3 个月

开放获取费用：期刊会根据论文的具体类型收取开放获取费用，具体费用需要通过期刊网站查询。

适合论文：涉及教育技术的在线学习研究及开放教育平台的实证研究。

15.4 AI 辅助写论文是投机取巧吗？

一、AI 辅助写论文争议不断

在学术界，对 AI 辅助写论文的合法性问题一直存在争议。有些机构和专家认为，AI 工具是提升写作效率和质量的有效手段，而另一些则认为这会破坏学术诚信，导致学术不端。

2024 年 4 月 8 日，《自然》期刊上的一篇专栏文章"Three Ways ChatGPT Helps me in my academic writing"（ChatGPT 帮助我进行学术写作的三种方式）引起了关注（见图 15-3）。该文的作者 Dritjon Gruda，同时也是 *Personality and Individual Differences* 和 *Psychology of Leaders and Leadership* 这两本学术期刊的编辑。在这篇文章中，他详细阐述了 ChatGPT 是如何在学术写作中发挥作用的。

目前，《自然》期刊已经在其网站发布的编辑政策（editorial policy）中指出：若在研究中使用了大语言模型，应在论文的"方法"部分（若无此章节，则需在合适位置）明确记录。但若仅用于"AI 辅助论文编辑"（如提升人类撰写文本的可读性、修正语法/

nature

nature >

CAREER COLUMN | 08 April 2024

Three ways ChatGPT helps me in my academic writing

Generative AI can be a valuable aid in writing, editing and peer review - if you use it responsibly, says Dritjon Gruda.

图 15 - 3 《自然》期刊专栏文章

拼写/标点/语气错误，或调整措辞与格式），则无需声明。此类辅助行为不包括生成式编辑或自主内容创作。文本终稿必须由人类作者全权负责，且所有修改需经作者确认符合其原创意图。这表明 Nature 已经在很大程度上接受了与 AI 辅助论文编辑共存的模式。

Science 同样为世界顶级学术期刊，该期刊曾在 2023 年 1 月要求，Science 及旗下子刊严禁任何 AI 工具生成的内容包括文本、数字和图像出现在论文中，同时将 AI 程序列入作者行列亦被视为篡改图像和抄袭等严重学术不正当行为。目前，Science 也在其网站发布了有关政策：若作者使用 AI 技术辅助研究，或借助其辅助论文撰写，须在投稿信和论文的"致谢"部分予以说明，并在"方法"部分提供详细信息，包括：生成内容所使用的完整指令（prompt）、AI 工具名称及版本号。作者需要仔细核查内容，避免 AI 可能引入的偏见。这表明《科学》期刊也推翻了 2023 年 1 月发布的有关禁令。如图 15 - 4 所示。

Science

Artificial intelligence (AI). AI-assisted technologies [such as large language models (LLMs), chatbots, and image creators] do not meet the Science journals' criteria for authorship and therefore may not be listed as authors or coauthors, nor may sources cited in Science journal content be authored or coauthored by AI tools. Authors who use AI-assisted technologies as components of their research study or as aids in the writing or presentation of the manuscript should note this in the cover letter and in the acknowledgments section of the manuscript. Detailed information should be provided in the methods section: The full prompt used in the production of the work, as well as the AI tool and its version, should be disclosed. Authors are accountable for the accuracy of the work and for ensuring that there is no plagiarism. They must also ensure that all sources are appropriately cited and should carefully review the work to guard against bias that may be introduced by AI. Editors may decline to move forward with manuscripts if AI is used inappropriately. Reviewers may not use AI technology in generating or writing their reviews because this could breach the confidentiality of the manuscript.

图 15 - 4 《科学》期刊有关 AI 的编辑政策

据光明网报道，2024 年末，复旦大学正式发布《复旦大学关于在本科毕业论文（设计）中使用 AI 工具的规定（试行）》，成为国内高校首个专门针对 AI 工具在毕业论文、毕业设计中的规范化管理文件。随后，中国传媒大学、北京师范大学、福州大学、湖北大学等全国多所高校都在试行或出台相关规定或办法，规范大学生的毕业论文（设计）。除了传统高校外，一些艺术类院校也开始对毕业论文使用 AI 的行为进行约束。

我们到底能不能用 AI 辅助写论文，是主动拥抱还是坚守传统，目前各方都有不同的态度。

二、我们应该如何把握 AI 写作和个人原创的边界

不管我们愿不愿意，AI 已经切实改变了科学研究和论文写作的形式，AI 能帮助学者提高写作效率、优化语言表达、辅助文献整理等。然而，AI 辅助写作的广泛使用也带来了一个重要问题：如何把握 AI 写作和个人原创的边界。正确使用 AI 工具能够提升学术研究的质量，但若不加以规范，AI 可能成为学术不端的工具，损害学术诚信。因此，明确 AI 工具的使用范围，确保学术创作的原创性和透明度，成为学术界亟待解决的问题。

应该把 AI 当作学术写作的辅助工具，而非主导工具。学术写作的核心在于研究者的独立思考与原创性，AI 的作用应当局限于文献整理、语言优化和数据分析等辅助性工作。AI 可以帮助研究者高效筛选文献、提取关键信息，并提供写作灵感或结构建议，但其生成的内容不能替代研究者的原创思维和深入分析。研究者在撰写论文时应始终保持主体性，确保论文中的核心观点、数据解读和研究结论是自己独立思考的结果。

为了维护学术诚信，使用 AI 辅助工具的部分内容应该明确标注，避免误导读者。研究者可以在论文的致谢或脚注中注明 AI 工具的使用情况，确保审稿人清楚地了解哪些部分是 AI 生成的，哪些部分是研究者亲自修改的。这不仅能够避免因 AI 生成内容而引发的学术不端问题，还能增强学术写作的透明度，帮助学术界建立对 AI 辅助写作的信任。

不少期刊和学术机构也制定了明确的 AI 使用规范：哪些环节可以使用 AI 工具，哪些环节应由研究者自行完成。例如，AI 可以辅助研究者完成文献综述和语言优化，但应避免在核心内容的构思、研究方法的设计和实验结果的解读等方面代替研究者的工作。期刊和学术机构可以通过规定论文提交时的 AI 使用声明，确保每篇文章的 AI 辅助部分得到合理的审查与认可，防止 AI 写作工具的使用成为学术不端的温床。

AI 写作工具的使用应该始终服务于学术创新和深度思考。虽然 AI 可以在写作过程中提供大量帮助，但它无法代替研究者在研究过程中的创造性思维。学术写作的真正价值在于通过深入的分析、批判性思考以及对现有知识的挑战，创造新的学术成果。

三、AI 正在重新构建学术工作模式

2015 年左右，我国一些城市的出租车司机曾因网约车的出现而围堵网约车司机。出租车司机认为网约车的出现威胁了他们的生计，也破坏了行业规则。出租车司机坚信自己是正义的：网约车行业不受监管、价格不稳定，影响了整个交通行业的秩序。

在 18 世纪的英国，无数工人群体因为珍妮纺纱机的出现而愤怒不已，他们砸毁机器，集体罢工，认为这种新型机械化设备威胁了他们的工作机会，认为机械化的兴起会剥夺他们的劳动机会。

当前，AI 工具已迅速渗透到学术领域，为研究者提供了前所未有的便利。这些工具能够帮助研究者在写作中提高效率、优化语言表达、加速数据分析和做好文献整理等。AI 写作工具的出现，无疑为学术写作带来了深远的影响。然而，这种影响并非全然正面，关于 AI 辅助写作是一个有力的工具，还是一条投机取巧的捷径，学术界存在着巨大的争议。AI 工具能为学术写作带来极大便利，但也可能助长学术不端，甚至改变学术研究的基本方式。这使得我们不得不重新思考 AI 与学术写作的关系以及其背后的道德与法律问题。

AI 工具通过自然语言处理技术，能够快速生成结构化内容、优化语言表达、检查语法错误，并且能在短时间内为研究者提供大量的文献资源和数据分析。对于繁重的文献综述写作任务，AI 可以高效筛选相关文献，提取重要信息，帮助研究者节省大量时间。而在语言表达方面，AI 工具可以帮助非母语的研究者修正语法错误和提高论文的语言流畅度，确保其学术水平不因语言问题而受到影响。AI 还能够通过智能推荐，辅助研究者构建论文的结构框架，优化写作思路。无论是提升语言，还是整理文献资料，AI 工具的使用都能够大幅提高写作效率和论文质量，从而让研究者更好地集中精力进行学术研究和创新。

AI 工具的广泛应用也带来了一些不可忽视的问题。在论文撰写过程中，一些研究者开始利用 AI 工具生成大量的内容，而这种生成的内容并没有经过研究者的充分思考和深度修改，这不仅涉嫌学术不端，还可能导致学术研究中的独立思考和创新性的缺失，导致学术成果的质量下降，学术界的创新能力受到抑制。

尽管存在诸多挑战和潜在的风险，我们无法忽视一个事实：AI 正在以不可逆转的趋势改变学术研究和论文写作的范式。AI 的出现已经深刻地影响了科研的每一个环节，包括文献检索、数据分析、论文撰写等。无论是期刊社、学术会议主办方，还是科研机构，都开始逐步适应这一新趋势。学术界的部分成员选择拥抱这一变化，积极探索 AI 如何促进学术写作的效率和质量；而另一部分人则对此保持警惕，担心 AI 带来道德和法律问题。然而，无论学术界如何反应，AI 工具的使用已成为一个无法回避的事实。AI 正在重新定义科研的工作流程和成果形式，改变着学术写作的传统模式。

第 16 章
AI 展望

不管我们是否准备好，AI 早已不再是科研的边缘角色，它正以前所未有的速度和深度，渗透并重塑着整个科研生态。从学科方法论的底层逻辑，到科研组织结构的上层机制，AI 正在逼迫学术界重新审视"科研"这一行为本身的定义与边界。我们正在经历的不只是一次工具升级，而是一场范式迁移，而这种迁移是不可逆的。

16.1 AI 技术与科研生态的深度融合

一、从"工具"到"主体"：AI 在科研中的跃迁

在人们过往的认知中，AI 是实验室的一员，却从不在"作者署名"之列；是流程的润滑剂，却不是问题的提出者。而如今，这种分工正在崩解。以大语言模型为代表的通用人工智能，正在展现出真正的"科研参与能力"。

它们不仅能够整合已有知识，而且能够在此基础上提出全新的研究假设。例如，当前一批 AI Agent 系统已经可以根据研究者提供的关键词、文献列表甚至一个模糊的"兴趣领域"，自动生成可能的研究问题清单，并分析每一个问题背后的理论张力与数据可行性。

更进一步，在实验设计层面，AI 正在从"执行者"变为"合作者"。它们能主动协助研究者制定实验流程，判断数据采集的边界条件，甚至在虚拟环境中完成初步的验证性建模。这种建模，不再是死板地填充模板，而是具备一定的"推理力"与"预判力"。

与此同时，AI 对多模态数据的处理能力也远超以往，它能够并行分析文本、图像、基因组、表型数据、社交图谱等异构信息，在看似无关的变量间发现结构性联系。这种能力，在生命科学、材料科学、城市治理等复杂系统研究中，正在成为新的突破口。

更重要的是，AI 已不再只是"客观中立的数据分析者"。基于其庞大的语义空间和社会语料训练，大模型甚至可以在一定程度上评估一个选题的"学术潜力"：它能够判断一个研究话题在特定领域内是否过时、是否具有交叉性，甚至预测可能投稿的期刊及接受概率。这种"科研价值感知"能力，过去只有经验丰富的学术带头人才具备，而现在，训练得当的 AI 也可以胜任。

这一切并不是技术的巧合，而是智性系统进化的必然结果。AI 正在从"工具"变为"主体"，从"研究助手"变为"协同智能"。

人工智能，正在从边缘技术跃升为科研生态的中枢力量。这种力量并不体现在一项炫酷的功能里，或一项具体指标的提升上，而体现在整个科研系统的运行逻辑、结构形态、文化认知的深刻变化中。

二、从个体作坊到智能节点网络

在 AI 的深度介入下，科研组织也在裂变。

传统科研以首席研究员（Principal Investigator，PI）为中心，围绕其形成课题组，呈现"师徒式""工匠式"结构。然而 AI 的出现，正在打破这种中心化的师徒结构。一台智能体可以作为"独立合作者"存在，它拥有语义记忆、自主推理、任务追踪、持续运行等能力，能长时间稳定地参与一个课题的推进，甚至承担重复性极高的验证、筛选、整理任务，远远超越任何一个学生助理。

一些实验室已经在探索以"人机混合团队"为基础单元的科研模式。在这样的结构中，研究者不再依赖"人力堆砌"来推进项目，而是构建一个个 AI Agent，如数据清洗 Agent、文献综述 Agent、模型测试 Agent，彼此间互为接口，自动调用。

AI 使科研组织结构从"劳动力密集型"转向"智能节点网络型"。而这种结构，也催生了一种新的学术身份：科研架构师（scientific architect），即设计任务流、构建 Agent 协同、维护知识库更新的关键角色。这种角色，或许会取代传统意义上的"课题负责人"，成为未来科研的核心组织者。

三、科研制度文化的碰撞：伦理重构与信任机制重建

制度与文化层面，AI 的深度融合带来的冲击更为复杂。当前的科研伦理体系，是为"人类主导的科研结构"设计的，它默认每一份成果都源于人类主观能动性，默认署名作者具备知识产权、责任意识与创造力。

而 AI 的介入，打破了这一假设。

当一篇论文的研究设计、图表生成、文献梳理均由 AI 完成时，我们是否仍能将"原创性"归因于人类？当大模型协助写作内容占比高达 60% 以上时，我们是否应当在作者栏为 AI 署名？更进一步，如果未来某些模型具备"研究风格记忆"和"逻辑一贯性"，甚至能生成具有连贯哲学立场的知识产出，我们又该如何界定"科学人格"的边界？

这些问题，正在现实中出现。本书中提及的《自然》和《科学》期刊对 AI 态度的转变不是临时应对，而是对 AI 正当性的一种"制度承认"。

过去的那个科研时代即将终结，科研世界正在进入一个"信任被重写"的时代。我们需要新的信用机制、新的署名规范、新的伦理契约，以适配人与智能体共构知识的现实。这不仅是科研制度的问题，更是科研文化的问题。我们是否能够真正从"创造力等于人类"的自恋中解放出来？是否能够承认：智能体的参与并非对学术的亵渎，而是一种智性进化的必然？

AI 对科研生态的改变，并不意味着人类研究者将被取代。恰恰相反，真正有思想的研究者将在 AI 时代获得前所未有的自由——他们将从繁重的技术细节与机械流程中解放出来，转而聚焦于"提出好问题""建立原创理论""引导智能协同"。AI 不只是一个更快的"工具"，而且是一个更聪明的"同事"。它不取代真正的思想者，但它会淘汰那些拒绝变化的技术惯性者。未来科研的核心能力，不再是单点技术，而是构建"人与智能体协同进化"的结构能力。

16.2 DeepSeek 与科研 Agent 的发展趋势

如果说大模型是科研智能化的"大脑"，那么科研 Agent 正是这副大脑的"手脚与神经网络"——它们不仅能理解语言，更能执行指令、调动工具、持续运行、协同行动。过去，人类使用 AI，是"提问－回答"的原子交互；而未来，人类将与一个个具有任务意识与持续性记忆的 AI 智能体共事、共创、共进化。我们正站在智能体时代的起点。而 DeepSeek，正是这一演化路径上的关键力量之一。

一、从对话模型到任务智能体：科研 Agent 的跃迁逻辑

早期的大语言模型，如 GPT-3 或 PaLM（Pathways Language Model，一种大型语言模型），本质上是语言预测器，其能力聚焦于对话理解与内容生成。而科研 Agent 的核心变化在于：不仅能说，更能做，甚至能持续做、联动地做、复盘式地做。

DeepSeek 的出现标志着一个新阶段的到来。它不仅具备中文语境下的高质量文本理解与生成能力，还特别强调指令执行能力与工具协作能力，可嵌入 Python 环境、文件系统、数据库、浏览器插件，成为会动手的语言模型。

这意味着，科研人员可以在一个科研 Agent 框架内调用多个流程，每一个步骤不再是手动交替，而是由科研 Agent 根据指令链条自动执行。这就是科研流程的自动编排能

力,是未来科研 Agent 系统的基础能力之一。

如今,一些开源框架已开始提供端到端的科研 Agent 框架,将大模型封装为具备"记忆""反思""行为"的系统角色,这不是一个插件堆叠的问题,而是从"语言理解"走向"智能调度"的范式跃迁。

二、科研 Agent 的关键能力演化路径

一个成熟的科研 Agent 系统,不是简单的模型"调用堆叠",而必须具备五大关键能力,DeepSeek 的演化方向正贴近这一路径。

1. 多模态融合能力

科研资料天然是异构的,包括如文本、图像、表格、公式、基因组、化学结构、工程图纸等。DeepSeek-VL 类模型已支持图文混合推理,并正在拓展结构化数据的理解。这意味着未来的科研 Agent 不仅能看图说话,还能看图写论文、读图做分析。

2. 任务链协同能力

科研任务是链式嵌套的,仅有智能回复远远不够,科研 Agent 需要能持续跟踪任务状态,自动判断流程节点,像科研助理那样合理安排进度。DeepSeek 的代码解释器与文件管理 Agent,已初步具备任务记忆和链式执行的能力。

3. 语义记忆与个性化建模

未来的科研 Agent,不是用完即弃的工具,而是"养成式"的合作者。它将记住你的研究风格、偏好领域、写作结构甚至哲学立场,从而真正实现"共生研究者"。DeepSeek 未来的科研 Agent 若开放持久语义记忆接口,将极大提升其科研适配度。

4. 工具调度与插件生态

科研 Agent 不是万能的,但它可以是万用的前台。科研工具千千万,但如果 AI 无法调度这些工具,它就仍是"语言的囚徒"。DeepSeek 正在建设自己的插件系统,允许模型通过自然语言调用多种工具,最终形成一个"科研应用调度中枢"。

5. 自我反馈与优化机制

科研的灵魂在于"质疑与批判"。如果科研 Agent 只是一味执行,那它永远只能复制旧知识。未来的科研 Agent,必须能够进行"自我回顾",即在生成结论后自行检视其逻辑合理性与知识边界,甚至提出可能的反驳路径。这一机制,将使科研 Agent 真正具备"学术自觉性"。

可以预见,未来 DeepSeek 及其衍生平台,将围绕这五大能力,逐步构建出以科研

为中心的智能操作系统。

三、科研 Agent 平台的底层转向

在过去，科研主要依赖语言与图表，但在 Agent 时代，科研也将代码化。这不是说研究者必须会写程序，而是意味着科研的逻辑流程、实验设计、数据调用、知识更新，都将通过科研 Agent 平台用"任务脚本"方式描述。这种脚本不仅可运行、可追溯，更可共享与复用，从而构建起"科研脚本生态"。

这种趋势，类似于 DevOps 之于软件开发。科研将变成一个"可执行的任务链条"——任何人都可以加载、运行、修改、验证、复用。

四、DeepSeek 的战略位置与未来想象

为什么 DeepSeek 值得重点讨论？因为它所具备的三重优势，注定了它将在科研 Agent 领域扮演战略角色：

（1）语言本地化优势：科研中文语境复杂、密度高、术语多。DeepSeek 原生支持中文科研写作，是绝大多数英美系模型难以比拟的。

（2）生态嵌入能力强：DeepSeek 正构建自己的科研 Agent 平台与插件生态，大量的中国公司接入 DeepSeek，形成的生态系统天然适配中国科研者的工具环境。

（3）开源开放战略积极：相较于封闭的商业模型，DeepSeek 在模型参数、代码架构、使用接口上更为开放，适合高校、科研机构定制部署。

这一切使得 DeepSeek 不仅是一个模型，更可能成为科研平台，成为未来千千万个科研 Agent 的孵化场。我们可以大胆设想：未来，一个研究者不再是单枪匹马孤军奋战，而是带着一个由多种 Agent 组成的科研分身团，每天为你搜索文献、记录灵感、仿真建模、审视逻辑，乃至自动撰写初稿、联系期刊投稿。

你不是被 AI 取代的人，而是与智能体并肩前行的研究者。

16.3　AI 引领学术跨界整合与理论创新

真正意义上的理论创新，往往不是在原有框架内"微调"，而是在跨越学科边界的

碰撞中诞生。

20世纪最伟大的理论之一信息论，是由香农将电气工程与数学抽象融合创立的产物；结构生物学的兴起，则是X射线物理与生物分子建模融合的结果。而今天，我们正见证着一个更具颠覆性的工具登场：人工智能（尤其是以大模型与智能体为代表的AI系统），正在成为"学科融合的加速器"和"理论生成的催化剂"。它不只"会帮你写论文"，而且有潜力重塑"什么是问题""什么是解释""什么是理论"。

一、AI打破"知识孤岛"：跨学科整合的新引擎

传统的学科结构，是以专业训练和语言壁垒为基础的。生物学家不读哲学论文，经济学家不懂蛋白结构，而跨学科研究长期面临工具难协同、语言不互通、范式不兼容等深层困境。

大语言模型与科研Agent系统打破了这一切。它们可以同时掌握多个领域的知识体系，能够在自然语言层面整合物理、经济、社会、工程、艺术等内容，并生成可操作性的交叉洞见。这是人类研究者难以匹敌的能力。

未来，一位研究者完全可能从机器学习角度提出社会不平等的新解释，从脑神经角度重塑人类历史理解，从人文叙事中训练AI理解情感与道德复杂性。理论，不再是囿于单一学科的孤塔，而是能够实现跨领域融合应用的共鸣。

二、AI引发的理论危机与新理论爆炸

理论曾是人类智识的巅峰象征。牛顿力学、达尔文进化论、相对论、行为经济学……这些模型的提出，往往耗费几十年甚至数百年的积淀。而AI，尤其是大模型的涌现，正在以前所未有的速度生成、筛选、组合理论结构，甚至提出人类尚未能解释其因果链条的黑箱理论。

这引发了一场前所未有的哲学危机：如果模型能创造有效预测，但人类无法解释它的内在机理，那么它还是理论吗？

以物理学为例：传统上，理论物理靠建立方程与演绎逻辑来解释现象；而现在，AI可以在无模型条件下直接从数据中推导出高度准确的预测公式，其结构对人类而言或许毫无物理意义。在生物学领域，一些新兴AI系统在基因表达调控、代谢网络建模中提出的结论，人类尚不能解释其因果路径，但验证有效。

这意味着我们正进入一个新时代：理论不再是解释世界的唯一手段，某些"预测型黑箱模型"可能比解释性理论更具实用价值。

然而，我们也可以从另一个角度看问题：AI 不是取代理论，而是为理论构建提供了新方法论与生成机制。如果说过去理论构建靠的是"直觉＋逻辑＋经验"，今天我们可以加上"数据＋生成＋模拟"。例如：

（1）在经济学中，Agent-Based Modeling（基于智能体的建模）结合 AI 学习系统，可以模拟复杂市场机制的涌现，而不依赖于传统理性人假设。

（2）在文学与叙事研究中，AI 能够分析数十万本小说，生成"情节拓扑学"，重新定义"经典叙事结构"与文化模式；

（3）在环境科学中，AI 通过"遥感＋气象＋社会数据"多模态融合，为"地球系统理论"的构建提供了全新路径。

三、AI 作为"学术新合作者"：共创式研究的崛起

从协助写作、翻译，到提出问题、检验假设，再到主动生成研究提纲与批判意见，AI 正迅速从工具走向角色的转变：它正在成为学术合作者，而非工具箱。

在此背景下，我们将看到一种新的科研关系模型：

　　人类＋AI＝共创学术体系

这一模式将带来前所未有的研究协作方式：AI 可作为"翻译官"，将社会学与计算机科学的语言互转，帮助不同背景的学者形成共同语境。过去一位学者最多只能在两三个领域进行深入研究，而现在，AI 协助者使得每位研究者都有能力构建一个多层知识地图，进行异质组合，产生原创火花。

AI 不仅在帮助我们解决问题，更在帮助我们重新定义什么是"问题"；它不只是生成答案，更在塑造提问的方式。理论，不再是人类孤独推演的结果，而将是人与智能体共创的产物。而这一进程才刚刚开始。

16.4　未来展望：科研模式的全面革新

历史不会简单重复，却总在某些时刻押韵。回顾人类文明演进的轨迹，每一次技术范式的跃迁，不仅重塑了社会的生产方式，更深刻地改变了人类理解世界的方式。从蒸汽机驱动工厂，到电力照亮城市，从信息网络联结全球，到智能算法辅助决策，每一次工业革命都是科研范式的一次裂变与重构。今天，在人工智能逐步从工具跃升为"思维

伙伴"的背景下，我们再次迎来了范式转型的临界点。

一、四次工业革命与科研范式的演化

第一次工业革命开启于 18 世纪末，以蒸汽机为代表的机械化大生产，使人类第一次系统地将自然力转化为生产力。这也直接催生了近代实验科学的诞生，牛顿力学成为自然科学的范式，科研活动开始从"个体哲学沉思"迈向"系统性实证调查"，大学制度和实验室体系逐步建立。

第二次工业革命发生在 19 世纪末至 20 世纪初，电力、内燃机、化工产业突飞猛进。科研由个体转向组织化、规模化，专业化和学科分化迅速加剧。相对论和量子力学的兴起，使科学认知第一次面临"非直觉性"，挑战了牛顿世界的连续性和确定性。

第三次工业革命从 20 世纪中叶开始，以计算机、信息技术、互联网为核心。科研工具高度数字化，模型仿真、跨地域协作、复杂系统建构成为可能。科研过程逐渐从"本地实验"扩展为"全球网络"，科学家群体日益成为"认知互联网"的活跃节点。

第四次工业革命自 21 世纪初步入高潮，人工智能、区块链、量子计算等新技术迅猛发展，标志着"认知自动化"的全面到来。AI 不再只是辅助工具，而开始作为"共思者"参与科研全过程。科研不再是人类独立完成的探索，而成为"人与算法共塑理解"的协作性系统。

这四次工业革命共同勾勒出科研范式的演化轨迹：从实证到模型，从模型到数据，从数据到智能，每一步都逼迫我们重新定义：什么是知识？什么是理论？谁是主体？

二、面向未来的科研新形态

未来的科研将以智能体为骨架，以网络为肌理，以人机协作为认知动力，呈现出截然不同于当代科学体制的五种核心形态。

1. 科研活动将转变为连续运行的"智能合奏"

传统科研是一种间歇性行为——从假设提出到成果发表常需耗时数月乃至数年。AI 智能体的持续运算能力，将打破这种点状科研模式。多个智能体可在不同学科持续探索、协同验证，在后台自动生成假设、分析数据、构建模型，而人类仅在关键环节进行伦理判断和创新引导。科研将从任务驱动转向生态驱动，成为一场不间断的知识流动过程。

2. 理论不再是范式，而是动态演化的知识网络

托马斯·库恩提出的范式革命或许将逐步被知识图谱拓扑化取代。未来的理论形态将更加网络化、多态化：每一个知识单元都在语义空间中演化、连接、迁移，学科不再以静态分类而存在，而是以语义密度的方式聚合。理论的本质将从被书写转向被演化，从人类思想的结晶转向人机共建的图谱。

3. 科学方法本身将经历重构，进入可证伪性2.0时代

波普尔的可证伪性理论奠定了现代科学的根基，但当AI可以自动生成成千上万个理论并加以演化时，人类验证能力将成为科学方法的最大瓶颈。未来的验证过程可能由"模型竞争＋证据加权"的机制替代，即不同模型在多轮预测中竞争解释力，系统在持续反馈中分配信任。此时，验证将不再是一次性的真假判断，而是一场持续的演化博弈。

4. 科研主体的身份边界将变得模糊甚至解构

当AI能够自主生成博士论文、规划研究流程，甚至构建原创理论时，研究者这一身份的边界将迅速松动。高中生、业余爱好者、边缘群体，只要具备调用智能体的能力，皆可参与高质量科研。大型科研机构也将转向知识生成工厂模式，人类与AI集体署名、人机混合身份可能成为常态。科研贡献的评价标准将从身份认定走向影响轨迹。

5. 科研价值体系将从稀缺商品逻辑转向影响力生态

当前科研评价仍以期刊等级与引用数量为核心，这一体系源自印刷时代的信息稀缺逻辑。但在AI时代，知识的复制与传播成本趋于零，稀缺性不再构成价值来源。未来科研成果的价值将由其传播轨迹、社会反馈、跨领域影响、公众共鸣等维度综合评估。评价体系将转向全息影响力图谱，学术公信力、开放协作性、伦理透明度等都将成为重要考量因素。

科学，不再是封闭系统中精英个体的竞技场，而将成为多元智能体的合奏舞台。

想象一百万年前，当人类尚在非洲大草原上奔跑时，或许也存在着最早的"科学家"。他们未必有名有姓，也未必自知其为科学之徒；可能是一位擅长生火的智者，或是一群善于追踪猎物的探索者。他们教人类如何烧烤羚羊腿、如何磨制出更锋利的石矛、如何在天黑前找到不漏水的洞穴。这些知识，不曾被记录，却支撑了整个人类种族的延续。那时没有实验室、没有期刊、没有同行评议——但科研的火种，已然燃烧。

后来，阿基米德、牛顿、爱因斯坦接过这把火。他们用思想取代石矛，用逻辑替代直觉，用一支笔、一张纸、一间书房，为我们打开了一扇又一扇认识宇宙的大门。他们让人类第一次真正意识到：理解，是力量的源泉。

而如今，我们正来到一个全然不同的起点。人工智能不仅能学习、模拟、演绎，甚至在某些场景中超越我们的洞察。我们开始与它共建理论、共创知识、共担认知的未来。在这个时代，科研不再属于孤独的天才，不再依赖个人的顿悟或苦修；它变成了一

场多智能体之间的合奏,是人机之间复杂而深度的对话。

我们走了很远,从钻木取火到算法生成,从星空遐想走到量子纠缠的边缘。科学,一直是人类试图理解自身与世界的方式。而今,它正成为一种更加广义的共生行为——不仅由人类主导,也由人类之外的智能体共同参与。

书写的笔可以换成代码,思考的路径可以托付模型,但好奇心、怀疑精神、价值判断,仍需要我们亲手握住。现在,AI 照亮前方的道路,回头看看,非洲大草原篝火边围坐的直立人(Homo erectus),是如何在黑夜中,第一次讲述起关于世界运行规律的故事。

那一刻,科学诞生了。

图书在版编目（CIP）数据

赋能科研写作：DeepSeek & 智能体/乔剑，苏小文著. -- 北京：中国人民大学出版社，2025.7.
ISBN 978-7-300-34148-4

Ⅰ.G301-39

中国国家版本馆CIP数据核字第2025HL2209号

赋能科研写作：DeepSeek & 智能体
乔 剑 苏小文 著

出版发行	中国人民大学出版社		
社　　址	北京中关村大街31号	邮政编码	100080
电　　话	010-62511242（总编室）	010-62511770（质管部）	
	010-82501766（邮购部）	010-62514148（门市部）	
	010-62511173（发行公司）	010-62515275（盗版举报）	
网　　址	http://www.crup.com.cn		
经　　销	新华书店		
印　　刷	中煤（北京）印务有限公司		
开　　本	787 mm×1092 mm　1/16	版　次	2025年7月第1版
印　　张	19.75	印　次	2025年7月第1次印刷
字　　数	366 000	定　价	79.00元

版权所有　　侵权必究　　印装差错　　负责调换